“十二五”职业教育国家规划教材
经全国职业教育教材审定委员会审定

高等职业教育“十四五”规划教材

生态农业技术

第 3 版

刘德江　邱桃玉　主编

中国农业大学出版社
·北京·

内 容 简 介

本教材是“十二五”职业教育国家规划教材，是在2021年第2版的基础上修订完善而成的。编写团队本着工学结合、行动导向的理念，以理论知识实用、够用为原则，以职业岗位能力需求为依据，以工作任务为载体，确定教材内容和教学目标。全书共分为课程入门和6个模块，内容包括生态农业概述、生态农业的理论基础、生态农业的技术类型与模式、生态农业实用技术、以沼气为纽带的生态农业，以及国内外生态农业建设的典型案例。本教材深入浅出、实用性强，既适合作为高等职业院校相关专业课程教材，也可以作为生态农业相关产业从业人员的参考用书。

本教材为新形态教材，通过二维码配套了课程PPT、课后练习题答案等数字资源，读者可扫描封底或书中二维码，登录中国农业大学出版社在线教学服务平台，获取相关学习资料。

图书在版编目(CIP)数据

生态农业技术 / 刘德江，邱桃玉主编. -- 3版. --北京：中国农业大学出版社，2024.8.

ISBN 978-7-5655-3250-4

Ⅰ. S-0

中国国家版本馆CIP数据核字2024Q69H41号

书　名　生态农业技术　第3版

作　者　刘德江　邱桃玉　主编

策划编辑　张　玉　郭建鑫　　责任编辑　郭建鑫

封面设计　中通世奥图文设计中心

出版发行　中国农业大学出版社

社　址　北京市海淀区圆明园西路2号　　邮政编码　100193

电　话　发行部 010-62733489，1190　　读者服务部 010-62732336

编辑部 010-62732617，2618　　出　版　部 010-62733440

网　址　http://www.caupress.cn　　E-mail cbsszs@cau.edu.cn

经　销　新华书店

印　刷　北京溢漾印刷有限公司

版　次　2024年9月第3版　2024年9月第1次印刷

规　格　185 mm×260 mm　16开本　15印张　373千字

定　价　43.00元

第3版编审人员

主　编　刘德江（新疆农业职业技术大学）
　　　　邱桃玉（新疆农业职业技术大学）

副主编　檀鹏霞（石家庄现代农业学校）
　　　　高　莉（新疆农业职业技术大学）
　　　　陈佳林（新疆农业职业技术大学）
　　　　王　琨（铜仁职业技术学院）
　　　　张　俐（湖南开放大学）
　　　　周　勇（新疆农业职业技术大学）

参　编　王　璇（新疆农业职业技术大学）
　　　　李海薇（新疆农业职业技术大学）
　　　　宫绍斌（黑龙江农业职业技术学院）
　　　　李　志（石家庄现代农业学校）
　　　　吴燕梅（石家庄现代农业学校）
　　　　杨益花（苏州农业职业技术学院）
　　　　张伟艳（南通科技职业学院）
　　　　李志阳（广东农工商职业技术学院）

审　稿　饶晓娟（新疆农业职业技术大学）
　　　　赵广宇（河南丰太生态农业发展有限公司）

第2版编审人员

主　编　刘德江（新疆农业职业技术学院）

饶晓娟（新疆农业职业技术学院）

副主编　檀鹏霞（石家庄现代农业学校）

张　俐（湖南开放大学）

刘永刚（新疆农业职业技术学院）

李　瑜（新疆农业职业技术学院）

温　岚（湖南开放大学）

参　编　周　勇（新疆农业职业技术学院）

宫绍斌（黑龙江农业职业技术学院）

张　琰（信阳农林学院）

李　志（石家庄现代农业学校）

吴燕梅（石家庄现代农业学校）

杨益花（苏州农业职业技术学院）

审　稿　徐文修（新疆农业大学）

赵广宇（河南丰太生态农业发展有限公司）

第3版前言

党的二十大报告指出“中国式现代化是人与自然和谐共生的现代化”“我们坚持绿水青山就是金山银山的理念，坚持山水林田湖草沙一体化保护和系统治理，全方位、全地域、全过程加强生态环境保护”。生态农业体现了循环、再生、可持续的发展思路，是现代农业未来的发展方向。

本教材是在2021年第2版的基础上修订而成的，新版教材保留了上一版的体例结构，对内容知识进行了更新。本教材是“十二五”职业教育国家规划教材，在编写过程中，秉承以行动为导向、以实践为主体、理论知识实用够用的原则，以工作任务为载体，模块化设计并确定教材内容和教学目标。全书共有6个模块：生态农业概述、生态农业的理论基础、生态农业的技术类型与模式、生态农业实用技术、以沼气为纽带的生态农业以及国内外生态农业建设的典型案例，每个模块均自成独立的体系。在编写过程中注重理论与实践相结合，融“教、学、做”为一体，突出对学生实践操作能力的培养，充分体现了高等职业教育的岗位性、职业性和灵活性的特点。为拓宽学生的知识面，使其掌握前沿知识和技术，部分模块还安排了知识拓展内容。为了适应教学改革和课程改革的需要，教材中增加了数字资源，读者可通过扫描二维码的方式获取PPT、视频、图文等拓展学习资源，丰富了教材的表现形式。为贯彻教育部“大思政”的精神，教材还适当融入了思政学习内容，体现了“课程思政”与“思政课程”同向同行的特点。

本教材在修订过程中参阅了大量的资料和许多同行专家的研究成果；教材修订和出版工作得到了新疆农业职业技术学院、湖南开放大学、石家庄现代农业学校、黑龙江农业职业技术学院、苏州农业职业技术学院、铜仁职业技术学院、南通科技职业学院、广东农工商职业技术学院、中国农业大学出版社等单位的积极配合与热心帮助，在此一并表示诚挚的谢意！

由于编写时间仓促，加之编者水平和精力有限，书中难免有疏漏之处，敬请广大读者批评指正，以便再版时修订完善。

编　者

2024年5月

第2版前言

生态农业是现代农业的一种重要类型，也是未来世界农业发展的方向。它是遵循生态学、生态经济学原理进行集约经营管理的综合性农业生产体系，具有“整体、协调、循环、再生”和“高效、可持续”等基本特性。

本教材是在2014年第1版的基础上修订而成的。本教材系“十二五”职业教育国家规划教材，本着工学结合、行动导向的理念，以理论知识实用、够用为原则，以职业岗位能力需求为依据，以工作任务为载体，确定教材内容和教学目标。全书共分为6个模块，内容包括生态农业概述、生态农业的理论基础、生态农业的技术类型与模式、生态农业实用技术、以沼气为纽带的生态农业以及国内外生态农业建设的典型案例，每一个模块均自成独立的体系。在编写过程中注重理论与实践相结合，融“教、学、做”为一体，使理论课程实践化、实践课程实训化，突出对学生实践能力的培养，充分体现了高等职业教育的岗位性、职业性、适应性和灵活性的特点。为便于学生学习，每一个模块均有模块导读、知识目标、技能目标，还有模块小结和学练结合。为拓宽学生的知识面，使其掌握前沿知识和技术，部分模块还安排了知识拓展内容。

为了适应教学改革和课程改革需要，书中增加了数字资源，通过二维码的方式链接PPT、视频、图文等，丰富了教材的表现形式。教材中还适当融入了思政教育内容，实现了思政教育进课堂，体现了专业课教学与思政教育同向同行的特点。

本教材的修订由中国农业大学出版社提议，并提出了宝贵的修改意见，再经编委会讨论通过后正式分工编写。其中，课程入门由檀鹏霞修订；模块一由饶晓娟修订；模块二由杨益花和张琰修订；模块三由刘永刚、温岚、李志修订；模块四由周勇、李瑜修订；模块五由刘德江、吴燕梅修订；模块六由宫绍斌和张俐修订。书稿形成后，由刘德江、饶晓娟负责统稿。修订版教材的主审仍由徐文修和赵广宇担任。

本教材在修订过程中，参阅了大量的参考资料和许多专家的研究成果、著作。教材修订和出版工作得到了中国农业大学出版社、新疆农业职业技术学院等单位的大力支持，同时，各参编单位也给予了积极配合与热心帮助，在此一并表示诚挚的谢意！

由于编写时间仓促，国内可供参考的同类教材极少，可借鉴的知识较少，加之编者水平和经验有限，因此，书中难免有不足之处，敬请广大读者批评指正。

编　者

2021年3月

目　　录

课程入门

走进生态农业技术

课程导读

生态农业是在良好的生态环境下进行的一种低投入、高效益、可持续的农业生产体系，是现代农业发展的一种类型。它不单纯着眼于农作物的产量或单年的经济效益，而是追求经济、社会、生态效益的高度统一，使整个农业生产步入可持续发展的良性循环轨道。生态农业是世界未来农业的发展方向，它把人类梦想的“青山、绿水、蓝天，生产出来的都是绿色食品”变为现实。党的二十大报告指出“推动绿色发展，促进人与自然和谐共生”。课程入门将引导读者了解我国生态农业的起源与发展，明确生态农业的研究内容、任务及地位，走进生态农业技术新天地。

走进生态农业技术　课程PPT

知识导图

- 走进生态农业技术
  - 当前我国面临的农业生态环境问题
    - 农业生态系统恶化，自然灾害频繁
    - 农业面源污染问题突出
  - 替代农业及其类型
    - 生物动力农业
    - 有机农业
    - 生态农业
    - 可持续农业
    - 现代集约持续农业
    - 设施农业
    - 精准农业
    - 智慧农业
  - 生态农业的研究内容和任务
  - 生态农业技术在现代农业中的地位
  - 生态农业与农业可持续发展
    - 生态农业与农业可持续发展的内在统一性
    - 我国生态农业与农业可持续发展的相互作用
  - “两山”理念
    - “两山”理念的科学内涵
    - “两山”理念的重大意义

一、当前我国面临的农业生态环境问题

农业生态环境是农业生产的物质基础，它是人们利用农业生物与非生物环境之间以及生物种群之间相互作用建立的，并按人类社会需求进行物质生产的有机整体。农业生态环境介于自然生态环境和人工生态环境之间，是一种人工驯化了的自然生态环境。农业生态环境随着人们对自然环境的干预和农业技术的应用发生了很大的变化，特别是在现代农业的发展过程中，由于有些人只顾眼前利益而忽略了长期利益，掠夺性地开发农业资源，农业环境污染严重，给农业生态环境带来了一系列的问题，这些问题严重影响农业的进一步发展。

现代农业在促进农业生产力巨大飞跃的同时，也逐渐暴露出许多严重的缺点和弊端。一是消耗大量能源。现代农业产品产量的大幅度增长是以物质和能量的高投入为代价的。现代农业主要依赖的已不是人力和土地，而是石油及其制品的大量投入，所以有人称现代农业为“石油农业”。石油是一种不可再生资源，大量消耗石油的现代农业正在耗竭地球上的石油资源。一旦石油短缺或枯竭，将给现代农业带来无法想象的灾难。二是环境污染严重，危害人、畜健康。含有铅、砷、汞的农药和有机氯等杀虫剂化学性质稳定，不易分解，在环境中或在农作物产品中残留期长，脂溶性强，污染危害严重。这些农药除了直接污染土壤外，对大气水体都有不同程度的污染。大量施用化肥是造成环境污染的又一重要原因。过量的施用化肥不仅破坏了土壤结构，而且使本来松软的土壤变得板结，从而丧失了保水保肥的能力。三是农业资源遭到严重破坏，走向衰竭。现代农业是一种高投入、高产出的产业，它依靠大量地消耗石油、森林、淡水、土地、动植物等人类赖以生存和发展的重要资源来维持生产的运转和当前的消费水平。人类已经并还将要为此付出昂贵的代价，表现为森林面积的逐步减少、水资源枯竭、生物物种资源濒危、土地沙漠化、表土流失等一系列的后果。

（一）农业生态系统恶化，自然灾害频繁

1. 水土流失

我国丘陵地区面积广大，降水时空分布不均，加之近年城市化和开发建设项目扩展，进一步加剧了水土流失，使水土流失成为我国重要的环境问题。据 2019 年的研究报道，黄土高原每年流失土层 1 cm，流失速度比形成速度快 100～400 倍。

2. 土地荒漠化

土地荒漠化是指由于气候变异和人为活动等因素，干旱、半干旱或亚湿润干旱地区的土地退化。根据地表形态特征和物质构成，荒漠化分为风蚀荒漠化、水蚀荒漠化、盐渍化、冻融及石漠化。2022 年，第六次全国荒漠化、沙化调查结果发布，调查结果显示，截至 2019 年，我国荒漠化土地面积为 257.37 万 km^2，占国土面积的 26.81％。

3. 水资源短缺

我国是水资源贫乏国家，人均水资源仅为世界平均水平的 1/4，在世界银行统计的 153 个国家中居第 88 位。干旱缺水已成为制约我国农业和农村经济发展的主要因素。据 2018 年水利部相关部门研究报道，全国近一半的灌溉水量在输水过程中因渗漏而损失，再加上技术落后，农业用水的有效利用率仅为 40％左右，远低于欧洲等发达国家 70％～80％的水平。2009 年，世界经济论坛年会发布了一个报告，称全球正面临“水破产”危机，今后人类争夺水资源的竞赛将愈演愈烈。

4. 自然灾害频繁

中国是世界上自然灾害种类最多、活动最频繁、危害也最严重的国家之一。在这些灾害里面，气象灾害又占大多数，一般气象灾害占整个自然灾害的70%，也就是说，七成灾害都是天灾造成的。目前，我国每年受台风、暴雨、干旱、高温热浪、沙尘暴、雷电等重大气象灾害影响的人口达到了4亿人。农业自然灾害主要包括旱灾、水灾、风灾、雹灾、低温冻害及农作物病虫害等，这些是中国主要的自然灾害。

5. 生物多样性遭到严重破坏

生物多样性严重下降，我国已有15%～20%动植物种类受到威胁，高于世界10%～15%的平均水平，而生物多样性是可持续发展的自然基础。

党的二十大报告指出“提升生态系统多样性、稳定性、持续性。以国家重点生态功能区、生态保护红线、自然保护地等为重点，加快实施重要生态系统保护和修复重大工程。推进以国家公园为主体的自然保护地体系建设。实施生物多样性保护重大工程。”

(二)农业面源污染问题突出

1. 化肥污染

农村实行家庭联产承包责任制以来，加之市场经济的发展，农民不愿在所承包的土地上投入更多，表现为有机肥料施用的大幅度减少、化学肥料用量的快速增加且氮、磷、钾肥施用比例不平衡，这导致土壤有机质缺乏、板结、耕作质量差，肥料利用率低，土壤和肥料养分易流失，造成对地表水、地下水的污染，进而使湖泊富营养化。

2. 农药污染

目前，全世界生产和使用的农药品种达上千个，大量使用的有100多种，联合国粮食及农业组织(FAO)报告2021年全球农业用农药350万t(有效成分)。化学农药是农业生产中使用量最大、施用面积最广、毒性最高的一类有毒化学品。2022年，我国农药使用量为150.36万t。残留在生态环境中的农药，通过生物之间的食物链转移和传递，逐级浓缩，人类处在食物链的顶端，最易受到农药残毒生物富集的危害。

3. 畜禽养殖污染

2022年我国畜禽粪便产生量约为30.5亿t，同年我国固体废弃物产生量为39.7亿t。其中规模化养殖产生的粪便相当于工业固体废弃物的30%；畜禽粪便化学耗氧量的排放量已达9 118万t，远远超过我国工业废水和生活废水的排放量之和。

4. 农膜污染

目前，我国农膜使用量已达150多万t，而农膜的回收率不足30%。据有关资料，新疆平均地膜残留量为37.8 kg/hm^2，最高达267.9 kg/hm^2。地膜连年使用，土壤残留逐年增加，不仅给农业生产带来不良影响，而且对土壤环境造成破坏。

5. 秸秆污染

截至2022年，我国耕地的农作物秸秆年产量超过8亿t。长期以来，人们对秸秆最常见的处理方式就是在田里焚烧和丢弃，不但浪费了生物资源和能源，还带来了严重的大气污染，甚至影响道路交通。因此，秸秆焚烧已成为农业污染的重要形式。

党的二十大报告指出“深入推进环境污染防治。坚持精准治污、科学治污、依法治污,持续深入打好蓝天、碧水、净土保卫战。”

二、替代农业及其类型

正是由于现代农业存在着诸多弊端,学者们纷纷提出了现代农业的替代模式——替代农业。替代农业是对现代农业的完善。替代农业的类型很多,如有机农业、生态农业、持续农业、设施农业等,不一而足。

1. 生物动力农业

生物动力农业也称生物动力平衡农业,是由澳大利亚科学家 Ruder Steiner 于 1924 年首先提出的。其认为土壤是人类健康之本,必须保持其平衡,人类、地球、宇宙原本是一体的,所以,必须借助三者的力量来维护和滋养土壤,生产出健康的农产品。生物动力学派基本上与“有机农业”“生态农业”一致,但它受印度神秘哲学影响较大,主张根据星象、季节和自然规律进行计划性的耕种,并极力避免使用化学肥料和农药,同时以“顺势疗法”的原理唤醒土壤自身的肥力和免疫力,由此发展了一系列特制的配制剂用于保护土壤、植物、动物和人类。多年的实践证明,生物动力农业不仅是肥沃土地和维持持续稳定的农业生产方法,也是低投入高产出的科学的农业产业体系。

2. 有机农业

有机农业的理论最初是由美国学者罗德尔提出的。1945 年,他出版了《堆肥农业与园艺》一书。他从土壤生物学的肥力概念出发,论证了大量使用化肥和农药的害处和有机肥在培养地力上的优越性能。尽管对有机农业的定义众多,但其内涵是基本一致的,所谓有机农业是指完全不用人工合成的化学肥料、农药、生长调节剂和饲料添加剂的生产制度。它在可能的范围内,尽量依靠轮作、作物秸秆、家畜粪尿、绿肥、外来的有机废弃物、机械中耕、含有无机养分的矿石及生物防治等方法,保持土壤的肥力和易耕性,供给作物养分,防治病虫、杂草危害。

有机农业的制度包括以下内容:一是实行有机农业的农场虽然规模大小不等,但都是生产水平和经营水平较高的,所以有机农场不是过去的小农经营或传统农业的农民经营;二是个别有机农场在特殊情况下施用少量化肥或农药;三是所有的有机农场都使用农业机械,因为发达国家农业劳动力短缺,离开农业机械是不能耕作的,这也表明有机农业不是恢复手工劳动的传统农业;四是有机农业在耕作制度上注意采用轮作和种植豆科作物、注意种植业与畜牧业结合、注意适时中耕锄草、注意水土保持措施;五是有机农业需要较多的劳动力,农业生产费用较高,加之要多种作物轮作,特别是产量较低的豆科作物种植面积较大,所以有机农场的经济效益比一般农场要低。

3. 生态农业

生态农业一词最初是美国土壤学家 W. Albreche 于 1970 年提出的,其内涵是“生态上能自我维持,低投入,经济上有生命力,在环境、伦理和审美方面可接受的小型农业”。生态农业实际上就是运用生态学原理和系统科学方法,把现代科学成果与传统农业技术的精华相结合而建立起来的具有生态合理性、功能良性循环的一种农业体系。与有机农业相比,生态农业更强调建立生态平衡和物质循环。主要是利用森林、灌木、牧草、绿萍以及农作物来增加土壤中有机物质的积累，提高土壤微生物的活力，提高土壤肥力，并要求把农场一切废弃物和厩肥以及城市生活垃圾和粪便等物质都用到农业生产中去，甚至把种植业、畜牧业和农产品加工业结合起来，形成一个物质大循环系统。20 世纪 80 年代初，生态农业作为现代农业发展的新模式在我国开始提出并进行了广泛的实践。据初步调查，各地开展生态农业试点后，粮食总产平均增幅 15%以上，单产较试点前增长 10%以上，分别为全国平均增长水平的 4.5 倍和 9.2 倍，人均粮食比试点前增加 21.4%。同时改善了生态环境，增强了农业发展的后劲。在实践过程中，我国把传统农业的精华和现代科学技术有机地结合在一起，形成了具有中国特色的农业新模式，它既重视农业生态系统建设，实现高产稳产，保证农业效益的提高，又加强对全部土地资源的合理开发利用和建设；既重视农业生态系统的良性循环，保护生态环境，又不排斥现代科技成果的合理使用，满足促进经济发展的需要；既有适合不同区域自然条件的农业生态类型，又有适合不同技术层次经济文化水平的生态农业模式。

2020 年以来，我国的生态农业出现了转型，调整为以乡村旅游业为主，快速发展生态旅游、休闲度假，各地的生态村、生态农场大多转型升级，发展乡村旅游业。各地纷纷建立了生态农庄、生态观光园，并取得了显著的经济效益和社会效益。

4. 可持续农业

可持续农业是在总结有机农业、生物农业、石油农业、生态农业等替代农业模式，在农业生产中贯彻可持续思想的基础上产生的。强调农业发展必须合理地利用自然资源，保护和改善生态环境，并在此基础上不断提高农业的生产水平和农民的收入水平，降低农村贫困比例，以使农业和农村经济得到持续、稳定、全面的发展。

可持续农业的核心是“可持续”，是指不会耗尽资源和损害环境的农业生产体系。开发这种新的农业生产模式，是为了在保持农业生产水平与农民纯收入水平的同时，减少农业生产对环境的影响；在以生态环境可接受的条件下来满足未来对食品和纤维需求的同时，保持自然资源基础。可持续农业是一种综合农业生产模式，是一种长远、合理利用自然资源和保护与改善环境，使农业和农村经济得到可持续、稳定、全面的发展的发展策略。

1990 年 10 月，美国国会通过的《1990 年食品、农业、资源保护和贸易法》对可持续农业做了定义：可持续农业是一种因地制宜的动植物综合生产系统，在一个相当长的时期内能满足人类对食品和纤维的需要；提高和保护农业经济赖以维持的自然资源和环境质量；最充分地利用非再生资源和农场劳动力，在适当的情况下综合利用自然生态周期和控制手段；保护农业生产的经济活力；提高农民和全社会的生活质量。

联合国粮食及农业组织对可持续发展农业提出的定义是“一种旨在管理和保护自然资源基础，调整技术和机制变化的方向，以确保获得可持续满足当代及今后世世代代人们的需要，能保护和维护土地、水、植物和动物遗传资源，不造成环境退化，同时在技术上适当，经济上可行，而且社会能够接受的农业。”

2015 年，农业部等部门印发《全国农业可持续发展规划(2015—2030 年)》，明确提出大力推动可持续农业发展，是实现“五位一体”战略布局，建设美丽中国的必然选择，是中国特色新型农业现代化道路的内在要求。

5. 现代集约持续农业

现代集约持续农业指的是在实现社会主义市场经济和农业现代化的过程中，调整结构，优化产业和产品构成；增加投入，提高农业综合生产力；依靠科技，增加资源产出率；防止污染，保持农业生态平衡；增加收入，走向共同富裕；逐步建设成为资源节约型、经营集约化、生产商品化的现代农业。中国的基本国情要求发展现代集约持续农业。它的具体内容包括：一是在现代食品观念的引导下，确保国家食品安全和人民健康；二是进一步依靠科技进步，以继承和发展中国传统的农业技术的精华和吸收现代高新科技相结合；三是目前仍以技术和劳力密集型的现代农业生产体系为主；四是保护资源和大力保护农村生态环境；五是重视提高农民素质和发扬中华民族农业文化的精华；六是切实保证农民收入持续稳定增长；七是发展多种经营方式、多种生产类型、多层次的农业经济结构，注意逐步走向新的集体化、集约化和发展农村适度规模经济；八是在决不放松粮食生产与积极发展多种经营的基础上，从不同层次上优化农业和农村经济结构，促进乡镇企业与农、林、牧、渔，种、养、加，贸、工、农相结合，把农业和农村发展联系在一起，从而推进农业向专业化、社会化、商品化和产业化发展，逐步实现农业现代化、农村工业化、农村城镇化、农民文明化和城乡一体化的高层次结合。

农学家刘巽浩教授认为，集约持续农业有三个特点：一是集约农作，即将土地利用率放在首位，努力提高年单产，力求变低产为中产、中产变高产、高产变更高产；力争有田皆绿、四季常青，高度集约地多维利用每一块土地，实行精耕细作，间作套种复种，除种植业外，畜牧业、水产业、林业也都要提高单位面积产量与质量。二是高效增收，即要将提高经济效益增加农民收入放在重要位置；力争高产高效或高产不低效，积极提高劳动生产率；要因地制宜调整结构，适当增加园艺作物与养殖业比重，适当增加高价值作物与动物以及出口创汇的比重；积极发展农产品加工业与其他二、三产业；实行劳动力密集、科技密集与适当增加投入的有机结合与相互置换。三是持续发展，即要强调自然生态与人工生态相结合，保护资源，改善生态环境，搞好水利与农田基本建设，改善生产条件，提高农业综合技术生产能力。要强调产量持续性、经济持续性与生态持续性的结合，避免只片面强调一个方面。力争在高产、高效的同时不破坏资源环境，甚至有所改善。为了促进农业持续发展，在当前投入不足情况下，增加投入是持续发展的关键。

6. 设施农业

设施农业是指利用人工建造的设施，为种植业、养殖业及其产品的贮藏保鲜等提供良好的环境条件，以期将农业生物的遗传潜力变为现实的巨大生产力，获得速生、高产、优质、高效的农畜产品的农业形式。先进的生产工艺与技术是通过一定的生产设施（作为载体）来体现的，现代化设施可调节光、热、水、气、矿质营养五大生活要素，能把外界环境的不良影响降到最低限度，同时可以对内环境加以补充，如加温、增加 CO_2 浓度等，一反常规生产方式，在一定程度上克服了传统农业难以解决的限制因素，使得资源要素配置合理，加强了资源的集约高效利用，从而大幅度增进了系统生产力，形成高效益生产。设施农业使单位面积的生产能力成倍乃至数十倍增长。应该说，设施农业在我国古已有之。为解决环境低温和作物喜暖的矛盾，民间曾广泛应用有机废弃物等酿热材料，在冬春季节生产蒜黄、韭黄及时鲜蔬菜；利用风障、阳畦、酿热温床，提前培育瓜、菜苗，促使蔬菜尽早定植大田生产、提前上市等，这是在欠缺现代设施农业材料与手段条件下的简易设施农业，谓之保护地栽培。近年来，随着工业进步，设施农业在国内飞速发展，从简单的地膜覆盖栽培到具有现代化自动控制光温设备的大型工厂化设施，都取得了不少成功的经验。中国的设施农业打破了传统农业的季节、地域等“自然限制”，创造了速生、优质、高产、均衡、低耗的现代化农业，对农村致富，丰富城乡居民“菜篮子”和提高人民生活水平都起到了特殊的重要作用。实践证明，设施农业已成为当今社会农业高度集约化经营的最佳出路，必将成为耕地资源短缺的中国及水、热条件不足的北方地区农业发展的必然方向，并将成为今后中国农业发展最快的产业之一。

7. 精准农业

在经历了原始农业、传统农业、工业化农业(石油农业或机械化农业)后，农业正在进入以技术高度密集为主要特点的精准农业发展阶段。将现代信息技术、生物技术和工程装备应用于农业生产的“精准农业”，已成为发达国家 21 世纪的现代农业的重要生产形式。精准农业是在现代信息技术、生物技术、工程技术等一系列高新技术最新成就的基础上发展起来的一种重要的现代农业生产形式，其核心技术是地理信息系统、全球定位系统、遥感技术和计算机自动控制技术。

8. 智慧农业

自 2018 年以来，随着大数据技术、物联网技术的广泛应用，智慧农业应运而生。它是精准农业、数字农业、农业物联网、智能农业的统称。“智慧农业”就是充分应用现代信息技术成果，以信息和知识为生产要素，通过互联网、物联网、云计算、大数据等现代信息技术与农业深度跨界融合，实现农业生产全过程的信息感知、定量决策、智能控制、精准投入和个性化服务的全新农业生产方式。具体来讲，智慧农业就是集成应用计算机与网络技术、物联网技术、音视频技术、传感器技术、无线通信技术及专家智慧与知识平台，实现农业可视化远程诊断、远程控制、灾变预警等智能管理，逐步建立农业信息服务的可视化传播与应用模式。实现对农业生产环境的远程精准监测和控制，提高设施农业建设管理水平，依靠存储在知识库中的农业专家的知识，运用推理、分析等机制，指导农、牧业进行生产和流通作业。在农业管理过程中实现实时监控农作物生长以及环境变化情况，自动远程进行如浇水、施肥、打药等农艺技术操作的活动。

> 党的二十大报告指出“我们坚持可持续发展，坚持节约优先、保护优先、自然恢复为主的方针，像保护眼睛一样保护自然和生态环境，坚定不移走生产发展、生活富裕、生态良好的文明发展道路，实现中华民族永续发展。”

三、生态农业的研究内容和任务

生态农业是以生态学理论为指导，运用系统工程方法，以合理利用农业自然资源和保护良好的生态环境为前提，因地制宜地规划、组织和进行农业生产的一种农业。生态农业是 20 世纪 60 年代末期作为“石油农业”的对立面而出现的概念，被认为是继“石油农业”之后世界农业发展的一个重要阶段。其主要通过提高太阳能的固定率和利用率、生物能的转化率、废弃物的再循环利用率等，促进物质在农业生态系统内部的循环利用和多次重复利用，以尽可能少的投入，求得尽可能多的产出，并获得生产发展、能源再利用、生态环境保护、经济效益等相统一的综合性效果，使农业生产处于良性循环中。不同于一般农业，生态农业不仅避免了石油农业的弊端，还能发挥其优越性。通过适量施用化肥和低毒高效农药等，突破传统农业的局限性，但又保持其精耕细作、施用有机肥、间作套种等优良传统。它既是有机农业与无机农业相结合的综合体，又是一个庞大的综合系统工程和高效的、复杂的人工生态系统以及先进的农业生产体系。

生态农业是以生态经济系统原理为指导建立起来的资源、环境、效益兼顾的综合性农业生产体系。中国的生态农业包括农、林、牧、副、渔和某些乡镇企业在内的多成分、多层次、多部门相结合的复合农业系统。20 世纪 70 年代，主要措施是实行粮、豆轮作，混种牧草，混合放牧，增施有机肥，采用生物防治，实行少免耕，减少化肥、农药、机械的投入等；20 世纪到 80 年代，创造了许多具有明显增产增收效益的生态农业模式，如稻田养鱼、养萍，林粮、林果、林药间作的主体农业模式，农、林、牧结合，粮、桑、渔结合，种、养、加结合等复合生态系统模式，以及鸡粪喂猪、猪粪喂鱼等有机废物多级综合利用的模式。生态农业的生产以资源的永续利用和生态环境保护为重要前提，根据生物与环境相协调适应、物种优化组合、能量物质高效率运转、输入输出平衡等原理，运用系统工程方法，依靠现代科学技术和社会经济信息的输入组织生产。通过食物链网络化、农业废弃物资源化，充分发挥资源潜力和物种多样性优势，建立良性物质循环体系，促进农业持续稳定地发展，实现经济、社会、生态效益的统一。因此，生态农业是一种知识密集型的现代农业体系，是农业发展的新型模式。

进入 21 世纪之后，随着现代农业技术的推广应用，我国的生态农业进入发展的快车道，传统的生态农业模式逐渐转型升级，尤其是在 2018 年以后，随着乡村旅游业的大发展，一些生态农村、生态农场发展成了“生态旅游基地”“生态度假农庄”，村民吃上了旅游饭，收入也大幅度提高了。

四、生态农业技术在现代农业中的地位

生态农业是我国现代农业的发展方向和主导模式。近年来，我国农业农村发展进入了加速现代化、全面推进乡村振兴的新阶段，形势喜人，但同时遇到了生态环境恶化、发展不可持续的挑战，亟须解放思想、更新观念、转变不合理的发展方式。坚持以生态文明引领农业农村可持续发展，建设生态化现代农业农村，这是我国农业走出困境、步入可持续发展良性循环的根本出路。

党的十七大提出了“建设生态文明”的重大战略思想和任务。这是我们党对人与自然、发展与环境关系认识上的飞跃。生态文明是在深刻反思工业文明导致的环境危机、发展难以为继的深刻教训的基础上，继承和发展了工业文明，形成一种遵循自然、经济、社会整体运行规律，促使人与自然和谐、发展与环境双赢的现代文明。人类与自然界其他生命群体之间的关系是平等、友好、和谐、共生存、共繁荣的关系，而不是统治与被统治、主宰与被主宰的关系；人类的发展必须以生态、环境的承载力为前提，不可超出其极限；人类开发利用自然资源，必须遵循人际公平、国际公平、代际公平的道德准则，不可肆意侵占、掠夺、霸占他人、他国和后代的权益；倡导资源节约、高效、循环利用，力求效益最大化、消耗最低化、对环境和人类健康的影响最小化；以可持续发展为目标，排斥一切竭泽而渔、杀鸡取卵、急功近利的短期行为等。

各地的研究和实践成果说明，破解农业、农村发展不可持续难题的根本出路在于大力推进生态文明建设，以生态文明理念及其行为方式理顺被工业文明扭曲的人与自然、人与人、人与社会之间的关系，使之步入和谐共生、相互依存、良性循环、可持续发展的轨道。以生态文明引领农业农村发展，能够最大限度地实现资源合理利用和生态环境不断优化，经济效益、社会效益、生态效益有机统一，促进农业农村可持续发展。

党的十八大以来，以习近平同志为核心的党中央站在战略和全局的高度，对生态文明建设

和生态环境保护提出一系列新思想、新论断、新要求，为努力建设美丽中国，实现中华民族永续发展，走向社会主义生态文明新时代，指明了前进方向和实现路径。

党的十九大报告提出，我们要建设的现代化是人与自然和谐共生的现代化，既要创造更多物质财富和精神财富以满足人民日益增长的美好生活需要，也要提供更多优质生态产品以满足人民日益增长的优美生态环境需要。必须坚持节约优先、保护优先、自然恢复为主的方针，形成节约资源和保护环境的空间格局、产业结构、生产方式、生活方式，还自然以宁静、和谐、美丽。我们既有金山银山，又要绿水青山，绿水青山从本质上说也是金山银山。人类只有一个地球，我们一定要好好保护人类共同的家园。人不负青山，青山定不负人。

2020 年，中国向世界宣告将提高国家自主贡献力度，采取更加有力的政策和措施，二氧化碳排放力争于 2030 年前达到峰值，努力争取 2060 年前实现碳中和。

党的二十大报告指出“我们坚持绿水青山就是金山银山的理念，坚持山水林田湖草沙一体化保护和系统治理，全方位、全地域、全过程加强生态环境保护，生态文明制度体系更加健全，污染防治攻坚向纵深推进，绿色、循环、低碳发展迈出坚实步伐，生态环境保护发生历史性、转折性、全局性变化，我们的祖国天更蓝、山更绿、水更清。”

五、生态农业与农业可持续发展

（一）生态农业与农业可持续发展的内在统一性

1. 哲学思想一致

我国生态农业与农业可持续发展有共同的哲学思想指导：①在对待人与自然的关系问题上，两者都认为世界上任何事物都处于一个相互联系的整体之中。事物的各个方面都不是孤立的，而是相互关联、紧密联系的，将人与自然环境看作不可分割、高度相关的有机统一体，而不是分裂对峙的两极。这就肯定了人与自然的关系，人与自然存在着共同的利益和命运，人与自然的关系是相互依存、协调发展的和谐关系。人应当把自己的行为置于对自然的正当权利和必要义务之上，参与人和自然共同进化的历程，实现人类社会与自然界之间的永久和谐，这就从认识论上回归了马克思主义关于人与自然的关系相统一的思想。②在对待农业生产问题上，两者都认为农业系统是一个整体，以整个地球、整个人类（包括农业人口和非农业人口、人类的今天和明天）作为大的生态系统，人及其他生物、非生物是这一大系统下并存的子系统。包括人类在内的系统中的生物成员与环境具有内在的和谐性，并关注系统内外各组分之间相互联系、相互作用、相互制约、相互协调的关系，注意从全局的角度去观察问题、思考问题、分析问题和解决问题；并认为农业生产是一个动态的“创造”过程，而不是“机械”过程，同时，也是社会生产的一个部分，其要在社会发展水平、资源供给状况和经济条件的约束之下平衡协调地发展。

2. 基本内涵统一

我国生态农业是遵循生态经济学原理，应用系统工程方法，充分运用传统农业精华和现代农业技术，实现生态和经济良性循环的高产、高效、持续发展的农业，它是在一种不影响子孙后代需要的前提下，充分满足当代人需求的发展途径，这与农业可持续发展的思想内涵相统一，即寻求农业生物与其环境的最适关系,以管理和保护自然资源为基础,调整技术和机构改革方向,提高农业的综合生产力、稳定性和可持续性,从而确保了当代和今后世世代代人们的需要得到持续不断地满足。

3.基本目标吻合

我国生态农业的总体目标一方面是重视产品的产量、数量;另一方面是重视产品的质量、生态环境的保护和自然资源的永续利用,达到经济发展、社会需求与生态环境保护并重。具体地说,生态农业在21世纪有三大目标:①保证增加人民生活的农产品供应;②在2021年,中国共产党建党100周年之际,使农民生活总体上达到小康水平,并在以后二三十年达到中等发达国家的生活水平;③在人口不断增长和保护资源的情况下,不断提高资源的承受能力。生态农业和农业可持续发展目标的实质是一致的,都强调农村经济、生态、社会三大效益同步实现。

(二)我国生态农业与农业可持续发展的相互作用

1.我国生态农业促进农业可持续发展的实现

我国生态农业在促进农村经济发展、农村生态文化建设、农村生态环境保护和农村社会稳定等在内的农村可持续发展方面,发挥了重要作用。①生态农业可以充分利用我国耕地少和综合农业资源丰富的特点,积极开展多种经营,有效克服单一种植的弱点,依据各地区自然条件和社会经济条件的不同,因地制宜,建立能充分利用太阳能,促进物质多次循环利用和能量有效转化的各种不同类型的生态农业系统,从而获得稳定的、长期的经济效益;②生态农业以保护和改善生态环境为基本出发点,以促进农业的良性循环为重要条件,运用现代科学技术手段进行农业生产系统生态化的调控,在为社会提供丰富农副产品的同时,产生了明显的生态效益;③生态农业既注重吸收传统农业精耕细作、能耗低的优点和现代石油农业生产集约化、科学化的优点,又克服了传统农业生产效率低和现代石油农业掠夺式经营增长方式的不足,有效地促进了农业经济增长方式的战略转变,推动了农村社会的全面进步,具有显著的社会效益。由此可见,生态农业的生产方式符合自然界的发展规律,并能较好地协调经济建设与环境保护的矛盾,能够促进农村经济、生态、社会协调发展。

2.农业可持续发展观指导和推动我国生态农业发展

生态农业能实现生态、经济和社会三大效益的协调共进,能在我国迅速成长并深入发展,根本原因就在于有农业可持续发展的价值观和伦理观作为思想保障。由于农业可持续发展观强调人与自然的和谐、协调,维护“人与自然”系统的平衡。具体运作上要求以高产、优质、高效为原则或目标,寻求农业生物与其环境的最适关系,以管理和保护自然资源为基础,并调整技术和机制改革方向。以提高农业的综合生产力、稳定性和持续性,从而确保当代和今后世世代代人的需要得到持续满足。这种科学的发展观为生态农业的发展指明了目标和方向,使生态农业的发展有了强大的思想武器作保障。在农业可持续发展观的规范和指引下。生态农业着眼于系统各组分的互相协调和系统水平的最适化,着眼于系统具有最大的稳定性和以最少的投入取得最大的经济、生态与社会效益,在吸取传统农业技术精华的同时,充分利用一切能够发展农业生产的新技术和新方法,以提高农业生态经济生产力和农业综合生产力,获得最佳的经济、生态、社会效益。可见,在农业可持续发展思想的指引下,生态农业实现了生态、经济和社会三大效益的协调共进,促进了我国农业的可持续发展,已成为我国农业可持续发展的有效途径和成功模式。

有专家认为中国生态农业实际上是中国农业可持续发展的一种典型模式，其特征是实现农业生态系统良性的生态循环和经济循环协调发展，在维护和依靠良好生态环境的条件下，达到农业生产高产、优质、高效、低耗的目的。

我国的生态农业是运用生态学、生态经济学原理和系统科学的方法，通过合理的外部能源投入，把现代科学技术成就与传统农业技术的精华有机结合，根据资源、环境特色，通过技术、知识密集，将农业生产、农村经济发展和生态环境治理与保护、资源培育与高效利用融为一体的良性循环综合农业体系。其特征是在可行范围内主要依靠作物轮作，利用秸秆、牲畜粪肥、豆科作物、绿肥作物培肥地力，利用生物和人工技术防治病虫草害，尽量减少化肥、农药、动植物生长调节剂和饲料添加剂的使用量，最终实现农业和环境的协调发展。

党的二十大报告中描绘了今后生态农业的发展蓝图。到 2035 年，我国将广泛形成绿色生产生活方式，碳排放达峰后稳中有降，生态环境根本好转，美丽中国目标基本实现。

六、"两山"理念

(一)"两山"理念的科学内涵

"两山"理念不仅仅是"绿水青山就是金山银山"一句话，而是三句话构成的完整表述："我们既要绿水青山，也要金山银山。宁要绿水青山，不要金山银山，而且绿水青山就是金山银山。"由此可见，"两山"理念的科学内涵包括下列三个方面。

一是"兼顾论"——"既要绿水青山，也要金山银山"。机械主义发展观认为，生态系统是经济系统的子系统，经济系统可以无限膨胀，人类可以不顾及环境容量，一味地追求经济增长，由此导致生态破坏、环境污染、气候变暖等严重后果。环保主义发展观认为，生态系统的有限性决定了经济增长的极限，提出了"增长的极限""零增长观""小型化经济"等，但没有顾及科技进步和制度创新的重要作用。

"两山"理念则认为，绿水青山与金山银山之间、生态保护与经济增长之间并非始终处于不可调和的对立关系，而是对立统一的关系。只要坚持人与自然和谐共生的理念，尊重自然、敬畏自然、顺应自然、保护自然，就可能兼顾生态保护与经济增长，实现生态经济的协调发展。因此，"绿水青山"与"金山银山"的兼顾是可能的。

二是"前提论"——"宁要绿水青山，不要金山银山"。经济增长是在特定约束条件下配置各种生产要素所带来的国民产出的增加。技术进步和制度创新可以使同样的要素投入带来更大的产出。但是，在环境容量给定、技术条件给定和制度体系给定的情况下，试图实现经济高速增长，只能建立在生态破坏和环境污染的基础之上，从而出现"以局部利益损害全局利益，以短期利益损害长远利益，以当代利益损害后代利益"的错误做法。

针对机械主义发展观指导下竭泽而渔、杀鸡取卵的做法，习近平总书记明确指出"宁要绿水青山，不要金山银山"，绿水青山被破坏往往是不可逆转的，"留得青山在"，才能"不怕没柴烧"。这就说明，在环境容量给定的情况下，要以此作为约束性的前提条件，再来考虑经济增长的可能速度。除非通过技术进步和制度创新，才可能在同样的环境容量下实现更高的经济增长。这说明，在有条件约束、无法做到兼顾的特殊情况下，要有所选择，要坚持“生态优先”。

三是“转化论”——“绿水青山就是金山银山”。从字面理解，不仅石油资源可以转化为金山银山，生态环境和生态产品也可以转化为金山银山。但是，仅仅这样理解是不够的。深入一层的理解是，绿水青山是获取源源不断的金山银山的基础和前提，为此，要保护好绿水青山。再深入一层理解，保护好生态环境、保护好生态产品就是保护好金山银山。与之对应，减少资源消耗和污染排放就是减少绿水青山的损耗，也就是保护金山银山。因此，“绿水青山就是金山银山”不能仅仅理解成生态经济化，而是生态经济化和经济生态化的有机统一。

生态经济化是将自然资源、环境容量、气候容量视作经济资源加以开发、保护和使用。对于自然资源不仅要考察其经济价值，还要考察其生态价值；对于环境资源和气候资源，要根据其稀缺性赋予其价值，进行有偿使用和交易。

经济生态化包括产业生态化和消费绿色化两个方面。产业生态化就是产业经济活动从有害于生态环境向无害于甚至有利于生态环境的转变过程，逐步形成环境友好型、气候友好型的产业经济体系。消费绿色化就是妥善处理人与自然的关系，逐步形成环境友好型的消费意识、消费模式和消费习惯。改变传统的摆阔式消费、破坏性消费、奢侈性消费、一次性消费等消费行为，推进节约型消费、环保型消费、适度型消费等新型消费行为。可见，“绿水青山就是金山银山”既要强调生态环境的价值转化，又要强调经济活动的绿色转型。

无论是“兼顾论”“前提论”还是“转化论”，始终不变的一条主线是妥善处理好人与自然的关系，妥善处理好“绿水青山”与“金山银山”的关系，妥善处理好生态保护与经济建设的关系。在这些关系的处理中，习近平总书记要求始终坚持“生态优先，绿色发展”。因此，绿色发展观是“两山”理念的精神实质。绿色发展要渗透和贯穿于创新发展、协调发展、开放发展、共享发展的各方面和全过程，从而使新发展理念成为我国经济社会发展的指导思想。

(二)“两山”理念的重大意义

1.“两山”理念的国家意义

党的十八大以来，习近平总书记不断丰富和完善生态文明思想，形成了习近平生态文明思想。党的十九大把“两山”理念、绿色发展理念、美丽中国建设等均纳入《中国共产党章程》。

第十三届全国人民代表大会第一次会议通过的《中华人民共和国宪法》修正案第三十二条明确指出：“贯彻新发展理念，自力更生，艰苦奋斗，逐步实现工业、农业、国防和科学技术的现代化，推动物质文明、政治文明、精神文明、社会文明、生态文明协调发展，把我国建设成为富强民主文明和谐美丽的社会主义现代化强国，实现中华民族伟大复兴。”这段文字虽然没有直接使用“两山”理念的表述，但是把与“两山”理念紧密相关的绿色发展、生态文明、美丽中国等均纳入其中。

党的十九大报告和全国生态环境保护大会描绘了我国生态文明建设的时间表：到 2035 年，基本建成美丽中国；到 21 世纪中叶，全面建成美丽中国。因此，“两山”理念对于建成美丽中国、加快我国从高速度增长转向高质量发展具有十分重要的指导意义。

2.“两山”理念的世界意义

长期以来，在生态文明建设领域都是西方国家处于引领地位。“可持续发展”“循环经济”“低碳经济”等核心概念均是“舶来品”。随着“两山”理念的诞生，“绿色发展”“生态产品”“自然资源资产”等源自中国的理念逐渐被西方国家所接受。

2016 年 5 月 26 日举行的第二届联合国环境大会高级别会议发布了《绿水青山就是金山银山：中国生态文明战略与行动》报告。联合国环境规划署前执行主任施泰纳表示，可持续发展的内涵丰富，实现路径具有多样性，不同国家应根据各自国情选择最佳的实施路径。中国的生态文明建设是对可持续发展理念的有益探索和具体实践，为其他国家应对类似的经济、环境和社会挑战提供了经验借鉴。

不仅“两山”理念被国际社会高度认可，而且以“两山”理念为指导的生态文明建设“中国做法”“中国方案”“中国经验”也得到国际社会的广泛借鉴。因此，“两山”理念对于美丽世界建设、人类命运共同体建设、全球生态经济协调发展等具有十分重要的指导意义。

必须牢固树立和践行绿水青山就是金山银山的理念，站在人与自然和谐共生的高度谋划发展”“我们要推进美丽中国建设，坚持山水林田湖草沙一体化保护和系统治理，统筹产业结构调整、污染治理、生态保护、应对气候变化，协同推进降碳、减污、扩绿、增长，推进生态优先、节约集约、绿色低碳发展。

知识拓展

“双碳”目标

目前，全球每年向大气排放约 510 亿 t 的温室气体，要避免气候灾难，人类需停止向大气中排放温室气体，实现零排放。多数发达国家在实现碳排放达峰后，明确了碳中和的时间表，芬兰确认在 2035 年，瑞典、奥地利、冰岛等国家确认在 2045 年实现净零排放，欧盟、英国、挪威、加拿大、日本等将碳中和的时间节点定在 2050 年。作为世界上最大的发展中国家和最大的煤炭消费国，中国尽快达峰以及与其他国家共同努力到 21 世纪中叶左右实现二氧化碳净零排放对全球气候应对至关重要。

为此，2020 年，中国基于推动实现可持续发展的内在要求和构建人类命运共同体的责任担当，宣布了碳达峰、碳中和目标愿景。习近平总书记指出，要把碳达峰、碳中和纳入生态文明建设整体布局；要推动绿色低碳技术实现重大突破，抓紧部署低碳前沿技术研究，加快推广应用减污降碳技术，建立完善绿色低碳技术评估、交易体系和科技创新服务平台。

一、什么是“双碳”目标

中国将在 2030 年前实现“碳达峰”，即碳排放量达到峰值后不再增长，之后逐步回落。是二氧化碳排放量由增转降的历史拐点。在 2060 年前实现“碳中和”，即排放的碳与吸收的碳相等，可通过植树造林、节能减排等形式抵消二氧化碳排放，实现二氧化碳的“零排放”。

二“双碳”目标带来的机遇

1. 为低碳、零碳负碳产业发展带来机遇

2010—2019 年，中国可再生能源领域的投资额达 8 180 亿美元，成为全球最大的太阳能光伏和光热市场。2020 年中国可再生能源领域的就业人数超过 400 万，占全球该领域就业总人数的近 40%。“双碳”背景下，新能源和低碳技术的价值链将成为重中之重，中国也可借此机遇，进一步扩大绿色经济领域的就业机会，催生各种高效用电技术、新能源汽车、零碳建筑、零碳钢铁、零碳水泥等新型脱碳化技术产品，推动低碳原材料替代、生产工艺升级、能源利用效率提升，构建低碳、零碳、负碳新型产业体系。

2. 为绿色清洁能源发展带来机遇

在我国能源产业格局中，煤炭、石油、天然气等产生碳排放的化石能源占能源消耗总量的84%，而水电、风电、核能和光伏等仅占16%。目前，我国光伏、风电、水电装机量均已占到全球总装机量的1/3左右，领跑全球。若在2060年实现碳中和，核能、风能、太阳能的装机容量将分别超过目前的5倍、12倍和70倍。为实现“双碳”目标，中国将进行能源革命，加快发展可再生能源，降低化石能源的比重，巨大的清洁、绿色能源产业发展空间将会进一步打开。

三、“双碳”目标实现的路径

1. 从源头把控“两高”项目

加强源头管控，防止经济被高碳锁定。严控高耗能、高污染“两高”项目，严把新建、改建、扩建“两高”项目的环境准入关，深入打好污染防治攻坚战，将降碳作为源头治理的“牛鼻子”。

2. 调整产业结构

电力的脱碳必须先于更大范围的整体经济脱碳，要加快推进电力产业的脱碳和结构转型，加速能源清洁化和高效化的发展，逐步淘汰未采取碳捕捉技术的燃煤发电，快速增加以可再生能源为主，以核能，碳捕捉、利用和封存为辅的多种技术组合发电。

3. 加强技术创新

支持科研人员对碳捕捉利用与封存、等离子激元人工光合、微矿分离等关键技术的研发，整合减碳、零碳和负碳技术。大力发展电化学储能等新型储能技术，积极推广不依赖化石燃料的关键技术、先进用能技术和智能控制技术，大幅提升资源循环利用效率。

4. 倡导绿色生活

开展碳达峰全民行动，加强政策宣传教育引导，提升群众绿色低碳意识，倡导简约适度、绿色低碳的生活方式，推动生活方式消费模式加快向简约适度、绿色低碳、文明健康的方式转变。

推荐阅读

1. 习近平“两山论”的自然观。

2. 以习近平生态文明思想引领美丽中国建设。

注：推荐阅读内容可扫描二维码获取。

课程入门　推荐阅读

模块一

生态农业概述

学习目标

【知识目标】

1. 了解我国生态农业的产生背景、发展现状与前景。
2. 熟悉国外生态农业的产生背景、发展现状及其前景，分析对比国内外生态农业的特征。
3. 掌握生态农业的概念、内涵与特征。
4. 理解生态农业与现代农业的关系，掌握我国发展生态农业的意义及必要性。

【能力目标】

1. 能根据我国生态农业建设中存在的问题，提出发展建议与对策。
2. 能通过对比国内与国外生态农业的特征，分析出国内外生态农业的区别。

【素质目标】

1. 教育学生树立生态优先、循环经济的思想意识，培养其发展生态农业的理念。
2. 培养学生初步具备设计生态农业模式的基本素质，增强学生开展农村工作的能力。
3. 通过参与生态农业建设的实践活动，助力美丽乡村建设和乡村振兴。

模块导读

生态农业是现代农业的一种类型或模式，它是未来农业的发展方向。本模块先从我国生态农业的兴起与发展现状入手，详细介绍了生态农业的产生背景、发展过程及前景；然后简要介绍国外生态农业的发展现状及前景，指出了发展与建设生态农业的意义；最后重点阐述了生态农业的内涵与特征、生态农业与现代农业的关系，并将生态农场建设新内容纳入知识拓展板块，以迎合当前的新形势。旨在培养学生理解生态农业的概念、内涵和特征，搞清发展生态农业的意义和前景，使学生初步具备设计生态农业模式的基本素质和工作能力。

知识导图

- 模块一　生态农业概述
  - 学习情境1　国内生态农业的兴起与发展现状
    - 生态农业的产生背景
    - 我国生态农业的发展现状
    - 建设与发展生态农业的意义
  - 学习情境2　国外生态农业的兴起与发展
    - 美国生态农业的兴起与发展概况
    - 欧洲国家生态农业的兴起与发展现状
    - 亚洲地区生态农业发展概况
  - 学习情境3　生态农业的内涵与特征
    - 生态农业的概念及内涵
    - 我国生态农业的特征
    - 农业生态学与生态农业
    - 生态农业与现代农业的关系

学习情境 1　国内生态农业的兴起与发展现状

模块一　学习情境 1
课程 PPT

一、生态农业的产生背景

(一)历史背景

我国农业有着近 1 万年的发展历程。纵观人类的农业发展史,大体上经历了三个发展阶段:一是原始农业阶段,二是传统农业阶段,三是现代农业(或石油农业)阶段。回顾总结世界农业发展的历史,可以看到,随着农业的发展和生产力的提高,农业环境遭到破坏,生态问题也不断地显露出来,并不断地被人们所认识。

1. 刀耕火种的原始农业

在大约 7 000 年前的原始农业阶段,人类靠夺取自然产品而生存,根本谈不上生产技术。刀耕火种、熟荒、撂荒为其显著特点,农业生产上只有种和收两个环节。原始农业生产是一种不超过自然负荷并略带掠夺式的生产,只取不给,土壤营养平衡完全靠自然植被的自我恢复。人类对农业生态系统的干预能力很小,原始农业的成功与否取决于是否有足够的休闲期,而这只有在一个临界的人口密度下才有可能实现平衡。当人口增加到一定程度时,破坏性的生态变化过程就开始了。

2. 自给自足的传统农业

农业自脱离了刀耕火种的原始农业之后,便进入了自给自足的传统农业阶段。这种农业曾以人力、畜力为主要动力,以人粪尿、动物粪便、绿肥等有机肥为主要肥料,采用各种间作、轮作、套作等方式,充分利用各种资源进行农业生产,并曾注意到要保持地力"常新"。这个阶段人类的科技不发达,只能靠天时地利来进行农业生产,只能去被动地适应大自然的变化,因此,在这个阶段,人与自然的关系只能是"顺应自然"。

近 3 000 年来,这一直是世界上普遍实行的农业模式,大多数发展中国家在还未实现工业化的情况下,基本上都属于这种自给自足的传统农业。由于这种农业基本上以家庭为生产单元,没有太多的投入,也没有太多的富余农产品进行交换,因此形成了相对稳定而又低效的农业生产体系。

我国是世界农业起源中心之一,有着长期的有机农业的基础。几千年来,我国各族人民创造了光辉灿烂的农业文明,给人类留下了宝贵的财富。

3. 集约化生产的石油农业

现代农业阶段,人类的确在很多地方超脱了对大自然的依附,开始了真正向大自然索取的时代,经过 18 世纪的工业革命,到 19 世纪 40 年代以后,发达国家结束了传统农业时期而进入了以机械化、水利化、化学化和电气化为标志的石油农业时期。所谓"石油农业"是从农业对能源的利用和消耗来讲的,其实质是用高能量来换取高产量。由于大型农业机械的出现,化学工业的飞速发展(化肥的生产与施用),农业技术尤其是杂交品种的不断涌现,西方发达国家的农业劳动生产率大大提高,农畜产品产量大幅度增加,形成了高产出的机械化集约农业。这种以开发廉价化石能源及工业技术装备为特征的集约化农业,在 20 世纪 60 年代达到鼎盛时期。

随着农业机械化程度的提高以及大量农药、化肥的使用，农业生产得到了很大的发展。从农业生产指数看，美国农业生产量增加了 63%，其中畜牧业增加了 74%，种植业增加了 35%，土地生产率和农产品的商品率也大大提高。2018 年美国玉米单位面积产量达 10 t/hm^2，到 2020 年产量高达 12 t/hm^2；2018 年一头好的奶牛每年产奶 8 900 kg，2020 年已达 10 000 kg。

若按每个农业劳动力所能养活的人数计算，美国为 56 人、德国为 46 人、加拿大为 44 人、澳大利亚为 39 人，可见，机械化生产大大提高了农业劳动生产率。

经过半个多世纪的发展，机械化集约农业已经成为工业化国家农业生产的主要形式。由于各国自然和社会经济状况的差异，也就形成了各具特色的机械化集约农业。澳大利亚人均耕地 3.06 hm^2，由于人少地多，因此十分注重节约劳力的围养放牧，绵羊占首要地位，羊绒业居世界首位，形成了当今全球驰名的“澳毛”商标。美国人均耕地为 0.85 hm^2，平均每个劳动力担负 67 hm^2 耕地，以投资大、耗能多的大型机械化生产为主，这种能量密集型农业使得只有世界人口 5%的美国生产了全世界 20%的粮食。

法国人均耕地 0.35 hm^2、罗马尼亚为 0.47 hm^2，这些国家实行机械化集约农业，既注重提高劳动生产率，也注意提高土地生产率，同时考虑到了农业生态环境的保护。

人均耕地在 0.13 hm^2 以下的国家，如德国、英国、荷兰、日本等都十分重视提高土地生产率，化肥施用水平和粮食单产都较高。荷兰每公顷耕地施化肥 5.6 t，是美国的 7 倍；2019 年，日本粮食单产达 9 t/hm^2，为世界之最。

这种以高输入和大量消耗能源（机械、化肥、农药）为特征的现代石油农业，尽管在提高农业生产率方面发挥了积极作用，但也带来了越来越多的问题：一是加剧了世界能源危机；二是导致了自然资源的缺乏；三是造成环境污染和生态平衡失调等。从而使石油农业在经过一段时间的迅速发展之后，便走入了困境，面临着严重的挑战。

（二）国际背景

鉴于石油农业所带来的种种弊端，各国都在寻找出路。1975 年，英国成立国际生物农业研究所，促进了西方国家的有机农业科学化进程；同年，美国 Rodale 农场成立了有机农业试验场；1976 年，瑞士成立了有机农业运动的国际联盟会。1977 年 10 月，在瑞士召开了第一届国际有机肥农业会议。2018 年以后，又相继召开了几次国际生态农业论坛大会。

亚洲国家，尤其是日本，十分重视有机农业经营，个人从事类似生态农业的自然农业长达 30 年之久。东南亚的菲律宾、泰国、印度尼西亚和马来西亚等国家非常重视生态农业的发展，菲律宾的马亚农场就是其典型代表，该农场通过沼气技术实现了物质和能量的多级循环利用，成为誉满全球的生态农业典型。联合国曾在此召开国际会议，推广其成功经验。1982 年，在美国福特基金会的支持下，菲律宾、泰国、印度尼西亚 3 个国家的 6 所大学成立了东南亚大学农业生态系统研究网，并于 1983—1987 年分别在这几个国家的不同地区召开了会议，对保护环境、资源利用、推广生态农业等学术问题进行讲座和学术交流。目前，菲律宾、泰国、印度尼西亚和马来西亚等国家，纷纷建立各自的生态农业区域。20 世纪 80 年代，欧洲的大部分农民从事生态农业，德国早在 1987 年就建立了 300 多个生态农场，截至 2022 年，德国共有 8 400 多个生态农场。目前，美国的有机农场多达数万个。据 2021 年联合国粮食及农业组织（FAO）统计，发达国家在生态农业系统工作、从事生态农业建设的农民已超过 300 多万。

自 20 世纪 50 年代以来，美国、澳大利亚等发达国家和印度、巴西、墨西哥等发展中国家都相继开展了有机农业、生物农业、自然农业和再生农业的研究与实践。如美国土壤学家艾希瑞克发起的“生态农业”,英国真菌学家霍华德提倡的“有机农业”,日本冈田茂吉提出的“自然农业”,美国罗代尔主张的“再生农业”。虽然叫法不一,但其主张的共同特点是:在哲理上提倡返璞归真,崇尚人类与自然和谐一致,即天、地、人合一,尽量减少人类对自然的干预;在技术上强调传统农业技术,提倡堆肥、粪尿等有机肥的施用,推行轮作倒茬和病虫害的生物防治技术,在管理上主张小型化、自给自足,强调农场内闭合式的物质循环。这一生态至上、天人合一的环保主义思潮在学术界曾一度盛行。

进入 21 世纪以来,随着全球能源危机、生态环境恶化的加剧,人们对现代农业的发展展开了反思与讨论。各国政府和科学家普遍认识到要解决农业环境问题,必须改变现行的农业生产方式和农村经济增长方式。这就要求科学家们从更高层次和更广泛的范围研究解决资源、环境、人口和食物安全等互相关联的问题,认真研究现行的农业发展模式和农业政策,以生态学的理论知识指导农业的可持续发展。2002 年 8 月,联合国可持续发展世界首脑会议在南非约翰内斯堡举行,会议通过了《可持续发展问题世界首脑会议执行计划》和《约翰内斯堡可持续发展宣言》两份重要文件。文件针对过去 10 年间被忽视和未得到解决的一些最紧迫的生态问题建立了可行的时间表,并将重点集中在人类健康、生物多样性、农业生产、水资源和能源五大方面,为人类及农业的可持续发展提供保障。

2018 年以来,国际性的可持续农业发展学术交流会相继召开了数次,就全球环境治理与农业生态保护方面的问题进行了广泛的交流。

(三)国内背景

随着我国经济的发展、人口的增长,我国农业面临着严峻的资源、环境和生态问题,主要体现在如下几个方面。

1. 资源利用效率低,经济增长方式粗放

我国资源相对短缺,耕地、草地、森林和淡水资源人均占有量分别只有世界平均水平的 32.3%、32.3%、12.5%和 28.1%,而且时空分布不均衡,破坏和浪费严重。我国耕地仅占国土总面积的 13.8%,人均耕地不足 1.3 亩,还不到世界人均面积的 1/2,与美国、澳大利亚相比,更是相差甚远。另外,我国每年耕地面积还在以 46.7 万 hm^2 左右的速度递减,耕地的质量也呈下降的趋势。据测定,全国耕地土壤有机质的平均含量已下降到 1%左右,明显低于欧美地区 2.5%~4.0%的水平,耕地持有水量只有 2.7 万亿 m^3,低于世界平均水平 30%左右。人均占有水量是世界平均水平的 1/4,农业灌溉水的有效利用率只有 40%,而且水资源分布不均,地下水位持续下降。森林面积、森林覆盖率和人均森林面积分别仅占世界的 4%、40%和 15%。草地资源退化,绿色屏障功能削弱,人均占有草地量仅为 0.32 hm^2,约为世界人均水平的 30%,另有 0.87 亿 hm^2 草地退化、2 亿 hm^2 草地处于风沙的威胁之下,并且每年还在以 100 万 hm^2 的速度在退化。

2. 农业生产环境污染加剧

2018 年以来,我国农业污染由点源向面源发展,农村的面源污染日趋加重,已严重影响了农业的可持续发展。在耕地面积不断减少的情况下,我国化肥的使用量却一直处于上升态势。但从 2016 年开始,推广化肥“零增长”计划。2019 年全国化肥使用总量为 5 404 万 t,比上一年减少 4.6%,我国耕地面积不到世界的 1/10,但是氮肥的施用量却占世界的 30%,每公顷高出世界平均水平 2.05 倍。磷肥的使用量为世界的 26%,每公顷高出世界平均水平 1.86 倍。我国不仅是世界上化肥用量最多的国家,也是农药使用量最大的国家,在一些高产地区,每年施用农药达30次之多，每公顷用量高达300 kg，个别地方甚至超过400 kg，造成了严重的农药残留问题。目前，我国设施农业栽培发展迅速，塑料大棚及地膜覆盖面积已超过10亿亩，截至2020年，我国农膜和地膜的年消费量达200.9万t，位居世界之首。据2019年统计，我国农膜年残留量高达45万t左右，残存率达40%之多，近一半的农膜残留在土壤中无疑是极大的隐患，既降低了土壤的透气、透水性，又造成了严重的“白色污染”。化肥、农药的超量施用必然导致对地表水及地下水质量安全的威胁，再加上规模化养殖场排放的大量污水，我国地面水体多已受到氮、磷等物质的富营养化，不仅导致地下水的污染，还造成了农产品中的农药残留超标。

随着养殖业的快速发展，我国规模化养殖场畜禽粪便的产生量逐年增大。据生态环境部2020年对全国畜禽养殖业污染情况的调查，我国畜禽粪便的年产生量为38亿t，约是工业固体废物的3.2倍。许多规模化养殖场在建立之初就缺乏对畜禽粪便的无害化、资源化处理的总体考虑，致使相当一部分畜禽粪便不经处理就直接排入河流或随意堆放。其危害主要有：一是与农田流失的氮、磷等养分一同进入河流、湖泊等，造成水体的富营养化；二是畜禽粪便中的各种病原菌对水体的污染影响巨大，成为引发水体有机污染的重要原因；三是畜禽粪便还污染了周边环境，极易引发疾病流行。另外，家畜粪便及排泄物还是猪丹毒、猪瘟、副伤寒、布鲁氏菌病、钩端螺旋体病、炭疽等人兽共患病传播的主要载体，这些疾病一旦在规模化养殖场暴发，其后果将不堪设想。

3. 自然生态环境问题日趋严峻

我国水土流失严重，几乎每个省份都有不同程度的水土流失，其分布之广、强度之大、危害之重在全球屈指可数。据统计，2021年全国水土流失面积为267.42万km^2，水力侵蚀面积为110.58万km^2，占水土流失总面积的41.35%，较2020年减少1.42万km^2，减幅1.27%；风力侵蚀面积为156.84万km^2，占水土流失总面积的58.65%，较2020年减少0.43万km^2，减幅0.27%。土地沙化呈发展趋势，我国现有沙化土地262.2万km^2，占国土面积的27.3%。而且每年新增荒漠化面积为24.6万hm^2，荒漠化已经成为我国西部地区最大的自然灾害和首要的环境问题。仅以新疆为例，风蚀荒漠化面积已达72.4万km^2，占全疆面积的45%，其中沙漠面积为43.04万km^2，约占全区面积的27%，大多数地区的荒漠化治理速度赶不上扩展速度。全国生态环境恶化导致我国近十几年来气候变异，农业自然灾害时有发生，已经成为农业和农村经济持续发展的制约因素。严峻的资源、环境和生态问题已使传统农业和农村经济发展方式难以为继，必须进行发展方式的转变和发展战略的调整。

进入21世纪后，我国政府针对以上存在的问题，采取了强有力的应对措施，大力开展了环境治理、生态修复活动，实施了沃土计划、化肥零增长及生物防治病虫害等一系列技术措施，化肥及农药的施用量连续6年呈下降态势。土壤肥力逐年提高，农业生态环境进一步改善。

(四)政策背景

我国作为人口最多的发展中国家，深知自己在保护全球生态环境中的责任和义务。党中央和国务院历来重视环境保护工作和生态农业建设。1996年，《国务院关于环境保护若干问题的决定》中指出：“发展生态农业，控制化肥、农药、农膜等对农田和水源的污染”，同年通过的《中华人民共和国国民经济和社会发展“九五”计划和2010年远景目标纲要》中再次指出：“大力发展生态农业，保护农业生态环境。”1998年，国务院发布了《全国生态环境建设规划》提出总体目标，用50年左右的时间，动员和组织全国人民，加强对现有天然林及野生动植物的保护，大力开展植树种草，治理水土流失，建设生态农业，完成一批对改善全国生态环境有重要影响的工程，基本实现中华大地山川秀美。1999年，时任国务院副总理温家宝指出："21世纪是实现我国农业现代化的关键历史阶段，现代化的农业应该是高效的生态农业"，"要把生态农业建设与农业结构调整结合起来，与改善生产条件和生态环境结合起来，与发展无公害农业结合起来，把我国生态农业建设提高到一个新水平"。

《中国21世纪议程》明确指出，由于人口和经济的迅速增长，我国十分有限的农业自然资源开发强度不断加大，再加上污染和生态环境退化，加重了资源的破坏和衰退趋势。为了实现可持续发展，保护和合理利用自然资源已成为亟需解决的问题。加强农村生态环境保护，提高农民生活质量，是建设社会主义新农村的重要内容。按照"减量化、再循环、再利用"的循环经济理念，以农村废弃物资源循环利用为切入点，大力推进资源节约型、环境友好型和循环农业的发展。通过"生态家园富民行动"和农村沼气建设，实现家居环境清洁化，农业生产无害化和庭院经济高效化的目标。大力开发农村清洁能源，推动生态产业发展，构建物质和能源高效转化利用的生态产业链，推进相关产业在区域内的聚集和循环式组合。

进入21世纪以后，我国生态农业在一系列利好政策背景下应运而生。它的产生不仅顺应了世界农业发展的潮流，而且对推进现代农业发展、实现农业可持续发展具有十分重要的作用。近10年来，针对如何遵循现代化农业的先进理念，走具有中国特色的农业可持续发展道路的问题，以及怎样建设生态农业问题，不仅是国内学术界争论的热点，而且是国家可持续发展战略决策所考虑的重点领域。

二、我国生态农业的发展现状

我国生态农业起步晚、发展速度较慢，大约经历了三个发展阶段。

1. 起始探索阶段

20世纪70年代末期，学术界对我国农业的发展道路进行了广泛的讨论。1980年，在宁夏银川召开了全国农业生态经济学术讨论会，在这次大会上我国第一次使用了"生态农业"这一名词。我国著名的环境科学家、原国家环境保护局局长曲格平教授提出，中国生态农业建设，不仅是为了发展农业生产，还要以全面提高乡村环境质量为目标。1982年，中国农业生态环境保护协会在四川乐山召开了综合性的学术讨论会，正式向主管部门提出了发展生态农业的建议。1982年，国务院环境保护领导小组办公室与美国东西方中心环境和政策研究所在昆明和广州联合召开了"应用生态学原理增加农业生产"国际学术讨论会，随后，国务院环境保护领导小组开始组织生态农业的试点工作。1982年，北京市环境保护研究所以卞有生研究员为首的一批科学工作者率先在北京市留民营村建立生态农业的试点，这是我国第一次对生态农业进行的全面、定量、系统的研究与实践，通过几年的探索与实践，取得了一定的成绩。与此同时，其他一些研究单位如南京市环境科学研究所、浙江省环境保护研究所等也陆续开展了试验研究，使生态从理论探讨发展到试验阶段。

2. 试验示范阶段

1984年是我国生态农业发展史上不平凡的一年，年初时任国务院总理李鹏在第二次全国环境保护大会上宣布环境保护是我国的一项基本国策。1984年5月，《国务院关于环境保护工作的决定》明确提出："各级环境保护部门要会同有关部门推广生态农业，防止农业环境的污染和破坏。”1984 年 11 月，城乡建设环境保护部会同农牧渔业部在江苏省吴县联合召开了全国农业生态环境保护经验交流会，研究部署在全国开展生态农业的试验、示范工作。1985 年，国务院环境保护委员会转发了《关于发展生态农业，加强农业生态环境保护工作的意见》，对生态农业的试点工作提出了具体要求，要求环境保护部门和农业部门积极开展试点工作。在此期间，国家环境保护局直接在 17 个省、自治区、直辖市建立了 19 个生态农业试点区。在各级政府部门的号召和支持下，全国大部分地区均开展了生态农业的示范试点工作，且试点规模逐步由生态乡（场）、村向生态县、市扩大，各地都取得了一定的成绩。

我国生态农业大多数从农户开始，如新疆吉木萨尔县二工乡东沟村的沼气户，也有从自然村开始的，如山东烟台郊区的沼气村、北京市大兴区的留民营村等；建设模式也多种多样，有的搞生态庭院，有的搞农业生产的良性循环；从形式上讲，有农牧结合型、农果结合型、农副结合型，都收到了良好的效果。在此基础上很快发展到自然村和猪场、林场、农场及渔场等生产单位进行试验，称为生态村、生态猪场、生态林场、生态农场和生态渔场。随后，生态乡镇也发展起来，范围更大，内容也更丰富，利用荒山荒坡水面建设各种商品生产基地，发展有关的加工业，农户和集体经济同步发展，形成了一种欣欣向荣的发展局面。1991 年 5 月，农业部、林业部、国家环保局、中国生态学会和中国生态经济学会在河北省迁安县联合召开了生态农业（林业）县经验交流会，不仅正式认可了生态农业县的试点成就，而且认真交流了试点经验，从而把我国的生态农业建设推进了一个崭新的阶段，即以县为单位有计划地发展生态农业的阶段。

3. 达成共识与快速发展阶段

1993 年 12 月 9 日，在北京召开了全国生态农业县工作会议，大会上，多部委联合决定，在 1993—1997 年，共同组织协调有关地方进行全国 51 个生态农业县的建设工作，并为此成立了全国生态农业县建设领导小组。这标志着国务院有关部、委、局将大力协同，共同支持生态农业建设；标志着生态农业建设不仅是群众行动，而且是政府行为；标志着我国生态农业建设将进入一个新的发展阶段。截至 1997 年，全国共有生态农业试点县 51 个、试点乡镇 800 个、试点村（农场）1 400 个左右。生态农业建设示范面积已达到 666.7 万 hm^2，约占全国耕地面积的 7%。经过十几年的试点研究和示范建设，一些试点已取得了喜人的成绩，涌现出了一大批生态农业建设的成功典型。例如，北京市大兴县留民营村、浙江省萧山市山一村、江苏省泰河县横村、安徽省颖上县小张庄、山东胜利油田生态农场、辽宁省大洼县西安生态养殖场、上海市三星生态养殖场、杭州市佛山养殖场等，其中北京市留民营村由于成绩显著，被联合国环境规划署授予“全球环境建设成就 500 佳”称号。经过 20 多年理论上的探索和研究，通过生态农业大量试点的实践，我国已初步形成了一套比较完整的生态农业理论，培养和涌现出各种类型的生态农业典型，积累和总结了丰富而宝贵的经验，各地各种类型的试点单位都取得了一定的成绩。

截至 2022 年，全国生态农业试点乡村已达到 3 000 个，已建成首批 132 个生态农场。根据农业农村部“十四五”规划，到 2025 年，将在全国建成 1 000 个国家级的生态农场、40 个生态农业地区或生态经济市，全国将有 1/4 的县开展生态农业县建设。

在进入 21 世纪后，我国连续 20 多年的经济高速发展已经带来了许多生态环境问题，国家又提出了节能减排任务，对生态环境建设工作越来越重视。生态的理念已经深入人心，各地提出了建设生态省、生态市和生态县的构想。全民的生态环境保护意识和食品质量安全意识在逐步提高，对生态环境和资源制约有了更加清楚的认识，生态农业进一步深入发展的基础在巩固和加强，生态农业的相关研究将会更加深入，生态农业建设的规模将会进一步扩大。未来我国生态农业的发展将与农业、农村、农民问题的解决同步进行，将有效促进整个社会的可持续发展与循环经济建设，推进全社会的生态文明发展，

2020 年，我国脱贫攻坚取得了决定性成果，实现了现行标准下全国近 1 亿贫困人口的脱贫。下一步将在巩固脱贫成果的基础上，与乡村振兴有效衔接。可以预测，未来我国的生态农业建设将会更加有声有色。一个个“产业兴旺、生态宜居、乡风文明”的美丽乡村将呈现在我们眼前。

2022 年我国脱贫攻坚成果进一步巩固拓展，基础更稳固、成效更可持续。一是没有发生规模性返贫现象。防止返贫监测帮扶机制有效发挥作用，识别认定时间缩短到 15 天以内，实现了早发现、早干预、早帮扶，“三保障”、饮水安全和兜底保障水平持续巩固提升。二是脱贫劳动力就业形势保持稳定。2022 年，务工就业规模达到 3 277.9 万人，比 2021 年底增加 132.9 万人，超过年度目标任务 258.7 万人。三是脱贫地区和脱贫人口收入较快增长。2022 年，脱贫地区农民人均可支配收入达到 15 111 元，增长 7.5%，比全国农民人均可支配收入增速高 1.2 个百分点。脱贫人口人均纯收入达到 14 342 元，同比增长 14.3%，比全国农民人均可支配收入增速高 8 个百分点。

三、建设与发展生态农业的意义

（一）开展生态农业研究的意义

我国自古以农立国，传统农业具有精耕细作、用地与养地结合、农牧业结合、多种经营结合等许多优越性，然而多局限于传统经验，缺乏科学信息，属封闭式物质循环与自给自足的经济，很难适应专业化、社会化、商品化生产，显然不能作为我国未来农业发展的方向。西方石油农业虽能充分利用机械、化肥、农药、地膜来提高农业生产力，但却要消耗大量的石油与资金，且加剧了能源的危机与环境的污染，即高投入、高产出带来高污染，因此，传统农业不能作为我国农业的发展方向。有机农业或自然农业则主张不用化肥、农药，依靠系统内的有机物质循环来解决能源与养分不足，缺乏人工辅助能和养分的补充，因此，产量要比常规农业减少一半左右。对于我国这样一个人多地少、粮食需求量较大的国家，有可能造成粮食危机，所以有机农业也不能作为我国农业发展的方向。而生态农业既具有传统农业的精华，又避免和摒弃了石油农业的弊端，必将成为我国农业未来发展的方向。

近年来，生态农业已成为国内外理论界和学术界重要的研究领域，研究文献日益丰富，人们对生态农业的认识程度也越来越深。就国内研究而言，目前在以下几个方面取得了较大的进展：①生态农业的内涵、目标、建设原则与推广模式；②生态农业与人口、资源、环境、经济和社会的相互关系；③中国实施生态农业建设的必要性、紧迫性；④农业可持续发展战略的制定、可持续发展的指标体系的研究；⑤生态农业规划研究；⑥生态农业技术与实践状况研究等。这些研究为我国生态农业模式的推广与实施起到了理论指导作用，但也存在一些不足，主要表现在两个方面：一是研究工作多从某一专业领域出发，缺少多学科间的协同配合；二是研究工作大多停留于概念探讨、理论分析的一些描述性指标，而用于推广的模式研究尚不够深入具体。

生态农业的思想起源于 20 世纪 80 年代，40 多年过去了，虽然生态农业的理念已被全社会认同，但农业生态环境状况却越来越令人担忧。现在的主要问题不是人们对发展生态农业

的重要性认识不足，也不在于理论研究不够，而是如何将一个观念转换成可操作的实施模式，目的是把不同类型的生态技术模式提供给各地农民进行实践，逐步建立多种具有代表性的生态农业推广应用模式，这方面的研究有待于加强。

（二）建设与发展生态农业的意义

建设与发展生态农业，走我国自己发展现代农业的道路，是促进农业可持续发展，实现农业现代化的基础。建设生态农业的重大战略意义主要有5点。

1.有利于贯彻农业生产因地制宜的原则，调整农业结构布局

根据生物与环境必须统一的生态学原理，在农业生产中必须贯彻因地制宜的原则。过去由于忽视这一原则，致使我国许多山区、丘陵、平原和水域的优势不能充分发挥，农业生产结构严重失调，既浪费了自然资源，减少经济收益，又破坏了生态环境，并形成恶性循环。发展生态农业能克服这些弊端。例如，山区的退耕还林、草原的退粮还牧、湖区的退湖还渔等，均起到了很好的成效。

2.有利于农业自然资源开发利用与保护，减少生态环境恶化

建设生态农业，合理利用本地自然资源，对农业的可更新资源注意增殖，避免年采伐量和年捕获量超过年生长量，对难以更新和不可更新的资源重点保护和利用，这样不仅能减少水土流失、改善生态环境，而且有利于整个国土资源的开发利用和保护，使其能永续利用。

3.有利于开发农村人力资源，为农村剩余劳动力转移就业打开门路

在农村剩余劳动力转移就业问题上，我们不能像发达国家那样，让大量的剩余劳动力直接涌入城市，而应该立足于农业本身，内部消化，就地解决就业问题。大力发展生态农业及其产业，通过农业内部分工、分业发展，把农村经济功能发挥到最大限度，实现小农业向大农业的转化，这样就可以安排解决大批剩余劳动力。

4.有利于提高农业生产的综合效益，促进农业长期稳定发展

发展生态农业能调整农业内部各产业的结构优势：一是能大大提高劳动生产力、土地利用率和土地生产力，获得更多的物质产品，提高经济效益；二是能合理利用与保护自然资源，避免生态失衡，提高生态效益；三是能为社会创造数量更多、质量更优的农副产品，为社会生活做出较大贡献，提高社会效益。

5.有利于发展清洁生产和高效农业，实现农业的可持续发展

生态农业排斥化肥、农药等石油产品的使用，注重施用有机肥和精耕细作，采用生物防治的办法来抗病驱虫，因此，它是一种无污染、无残留的清洁生产，可生产出无公害、绿色农产品。同时，生态农业强调低投入、高产出，在不投入人工辅助能的前提下，通过系统内部物质的多级循环利用和能量流动，来提高土地的生产力和资源的利用率，实现农业产值利润的最大化，因此，生态农业生产是一种高效生产方式。

（三）我国发展生态农业的必要性

我国的基本国情决定了必须走生态农业之路。我国人多地少，人口众多，土地资源有限，在这样的国情下，要实现农业现代化，不可能走欧美国家的道路，通过扩大土地经营规模来提高劳动生产率和农业经济效益；也不可能走日本的路子，通过政府的高额补贴来装备农业、富裕农民。中国必须结合自己的国情，走具有中国特色的农业现代化之路。

1.人口与资源之间的矛盾要求农业必须遵循资源持续利用的原则

我国是一个人口大国，人多地少，资源相对短缺。人均土地资源、水资源、森林资源等均低

于世界平均水平。同时，由于人口仍在继续增长，人口与资源的矛盾将日益突出。因此，我国农业发展的途径和方式是既要充分利用资源，又要节约、保护和合理利用资源，只有大力发展中国式的可持续生态农业，才能有效地解决这一矛盾。

2. 生态环境的不断恶化要求农业现代化必须走生态农业之路

长期以来，人类在改造自然的过程中建立了辉煌的业绩，创造了前所未有的物质财富，与此同时，也破坏了自然生态环境，造成草原退化、沙漠扩大、水土流失加剧、旱涝灾害频繁，对人类的生存和发展构成了严重的威胁。要彻底解决这些问题，就必须从根本上转变农业生产方式，大力发展生态农业，建立以资源高效利用和生态环境保护为基础的农业生产体系。据调查统计，近年来我国建立的 51 个生态农业试点县的生态环境均得到了较大的改善，土壤沙化和水土流失明显减少，截至 2019 年，我国土壤沙化治理面积达 1 400 万 hm^2，治理率达 84%，水土流失治理率达 73.4%，林草覆盖率平均提高 3.7 个百分点，良好的生态环境增强了农业抵御自然灾害的能力。如新疆生产建设兵团第八师一五〇团地处准噶尔沙漠边缘，通过采取植树造林、设置风障等防风固沙措施，有效地遏制了沙丘的流动，创造了人进沙退的奇迹。由此可见，生态农业从保护环境入手，合理利用资源，促进农业生态系统内部能流、物流畅通，确保其高效运转，所以有利于农业的可持续发展。

3. 不断增加的人口压力和相对紧缺的资金投入要求大力发展可持续的生态农业

如何用有限的资金来发展农业生产，解决粮食供给，满足人民生活的需要，是我们当前面临的最大问题。只有大力发展可持续的生态农业，才能解决这一问题：一方面，可以根据各地域的自然、社会和经济条件，实行科学的立体种植、养殖和加工方式，充分利用当地的物质、能量、劳力等资源优势，实现生产要素与环境资源的合理配置，从而提高农业生产效率，节约生产资金；另一方面，可以根据“整体、协调、循环、再生”的原则，进行整体规划，优化农业产业结构，使农、林、牧、副、渔五业协调发展，同时借用现代科技手段，提高农业系统的综合生产能力，解决农副产品供给不足的问题。所以，走可持续的生态农业之路，是解决人口压力和资金紧缺的有效途径。

4. 地域间的不平衡性要求我们走多种模式的生态农业之路

我国幅员辽阔，各地域间的气候、自然地理、经济文化等条件差异很大，因此，生态农业的模式就不能搞“一刀切”。西方模式的现代化农业无法适应这种参差不齐的区域条件，而多种模式的生态农业可使各地域因地制宜，扬长避短，发挥各自的区位优势，变资源优势为经济优势，推进当地生产的发展。

5. 农业自身的发展需要实施产业化链条的生态农业

由于我国经济基础薄弱，长期以来对农业投入不足，农业抗御自然灾害和适应外部市场变化的能力不强，再加上工、农业产品价格“剪刀差”的存在，使农业在市场竞争中往往处于不利地位，农业利益大量流向非农产业。因此，农业要发展就必须依靠自身的优势，调整产业结构，形成一种融种、养、加、产、供、销、商为一体的产业化链条，提高农产品的附加值，增加积累，多业并重，全面发展，尤其是加工、商贸业的发展。而可持续的生态农业正是实现农业产业化链条的基础，它将种植业、养殖业和农副产品加工业有机地联合起来，形成一个良性循环发展的链条。实践证明，生态农业是解决我国人口、资源、环境之间矛盾的有效途径，是实现经济、生态、社会三大效益相统一的必由之路，是农业和农村经济可持续发展的必然选择。

(四)"十四五"时期我国农村生态文明建设重点任务

"十四五"时期,我们要深入学习贯彻习近平生态文明思想,按照人与自然和谐共生的内在要求,坚持绿色低碳发展方向,统筹山水林田湖草沙系统治理,加快推进农业绿色发展和乡村生态振兴,努力实现农业生产方式加快转型,农业面源污染有效遏制,化肥农药使用量持续减少,资源利用效率稳步提高,农村人居环境整体提升,农村生态系统更加稳定,农村生态文明建设取得明显成效。

1.大力推进质量兴农绿色兴农

大力推进质量兴农绿色兴农是提高农业质量效益和竞争力的内在要求,是实现农业农村现代化的重要任务。提高农业标准化水平,建立健全农业高质量发展标准体系,制修订一批产地环境保护、绿色投入品、绿色技术等标准,建设一批现代农业全产业链标准集成应用基地,加强绿色有机农产品和地理标志农产品认证管理。强化农产品质量安全监管,实施农产品质量安全保障工程,完善农产品质量安全全程监管体系,加大农业投入品规范化管理,试用食用农产品达标合格证制度,健全质量追溯体系,确保"舌尖上的安全"。健全农业绿色发展支撑体系,加强国家农业绿色发展先行区建设,探索推介一批农业绿色发展典型模式,打造一批产地绿色、产品优质、产出高效的生态农场样板。

2.切实加强农业面源污染防治

切实加强农业面源污染防治是深入打好污染防治攻坚战的重要内容,是推进乡村生态振兴的关键举措。深入实施化肥农药减量行动,继续开展测土配方施肥,增加有机肥使用,推进高毒高风险农药淘汰和兽药抗菌药使用减量,推广肥料高效施用技术和病虫害绿色防控技术。循环利用农业废弃物,支持发展种养结合绿色循环农业,持续开展畜禽粪污资源化利用,全面实施秸秆综合利用行动,推进废旧农膜机械化捡拾和专业化回收,开展农药肥料包装废弃物回收利用。加强污染耕地治理,实施耕地土壤环境质量分类管理,分级分类开展耕地土壤污染管控与治理,推进耕地重金属污染防治联合攻关,提升受污染耕地安全利用水平。

3.整治提升农村人居环境

整治提升农村人居环境是实施乡村建设行动的重大任务,是建设美丽宜居乡村的重要标志。因地制宜推进农村厕所革命,有序推进经济欠发达地区以及高海拔、寒冷、缺水地区的农村改厕,因地制宜建设一批厕所粪污、农村生活污水处理设施和农村有机废弃物综合处置利用设施,鼓励各地探索"政府定标准、农户自愿改"的奖补模式。推进农村生活污水和生活垃圾治理,梯次推进农村生活污水治理,基本消除农村黑臭水体,推进农村生活垃圾源头分类减量,完善农村生活垃圾收运处置体系。整体提升村容村貌,深入开展村庄清洁和绿化行动,建立健全农村人居环境建设和管护长效机制,全面建立村庄保洁制度,创建一批美丽宜居村庄。

4.保护修复农村生态系统

保护修复农村生态系统是发挥农业多种功能、提升乡村多元价值的物质基础,是绿水青山转化为金山银山的重要支撑。强化农业资源保护,加强耕地保护与质量建设,建立量水而行、以水定产的农业用水制度,推进地下水超采综合治理,强化外来入侵物种防控。推进重点区域生态环境保护,全面实施长江流域重点水域十年禁渔,推进长江水生生物资源和水域生态保护修复。加强黄河流域农业生态保护,建设一批农业面源污染综合治理示范县。健全草原森林河流湖泊休养生息制度,完善草原生态保护奖补政策,稳步恢复草原生态环境,巩固退耕还林还草、退田还湖还湿成果。加强大江大河和重要湖泊湿地生态系统保护治理,完善农田生态廊道和生态型农田林网。推动农业农村减排固碳。加强稻田水分管理,提高农田和草地固碳增汇能力,研发推广低碳节能农机装备和养殖设施,发展大中型沼气和生物天然气,加强太阳能光热光伏利用。

学习情境 2　国外生态农业的兴起与发展

一、美国生态农业的兴起与发展概况

(一)美国生态农业的兴起

模块一　学习情境 2
课程 PPT

美国是世界上农业较发达的国家之一,在美国,替代农业的主要形式是有机农业,最早进行实践的是罗代尔(J. I. Rodale),他于 1942 年创办了全美第一家有机农场。1945 年,罗代尔出版了《堆肥农业和园艺》一书,受到了广泛的欢迎和好评,并多次再版。它告诉人们如何利用自然生物的方法去培养更健康的土壤以获取更健康的食物,并在自己的农场中加以实践。1974 年,在扩大农场和过去研究的基础上罗代尔研究所成立了,并成为美国和世界上从事有机农业研究的著名研究所,罗代尔可以称为美国有机农业的先驱。

到了 20 世纪 60 年代,在美国开展了一场有关有机农业的论战。有人指责有机农业是排斥现代科学技术,让人类返回到原始社会中去的无稽之谈;然而有机农业研究与实践者以丰硕的研究成果和高质量的农产品显示了有机农业强大的生命力。到了 20 世纪 70 年代初出现第一次能源危机时,有机农业已经受到越来越多的重视,同时被更多的人所接受。1972 年以来,美国加利福尼亚州保罗阿托市的生态活动组织开展了一系列生物集约经营的有机农业试验。他们还组织编写了《怎样在极小面积的土地上种植数量最多的蔬菜》一书,以此推广生物集约种植技术,现在世界上有 50 多个国家约 25 万人在不同的气候、土壤条件下使用这些方法。

美国农业部对有机农业开始并不支持,据说曾有一位部长把有机农业斥之为"农业生产的死胡同"。但随着现代化农业潜在问题的日益暴露,尤其是 20 世纪 70 年代初能源危机的爆发,更加剧了美国农业生产的矛盾。日益增长的生产费用困扰着美国农民,环境的恶化也引起了公众的关心。与此同时,美国农民开始对有机农业所显示出的优越性有了兴趣,他们纷纷给农业部写信询问有关有机农业的技术并要求给予指导。1978 年,美国农业部长博格兰发现一个农场主将其 600 hm^2 耕地转向有机经营之后的 6 年里,虽停止使用化肥和农药制剂,但其盈利、作物产量以及牛群健康等仍然获得了良好的效果,博格兰认为这是一个值得重视的经营方向,于是建议农业部组织成立了一个 10 人小组,对美国有机农业进行了广泛的调查(同时也派人分赴德国、瑞士、英国及日本做了同样的调查),并于 1980 年向农业部提交了一份有机农业的报告和建议。在这份报告中将有机农业定义为"一种完全不用或基本不用人工合成的化肥、农药、生长调节剂和家畜饲料添加剂的生产体系",有机农业就是在可能范围内尽量依靠作物轮作、秸秆、家畜粪便、豆科作物和生物防治病虫害等方法以保持土壤肥力和耕性,并防治病虫害和杂草。

(二)美国生态农业的发展概况

1981 年 10 月,在美国召开的第二次"小规模集约生产食物"的国际会议上,美国农业部官员在大会发言中明确表示政府支持发展有机农业的政策,并认为它是克服现代化农业引起危机的重要途径。其后,美国农业部专门派出有关专家到罗代尔研究所参加研究工作,总结推广他们的经验,并成立了替代农业研究所。美国有机农业发展过程中比较注重有机农业建设中的组织工作,机构健全,并以现代农业科技为依据把科研与教学、推广密切结合起来。当前美国有机农业研究主要集中于以下问题:

(1)寻求建立合理的可行的农业系统途径。

(2)探索适合于小农场的农业技术。

(3)从市场和政策方面探索有机农产品进入市场并获得较高收入的途径。

(4)研究适于发展中国家的农业技术。

美国出现了不少"有机农场""生态农场"。这些农场按经营方式可以分为两类:一种是完全不用化肥、农药、除草剂和生长激素,仅依靠生物能源及物种的多样性和相生相克、互利共生的生态学原则,从事农业生产;另一种是主要以有机方式从事生产,但并不排除合理的、少量的化学能源的使用。2018 年,美国农业部进行调查研究并指出,有机农业在防治病虫害方面很成功,不仅能源消耗少,而且经济收入高,还可以实现机械化。最大的优点还是提高土壤生物学肥力(有机质肥力),不污染环境,不破坏生态环境与生态平衡,在增加农副产品的同时也提高了产品质量,节省用水。但是由于美国生产制度商业性强,大批粮食有待出口和转销养畜场,因此,除非美国政府的政策和农业结构有重大变化,否则生态农业在美国的发展将受到限制。现在美国农业部已向政府提出建议,要求建立无公害食物和农产品的销售系统,同时适当提高生态农业产品的价格,无疑这将会促进生态农业的大发展。

在美国,据其农业部测算,2010—2020 年,政府补贴农业的资金为 1 900 亿美元,比 2006 年预算增加了约 830 亿美元,平均每年增加 190 亿美元。除了对原来的农产品继续补贴外,重点是对生态农产品的补贴。

21 世纪以来,世界农业及整个生态环境形势正发生深刻而复杂变化,这给农业生态学发展既带来前所未有的历史性战略机遇,同时也不免带来了空前挑战。为适应形势、把握机遇、应对挑战,美国农业生态学正在或已经向着高、新、长、多、实的方向发展。

二、欧洲国家生态农业的兴起与发展现状

西欧各国的生态农业发展基本情况与美国相似。从事生态农业的生产者不到农民总数的 1%,规模一般较小,以家庭农场为主。依靠生物学方法来维持土壤肥力,加入适量的化肥以获取高产,采取以生物防治为中心的综合防治措施来防治病虫草害,化学农药只有在高发季节等关键时刻才使用,逐步使高能耗农业向生态农业转化。

(一)英国生态农业的兴起与发展

英国是欧洲最早进行有机农业试验和生产的国家之一。自 20 世纪 30 年代初,英国农学家 A. Howard 提出有机农业概念并相应组织试验和推广以来,有机农业在英国得到了广泛发展,其基本宗旨是在经营的土地上不施用化肥、农药、化学除草剂、化学添加剂及人工合成的激素类物质,不使农畜产品受到有害物质的污染。随后法国、德国、荷兰等西欧发达国家也相继

开展了有机农业运动，并于 1972 年在法国成立了国际有机农业运动联盟（IFOAM）。1981 年，英国农学家 M. K. Worthington 经过多年的实践后，对有机农业提出了新的认识，将其定义为“生态上能够自我维持的、低输入的、经济上有生命力的，目标在于不产生大的和长远的环境方面不可接受的变化的小型农业生产方式”。为实现这一目标，实行用地与养地相结合，实行作物的轮作倒茬，增施有机肥（如粪肥），采用生物防治，牧地混种牧草并进行混合放牧，同时利用多种资源发展多种小型畜、禽养殖，尽量利用各种再生资源和劳畜力，保护资源。

近年来，英国的生态农业发展较快，据有关部门 2019 年统计，英国共有生态农场 1.2 万家，但规模大小不一。

（二）德国生态农业的兴起与发展

除英国以外，德国的有机农业运动也十分活跃，尽管德国政府并不明确支持这种农业方式的发展，但其仍然取得了不少成效，使得德国有机农业的发展成为西欧的一个缩影。在德国，有机农业是以生物农业或生物-动力学农业的形式出现的，尽管提法不同，但意义与内容是一样的。

在德国，由于现代化农业生产水平高，实行有机农业的农场，其单产水平和生产效率均较常规农业低。为了解决有机农户经济收入低的问题，他们建立并保持自己的独立的“自然产品”销售系统，在各大城市均有出售无化学污染食品的“自然产品”商店或“绿色食品”专柜，以高于常规农业产品售价的 30%～100%的价格出售有机农产品。有机农业生产同常规农业生产相比，其特点是实物产出数量较少，而可获得的价格较高。

早在 1999 年，德国对生态农产品生产的补贴已达 1 亿马克（旧货币，2002 年 7 月后被欧元取代），在生态农业的范围内，转型企业每公顷农田和绿草地可得到 300 马克的补贴；在蔬菜栽培的土地上，转型中的生产实体每公顷可得到 700 马克的补贴，已从事生态农业的生产实体每公顷可得到 350 马克的补贴；参加州生态法案监控操作程序的生产实体，还将另外获得每公顷 60 马克的补贴。2002 年，德国为帮助其生态农业尽快实现产业化，培育和发展市场，启动了《有机农业联邦计划》，动用 7 000 万欧元作为专项基金，用于生态农业的宣传、信息服务、职业培训、科技研究与推广。德国是世界上有机农业产品的主要生产国之一，但其生产的有机农业产品却不能满足国内的需求。这是因为德国又是世界上有机农业产品的主要消费国之一，有机农业产品的消费支出占食品支出的 1%，这与德国的高收入水平及公众的环保意识有关。

（三）法国及丹麦生态农业的兴起与发展

法国是欧洲第一农业生产大国，其农业产值占欧盟农业总产值的 22%，农产品出口长期位居欧洲首位。近年来，随着环保理念越发深入人心，对生态农产品的市场需求快速增长，法国农业逐步走上了生态发展之路。然而，由于从传统农业向生态农业转变，技术上要求高，生产成本增加，承担的风险大，法国生态农业发展状况一度与其农业大国的地位不相称。为进一步鼓励生态农业和农产品加工业的发展，法国政府于 2018 年颁布了“生态农业 2022 年规划”，旨在提高生态农业产量，同时将生态农业面积扩大 4 倍，力争达到占可耕地面积的 8%。这一规划提出的主要措施包括：第一，设立 1 500 万欧元的基金，用于支持生态农业结构调整，形成产品生产、收购、加工、销售的渠道；第二，对从非生态农业向生态农业转变的农户提供免税等优惠待遇；第三，加强对生产部门的技术支持和对相关人员的知识培训；第四，在制定农业法规时，充分考虑生态农业的特性和要求，从政策层面上放宽限制；第五，在生态农产品消费方面，政府加强引导，目标是到 2022 年，使生态农产品的消费比重超过 40%。

丹麦是一个小国，而占7%的农业人口却养活了占93%的工业人口，还出口占总产量60%～70%的粮食，这正是发展生态农业的结果。例如牛奶养猪，即采取饲料喂奶牛，乳脂加工黄油出口，剩下的脱脂奶掺大麦作饲料喂猪，猪肉和火腿出口，用使植物产品转变为动物产品的办法提高产值。

三、亚洲地区生态农业发展概况

（一）东南亚地区生态农业发展概况

“绿色革命”和人口压力给东南亚地区的生态环境带来了不少问题。近十几年来，受到国际上发展全球粮食生产的影响，农业生产发展迅速，特别是“绿色革命”使东南亚地区的粮食生产发展更快。比如印度尼西亚自1965年以来，粮食生产每年以4.5%的速率增加。“绿色革命”的主要战略措施培育高产的作物品种以代替本土的低产品种；以多熟制代替单熟制。这些措施确实给粮食生产带来了很大的发展。但是随着时间的推移，许多限制农业生产发展的因子伴随而来，生态环境问题日益严重。普遍推广高产品种及其栽培技术后，使复杂的环境问题趋向单一化，变得不稳定；高产品种需要较高的肥料条件和良好的水分供应，需要投入大量的化肥、能源和劳力，使农业成本提高，并增加了对资源和能源的压力；易于引起土壤次生盐渍化和理化性质变差；同时，高产品种的抗病虫害能力低，容易感染病虫害。

学术界认为，东南亚热带国家中，菲律宾及泰国是生态农业发展较快的代表国家，尤其是菲律宾，生态农业发展卓有成效。

菲律宾位于热带季风气候区，气温高、日照强，雨量充足，发展农业的条件十分优越。20世纪70年代以来，在政府的大力倡导以及农业科技人员的努力下，生态农业得到了快速的发展，成为菲律宾农业发展的主要类型。随着农业生产结构的调整以及综合经营的发展，原来以种植业为主的生产系统逐步同畜牧业和渔业密切结合，形成了综合经营的生态农业体系。到目前为止，已经有许多不同类型的生态模式：既有中型的生态农场，也有小规模的家庭生态农场，其形式主要是种植业与畜牧业及渔业的结合。当前，菲律宾生态农业的发展不论是实践还是理论的研究，都达到了较高的水平，涌现了像马亚农场等具有世界影响力的先进典型。

目前，在菲律宾，许多农科大学里都开设了农业资源和生态科学课程，政府要求科研成果必须在农村推广，对于实行生态农业的农户，在资金、技术、种苗以及销售价格方面给予一定的优惠。高等院校和研究机关如菲律宾大学、菲律宾国际农村建设研究所都在开展有关生态农业的研究，这些都促进了生态农业在菲律宾的发展与推广。

（二）西亚国家生态农业发展概况

以色列在近20年来相当重视生态农业的发展，它被称为“农工一体化社会建设”，实际上就是生态农场，著名的“基布兹共同农场”就是以充分利用太阳能和水为宗旨，实现农牧业发展，努力寻求低成本的蛋白质生产。在2010—2019年，以色列的农业总产值每年以20%以上的速度递增，农产品在5年内增产3倍，而参加农业生产的生产者同期却减少30%。

以色列的农业生产条件并不好，土地干旱，水资源缺乏，在100万 hm^2 农用地中，只有42万 hm^2 可利用降水灌溉，其余均为旱地，严重缺水。当地农民多为移民，没有生产经验。因此以色列不断加强对农业的研究，并以农业作为整个经济发展的基础。经过长期的探索，以色列找到了一条适合当地情况的农业发展道路，并建立了农业生产合作社组织。在这些组织里，一部分人从事农业，其他都是兼业者，也就是所谓“农工一体化社会(基布兹)”。随着农业生产力的提高，农业合作部门也引进利用剩余劳动力的一些工业生产项目，农业生产本身也将所有的畜产品、谷物、果树、蔬菜、花卉等加以组合，使农业劳动力得到了充分的利用。

以色列生态农业的发展，取得了很大的成功，究其原因，主要有三条：①因地制宜发展，特别强调了充分利用太阳能和水，把不利的自然条件中的积极因素加以充分发挥和利用；②科学研究和生产实践紧密结合，努力做到了农业发展以科学为基础；③健全的组织和管理机构。以色列特别重视生产的规划性，努力控制过剩生产，为此，成立了全国性的管理委员会，整个生产由其统一计划安排，因此取得了很高的社会效益、经济效益和生态效益。

沙特、埃及两国的沙漠面积都占国土面积的90%以上，水资源极度缺乏，但两国政府非常重视沙漠地区的生态治理工作，其在利用水资源方面积累了以下一些经验：①大力推广节水灌溉技术。由于发展农业和生态治理都离不开水，为了充分利用有限的水资源，特别强调发展新型节水型农业和实施节水科技生态治理，大力推广节水喷、滴灌技术。②水资源的管理有严格的法规制度。两国都非常重视水资源的管理，对水资源的管理都建有相应的法规，绝对禁止私人和公司对水资源的胡乱开采，特别对地下水的管理有严格的监控措施。③微电子调控技术在供水、节水灌溉上的普及使用。沙特、埃及两国很多现代化的农场，其旋转喷灌装置都采用了计算机控制，在滴灌设备中对其成套滴灌系统的进出水量、过滤、加肥等也使用了计算机控制，既减少了水、肥的浪费，又提高了农作物的产量。④输水防渗技术的普及使用。

沙特、埃及两国在推行新型农业技术上，无论是国家的大型农场，还是私人企业承包的中、小型农场，都特别注重发展循环型生态农业，即农林作物生产出粮食或水果产品—秸秆转化成饲料—喂养动物—产出肉食—动物粪便转化成肥料—肥料又返回农田。这种良性循环的农业作业方式，大大发展了有机农业，避免了以往农业中无机肥料、农药过量使用所造成的农产品和环境的污染。

沙特、埃及两国使用新型农业技术的农场的最突出特点是机械化程度高、产值高、生产利润高，并且用生态农业生产出的无公害农产品，其品质在国际市场上具有极强的竞争力。

学习情境3 生态农业的内涵与特征

一、生态农业的概念及内涵

(一)生态农业的概念

模块一 学习情境3
课程PPT

自20世纪80年代以来，我国生态农业得以发展并逐渐推广，然而人们对生态农业的理解却不尽相同。生态学家叶谦吉认为：“生态农业就是从系统思想出发，按照生态学、生态经济学，运用现代科学技术成果和现代管理手段以及传统农业的有效经验，以期获得较高的的经济效益、生态效益和社会效益的现代化农业生产模式。简单地说，就是遵循生态经济学规律进行经营和管理的集约化农业生产体系。”

进入21世纪后，我国的生态农业专家学者纷纷发表自己对生态农业的理解和阐述。农业专家边疆认为：“所谓生态农业，就是运用生态经济学原理系统工程方法，进行经营和管理的良性循环、持久发展、低耗高效、集约化的现代农业发展体系，或者叫现代化农业发展模式。”

丁举贵教授在《农业生态经济》中提出：“生态农业是指人们根据生态学及生态经济学的有关原理，遵循生态与经济规律，利用现代科学技术，应用系统，因地制宜规划、组织和进行经营的一种新型的农业与副业体系。”

刘思华研究员在《理论生态经济学若干问题研究》中提出：“生态农业是指运用生态学及生态经济学原理指导农村生产和再生产，利用人、生物与环境之间的能量转换定律和生物之间的共生、相克规律，促进物质的多次重复和循环利用，充分合理地利用本地自然资源；同时也利用现代科学技术，实行无废物产生和无污染生产，建立起多业并举，综合发展，多级转换、良性循环的立体网状农村生态经济系统。”

上述几种生态农业的概念，是近几年来我国生态经济学界具有代表性的几种观点，虽然他们对生态农业概念的观点不一，但其精神实质是一致的，有以下四个共同点。

(1)都是依据生态学及生态经济学的原理来进行农业生产。生态农业是对农业的生态本质最充分的体现和表述，是生态型集约化的农业生产体系。它要求人们在发展农业生产过程中，要以生态学和生态经济学原理为指导，尊重生态自然规律和生态经济规律，保护生态，培植资源，防治污染，提供清洁食物和优美的环境，是把农业发展建立在健全的生态基础之上的一种新型农业。

(2)生态农业不仅是农业生态本质最充分体现的生态化农业，而且是一种科学的人工生态系统和科学化农业。因此，生态农业的本质是生态化和科学化的有机统一。生态农业的经济实质是在保持农业生态经济平衡的条件下，依靠汲取一切能够发展农业生产的新技术和新方法，把传统农业技术的精华与现代农业技术有机地结合起来，来提高太阳能的利用率、生物能的转化率和废弃物的再循环率，以达到提高农业生产力，实现高效的生态良性循环和经济良性循环，获得最佳的经济、社会和生态效益。

(3)生态农业的本质特征是把农业生产系统的运行切实转移到良性的生态循环和经济循环的轨道上来，使农业持续、稳定、协调发展，形成经济、生态、社会三大效益的有机统一。因此，生态农业可以说是通过科技进步，实现生态与经济协调发展的新型农业，所以，建立在生态良性循环基础上的生态与经济的协调发展，就成为生态农业首要的、本质的特征。

(4)生态农业是实现农、林、牧、副、渔五业结合，进行多种经营、全面规划、总体协调的整体农业，是因地制宜、发挥优势、合理利用、保护与增殖自然资源，实现农业可持续发展的持久型农业；是充分利用自然调控并与人工调控相结合，使生态环境保持良好，生产适应性更强的稳定性农业；是能充分利用有机和无机物质，加速物质循环和能量转化，从而获得高产的无废料农业；是建立生物与工程措施相结合的净化体系，能保护与改善生态环境，提高农产品质量的清洁农业。

(二)生态农业的内涵

生态农业内涵主要包括以下几个方面：一是在人类健康食品观念引导下，确保国家食品、农产品安全和人民健康；二是进一步依靠科技进步，以继承中国传统农业技术精华和吸收现代高新科技相结合；三是以科技和劳动力密集相结合为主，逐步发展成技术、资金密集型的农业现代化生产体系；四是注重保护资源和农村生态环境；五是重视提高农民素质和普及科技成果应用；六是切实保证农民收入持续稳定增长；七是发展多种经营模式、多种生产类型、多层次的农业经济结构，有利于引导集约化生产和农村适度规模经营；八是优化农业和农村经济结构，促进农、牧、渔，种、养、加，贸、工、农有机结合，把农业和农村发展联系在一起，推动农业向产业化、社会化、商品化和生态化方向发展。

二、我国生态农业的特征

我国作为发展中国家，早在20世纪80年代初就提出了自己的可持续农业发展模式，即生态农业发展模式。我国的生态农业是遵循自然规律和经济规律，以生态学和生态经济学原理为指导，以生态、经济、社会三大效益为目标，以大农业为出发点，运用系统工程方法和现代科学技术建立的具有生态与经济良性循环、持续发展的多层次、多结构、多功能的综合农业生产体系，是较为完整的可持续农业理论与技术体系。其主要特征有：

1. 整体性

生态农业强调发挥农业生态系统的整体功能，以大农业为出发点，按"整体、协调、循环、再生"的原则，全面规划，调整和优化农业结构，使农、林、牧、副、渔各业和农村一二三产业综合发展，并使各业之间互相支持，相得益彰，提高综合生产能力。

2. 多样性

生态农业针对我国地域辽阔，各地自然条件、资源基础、经济与社会发展水平差异较大的情况，充分吸收我国传统农业精华，结合现代科学技术，以多种生态模式、生态工程和丰富多彩的技术类型装备农业生产，使各区域都能扬长避短，充分发挥地区优势，各产业都根据社会需要与当地实际协调发展。

3. 高效性

生态农业通过物质循环和能量多层次综合利用和系列化深加工，实现经济增值，实行废弃物的资源化利用，降低农业成本，提高效益，为农村大量剩余劳动力创造农业内部的就业机会，保护农民从事农业的积极性。

4. 持续性

发展生态农业能够保护和改善生态环境，防治污染，维护生态平衡，提高农产品的安全性，变农业和农村经济的常规发展为可持续发展，把环境建设同经济发展紧密结合起来，在最大限度地满足人们对农产品日益增长的需求的同时，提高生态系统的稳定性和持续性，增强农业发展的后劲。

5. 稳定性

生态农业系统的稳定性要远比农业生态系统强。

6. 生态性

低消耗（低投入）、高效益、少污染（或零污染）是生态农业的典型特征。

三、农业生态学与生态农业

1. 农业生态学与生态农业的区别

常有人将农业生态学与生态农业混为一谈，其实二者有着严格的区别：农业生态学是生态学的一个分支，它是研究农业生物与农田环境关系的一门科学。生态农业是农业生产的一种类型，是现代农业的一种模式，也是世界农业未来的发展趋势。

2.农业生态学与生态农业的联系

农业生态学与生态农业有着密切的关系。首先，农业生态学是生态农业建设和发展的理论基础，生态农业的许多实用技术及模式类型是依据农业生态学的有关理论及原理来进行设计和建设的，如立体种植及养殖技术就是依据生态位原理设计的；“四位一体”技术则是依据物质多级循环及能量充分利用的原理设计的。其次，生态农业是农业生态学在生产中的具体应用，任何一门学科都不能脱离生产实际而孤立存在，农业生态学作为一门专门研究农业生物（植物、动物、微生物）与农业环境（土壤、水、大气）之间的关系及变化规律的学科，对生态农业的建设与发展起着指导作用，与此同时，生态农业的发展与创新，又在一定程度上推动了农业生态学的发展。因此，二者是相辅相成、不可分割的。

四、生态农业与现代农业的关系

（一）生态农业与可持续农业的关系

生态农业是基于农业可持续发展、实现农业现代化所提出来的一个构想。农业先是进入刀耕火种的原始农业阶段，接着又进入了以地点固定、人畜力投入为主的传统农业阶段，在一些工业化国家，农业在20世纪初期开始进入了工业化农业阶段。目前，大多数发展中国家都处于传统农业或者处于传统农业向工业化农业过渡的阶段，工业化农业目前也正在寻求其可持续发展方向。我国的学者认识到我国不可能完全按照工业化模式走农业现代化道路，因此，提出了我国农业在战略上应当走生态农业的发展道路。

尽管生态农业是在20世纪80年代初期才在我国提出的，但是，提出这一概念的有识之士却是在看到了发达国家农业工业化发展的弊病后，结合中国的实际情况（国情）将其提出的，这非常难能可贵。生态农业在农业发展目标上认识到，农业不仅需要满足人的衣、食、住、行对农产品的需求，也不仅需要满足农业生产在经济上盈利的需求，还要关注农业发展对资源、环境的生态的巨大影响。也就是说，生态农业不仅要充分发挥农业的社会效益和经济效益，而且特别需要注重发挥其生态环境效益。

可持续发展是现代农业的一个特征，这其实也是生态农业最早提出来的。尽管可持续发展的定义中包括了社会、经济和生态的可持续发展，但其中最重要的就是资源、生态和环境的可持续发展问题。农业可持续发展的概念是国际社会的可持续发展概念延伸而来的，因此，中国提出的生态农业在战略发展思路上与农业可持续发展是完全一致的。假如说农业可持续发展强调了发展的结果，那么生态农业还提出了发展的具体方法。

生态农业技术是发展可持续农业的有效手段，发展可持续农业，需要不断提高其经济效益、生态效益和社会效益，实现“经济—自然—社会”的综合农业体系的良性发展。近20年来，我国生态农业研究不仅在理论和方法上进行了比较深入的探索，而且在农业生态环境整治和农业方面源污染控制技术研究和开发方面取得了很大的进展，为发展可持续农业提供了有力的技术支持和保证。生态产业的本质特征就是利用生态技术体系，通过物质能量的多层次分级利用或循环利用，使投入生态系统的资源和能量尽可能地被充分利用，达到废物最小化，以促进生态与经济的良性循环，实现生态环境与经济社会相互协调和可持续发展。

（二）生态农业与现代农业的关系

循环农业是循环经济体系的一个部分，它是运用生态学、生态经济学原理所指导的农业经济形态，通过调整和优化农业产业结构，延长产业链条，提高农业系统内物质能量的多级循环利用，最大限度地利用农业生物质资源，采用清洁生产方式，实现农业生态的良性循环。循环农业的“3R”原则，实际上是生态农业初期就在实践中经常利用的方法，也是现代农业所倡导的。

中国特色的现代农业是站得高、看得远、内涵非常广泛的一个概念，包括了农业的可持续发展、循环经济、高新农业技术、新产品使用等多项内容。其具体化还有待于各个方面的努力，并且需要有与时俱进的思路。中国生态农业的提出其实是希望走一条具有中国特色的农业现代化道路，因此，生态农业与现代农业这两个概念实际上是并行不悖的。生态农业的建设注重农业生态环境的保护，更加重视农业的物质循环与能量的多级转换利用；而现代农业的发展则体现在农业生产的各个方面，更加注重现代科学技术及新产品的运用。

21 世纪的现代经济及现代产业发展具有两个新特点：一是世界经济发展的多极化；二是世界经济发展的生态化。生态型产业将成为 21 世纪世界各国的主导产业。农业作为国民经济的基础产业，也必将顺应这种发展趋势。面向 21 世纪的生态农业发展方向，必须强调与农业现代化的一致性，因此，生态农业产业就是将现代化农业产业纳入生态的合理轨道。

知识拓展

生态农业规划

一、生态农业规划的概念

生态农业规划是以生态学、经济学和系统工程理论为指导，以经济建设为中心，以社会调控为保障，以政策为引导，科技驱动，应用生态系统的原理和系统科学的方法，通过合理利用自然资源和人工模拟本地区的顶级生态系统，选择多种在生态上和经济上都有优势的生物，采用一整套生态农艺流程，按食物链关系和其他生态关系将这些物种的栽培、饲养和养殖组成一条条生产线，并将这些生产线在时间上和空间上多层次地配置到农业生态系统中去，使之既获得持续最大（或最优）的生产力和经济效益，又获得一个良好的、协调的生态系统。

二、生态农业规划的思路

1. 因素分析

因素分析包括气候、地理位置、地形地貌、土壤肥力、人为因素（如政治运动、价格变动、决策适宜程度、计划制订、生产形式变革、生产资料价格、农业技术进步状况等）、当地生产力（如农作制度改进、作物品种的更新、农机具及化肥的施用、对农业科学技术的认识与采用程度等）、生态因素（如人均耕地、毁林扩种、农药投放量、水土流失状况等）。

2. 结构分析

各种产业结构比例、农业内部结构比例（如林业、种植业、养殖业、副业、渔业等各占的百分比）。

3. 环境分析

我国当前处于历史性的深化改革进程中，经济体制、社会心理和思想观念等的结构状态，都处在不断变化中，环境分析就是要迅速反馈其中各种因素的变化情况，研究环境的变化规律，做出必要的决策。

4.敏感性分析

敏感性分析主要有:①自然条件变化的影响;②政治条件的影响;③对未来形势的变化缺乏了解和难以估计等问题的分析。

5.其他实质性分析

其他实质性分析包括:①资源分析;②经济预测发展趋势分析、人口预测和劳力分析;③流通、分配、消费分析;④产量、产值、成本效益分析;⑤科、教、文、卫发展趋势分析;⑥经营管理诊断分析。

在上述调查分析的基础上,利用系统工程方法,按生态学、生态经济学及环境、经济协调发展的原则,综合平衡,编制生态农业试点的近期、中期和远期总体规划方案。常用的编制方法有:①综合平衡法。就是使农业生态系统内各方面、各部门、各环节、各分区之间保持适当的比例,经反复平衡核算,尽可能满足需要,最终将规划方案确定下来,常用的形式是编制一系列平衡表,如土地平衡表,资金收支平衡表,经济发展与人口增长、环境保护平衡表等。②系统综合分析法。在对区域农业生态经济系统实情的详细调查的基础上,运用系统工程方法,对农业生态系统、整个系统与各子系统内部之间关系进行综合分析,建立良好经济的结构,获得最佳生态经济效益。③指标方法。生态农业建设规划目标设计的传统方法有定额法、比例法、系数法、动态趋势法、典型推算法、因素分析法、主要产品产量法、目标推算法等,对规划目标方案择优传统方法有对比分析法、综合评比法、模糊综合评判法等。

三、生态农业规划的方法措施

(1)把规划文本交付当地人民代表大会或当地人民政府审查通过,形成决议后,交由当地政府执行组织实施,把任务落实到各职能机构中去。

(2)成立规划实施指导领导小组和实施工作小组。

(3)认真制订实施计划。按现有的财力、物力和技术条件编制年度实施计划,本着边规划、边建设、边受益的原则,由近及远、由简到繁,逐渐落实规划的目标。同时,年度实施计划还应该做得细致、具体,形成年度预算。

生态农场建设

一、生态农场建设的重要意义

党中央、国务院高度重视生态农业建设。2022年,习近平总书记在海南、四川等省考察时明确要求大力发展生态农业。在2022年年底召开的中央农村工作会议上,习近平总书记对发展生态低碳农业做出重要部署,生态农场建设是新时代发展生态低碳农业的重要举措。推进生态农场建设,能够精准推广生态农业技术,精准落实生态补偿政策,精准开展生态环境监测,是推进生态农业发展的有效平台;能够在生产实践中有效推行投入品减量化、生产清洁化、废弃物资源化、产业模式生态化,是加快农业生产全过程绿色转型的有效载体,是走产出高效、产品安全、资源节约、环境友好的现代农业发展道路的有效途径。

二、生态农场的内涵及主要特征

生态农场是指从事种植、养殖的生产经营主体,依据生态学原理,遵循“整体、协调、循环、再生、多样”原则,通过整体设计和合理建设,采用一系列可持续的生态农业技术,将生物与生物、生物与环境间的物质循环和能量转化相关联,对农业生物、农业环境系统进行科学合理的组合与管理，以获得较大的经济效益及生态效益。作为生态低碳农业发展的市场主体，生态农场主要具备以下三个特征。

一是投入品减量化。深入推进化肥农药精准施用和减量增效，规范地膜科学使用回收，切实提高畜禽、水产养殖环节添加剂和抗菌药科学规范安全使用水平。

二是生产清洁化。大力推广清洁生产技术，推行畜禽水产健康养殖，实施农田氮磷拦截，降低农业面源污染，避免土壤塑料残留，减少农业生产对环境的可能危害。

三是废弃物资源化。推进秸秆科学还田和高值高效离田应用，加强畜禽粪污科学处置和资源化利用，提高尾菜、烂叶处理利用水平，做好化肥农药包装废弃物收集处置。

四是产业模式生态化。推进农牧结合和种养循环，科学施用有机肥，节约利用耕地和淡水资源，合理开展轮作休耕，加强生物多样性保护，避免产品过度包装，构建绿色低碳循环的农业产业模式。

三、生态农场建设的目标及原则

1. 生态农场建设的原则

生态农场建设必须坚持保供给、保生态、保收入协同推进的目标。

一是保供给。坚持粮食安全政策，把保障粮食和重要农产品有效供给作为发展生态农业、建设生态农场的底线要求，坚决遏制耕地“非农化”，防止耕地“非粮化”，不折不扣地落实农业生产任务。

二是保生态。坚持人与自然和谐共生，摒弃竭泽而渔、焚薮而田、大水大肥、大拆大建的老路，实现农业生产、农村建设、乡村生活生态良性循环，守住绿水青山。

三是保收入。坚持促进农民农村共同富裕，确保农民能够持续稳定增收，完善生态补偿政策，推进优质优价，健全农业生态产品价值实现机制，让良好生态环境成为农民增收的新的增长点。

2. 生态农场建设的目标

生态农场建设的基本原则有三点。

一是坚持现代农业发展方向。加快新技术新产品新装备推广应用，用现代生产要素改造传统农业，全面提升农业质量效益和竞争力。以生态农场为重点对象，探索秸秆还田、有机肥施用、深松整地为重点的地力补偿政策，化肥农药减量增效、畜禽粪污减排降污、农膜回收利用为重点的环境补偿政策，稻田甲烷、农用地氧化亚氮、动物肠道甲烷、畜禽粪便管理甲烷和氧化亚氮减少排放为重点的低碳补偿政策。

二是坚持生态低碳发展。深刻把握资源节约、环境友好、循环利用、低碳排放、标准生产等内涵要求，加快推进农业发展全面绿色转型。坚持市场主导、政府引导，充分发挥市场主体在生态农场建设中的主导作用，积极发挥政府在规划指导、政策支持、市场监督、技术服务等方面的引导作用。

三是坚持因地制宜、突出特色。立足各地不同的资源禀赋和功能定位，因地制宜探索生态农场建设模式和路径。以生态农场为主体，推广应用耕地质量保护与提升、污染修复等产地保育技术，化肥农药减量、有机肥替代、生物防控等投入品减量技术，生态田填、生态沟渠、生态廊道等田园生态系统建设技术，推广农作物秸秆、畜禽粪污、废旧地膜等农业废弃物资源化利用技术，推广应用农产品清洁加工、节能贮存、低碳运输等绿色收储运技术，健全完善生态农场技术规范。

模块小结

本模块详细介绍了我国生态农业产生的历史背景、国内外背景和政策背景，阐明了生态农业的概念、内涵与特征，介绍了国外生态农业的兴起与发展现状，指出了我国生态农业的发展现状与前景。通过分析国内外生态农业的兴起与发展，对比生态农业与石油农业的优缺点，得出生态农业的优势与特征，指出生态农业是现代农业的一种模式或技术类型，它代表了世界农业未来的发展方向，因此，具有广阔的发展前景。

学练结合

模块一
学练结合参考答案

一、名词解释

1. 传统农业　2. 石油农业　3. 生态农业　4. 循环经济　5. 生态文明　6. 替代农业　7. 可持续农业

二、填空

1. 人类农业的发展大约经历了________、________和________三个阶段，未来的发展方向是________。

2. 生态农业的特征为________、________、________、________和________。

3. 在我国建设与发展生态农业的意义有________、________、________、________和________；目前所存在的问题主要有________、________、________、________和________。

4. 我国生态农业的发展大致经过了三个阶段，即________、________和________，比较成功的案例主要有________、________、________、________等。

5. 国外生态农业的特点是________、________、________、________等。

三、判断正误

1. 现代农业从本质上讲就是生态农业，两者没有区别。(　　)

2. 石油农业的特点就是高投入、高产出和高污染。(　　)

3. 生态农业是整体、协调、循环、再生的农业，也是一种低投入、高产出的农业。(　　)

4. 农业生态与生态农业二者是一回事，没有本质上的区别。(　　)

5. 生态农业的典型特征是循环、再生和可持续发展。(　　)

6. 我国的生态农业多以农户为建设单元，而西方国家的生态农业则以农场为建设单元。(　　)

7. 循环农业的“3R”原则与生态农业的构思在本质上是一样的。(　　)

8. 生态农业既吸取了传统农业的精华又摒弃了石油农业的缺点，具有广阔的前景。(　　)

9. 我国的生态农业发展经历了三个阶段，总体来说进展较慢。(　　)

10. 德国是欧洲各国中生态农业发展规模最大、发展速度最快的国家。(　　)

四、分析思考题

1. 试分析有机农业、生物农业、循环农业和生态农业四者的区别与联系。

2. 我国农业为什么必须走生态农业的发展道路？中国生态农业的发展前景如何？
3. 试分析对比国外生态农业与我国生态农业的发展趋势。
4. 试分析生态农业与现代农业的区别与联系。
5. 为什么说生态农业是世界农业未来的发展方向？

推荐阅读

1. 亚洲地区有机农业发展现状及启示。
2. 基于乡村振兴战略的现代生态农业转型路径探索。
3. 浅谈我国生态农业的发展现状及建议对策。

模块一 推荐阅读

模块二
生态农业的理论基础

学习目标

【知识目标】

1. 了解生态学的发展历史。

2. 熟悉种群、群落的概念及特征,掌握种内与种间关系,理解生态系统的组成、农业生态系统的特点。

3. 理解生态系统的几种物质循环和能量流动的过程。

4. 掌握生态农业的几个基本原理,如生态位原理、食物链原理等。

5. 理解农业生态经济规律和农业生态经济综合指标体系。

【能力目标】

1. 能根据生态学及生态经济学的有关原理,正确分析农业生态系统的环境问题。

2. 能够对种群、群落结构展开调查并做出统计分析。

【素质目标】

1. 培养学生从事生态农业的基本素质和工作能力,具备生态优先、绿色发展的思想意识。

2. 从生态文明的角度分析发展生态农业的意义及重要性,教育学生树立资源节约和生态环境可持续发展的理念。

3. 通过宣传生态学及生态农业的相关知识,为乡村振兴贡献力量。

模块导读

生态农业是以生态学及生态经济学相关原理为依据，运用系统工程方法，以合理利用自然资源和保护良好的生态环境为前提，因地制宜地规划、组织和生产的一种农业。本模块从生态学及生态经济学的基本原理入手，详细介绍了生态系统的组成与结构、生态系统的物质循环及能量流动、农业生态经济学的基本原理等内容，在此基础上又阐述了生态农业的五个基本原理。旨在培养学生掌握生态农业的理论基础知识，充分认识到生态学基本原理在生态农业中的应用，使学生初步具备从事生态农业的基本素质和工作能力，并能将生态学的相关知识及原理合理地在农业生产中加以运用。

知识导图

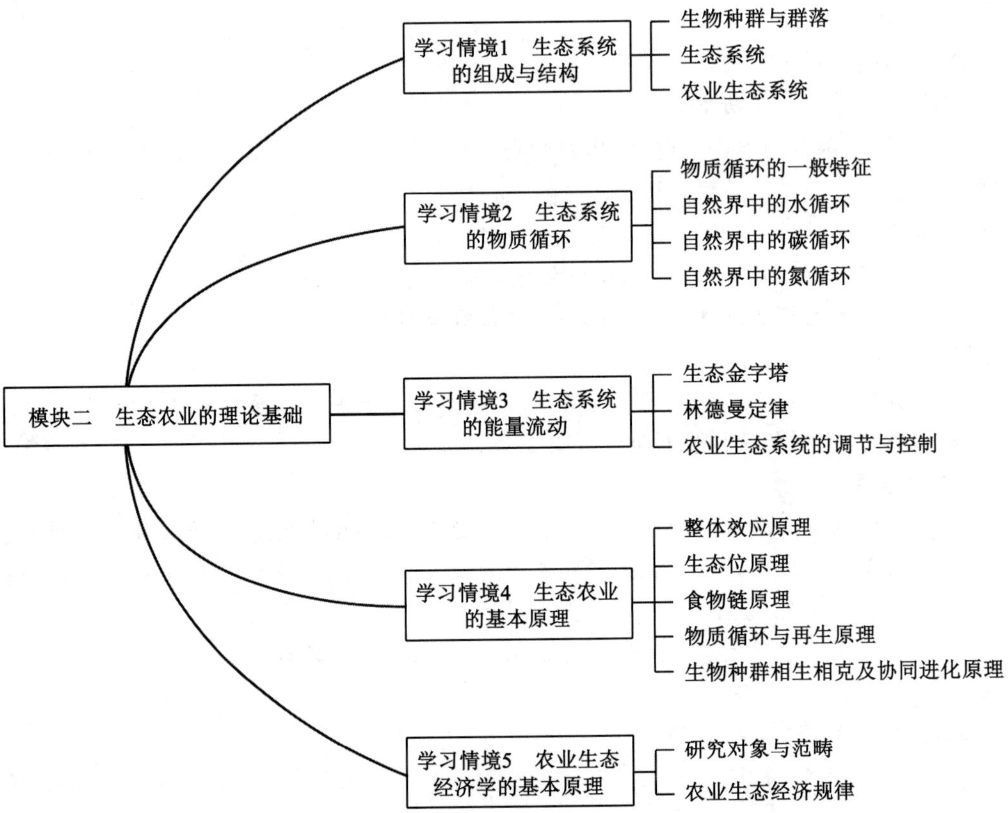

学习情境1　生态系统的组成与结构

一、生物种群与群落

(一)种群

1. 种群的概念

模块二　学习情境1
课程PPT

种群是指在同一时期内占有一定空间的同种生物个体的集合。对种群概念可以从两个层次进行理解:一是作为抽象概念用于理论研究(如种群生态学、种群遗传学理论和种群研究方法等),这层含义的种群,泛指一切能相互交配并繁育后代的所有同种个体的集合(即该物种的全部个体),如熊猫种群。二是作为具体存在的客体用于实际研究,这层含义的种群,即指实际上进行交配并繁育后代的局部种群(包括自然种群或实验种群),如某森林中的梅花鹿种群和实验室饲养的小白鼠种群。大多数情况下,种群是指由生态学家根据研究的需要而划定的局部种群,如某农场或农田本季栽培的全部水稻植株。

种群是物种的基本组成单位,一个物种可包含许多种群。种群也是组成生物群落的基本单位。任何一个种群在自然界都不能孤立存在,而是与其他物种的种群一起形成群落。

2. 种群的基本特征

种群虽然是由个体组成的,但不是个体的简单累加,它具有物种个体所不具有的独特性质、结构和功能,具有自我组织和自我调节能力。种群的基本特征是指各类生物种群在生长发育条件下所具有的共同特征,即种群的共性。种群的基本特征包括以下四个方面。

(1)空间特征。种群均占据一定的空间,其个体在其生存环境空间中的分布形式取决于物种的生物学特性。种群的空间分布通常分为三种类型(图2-1)。

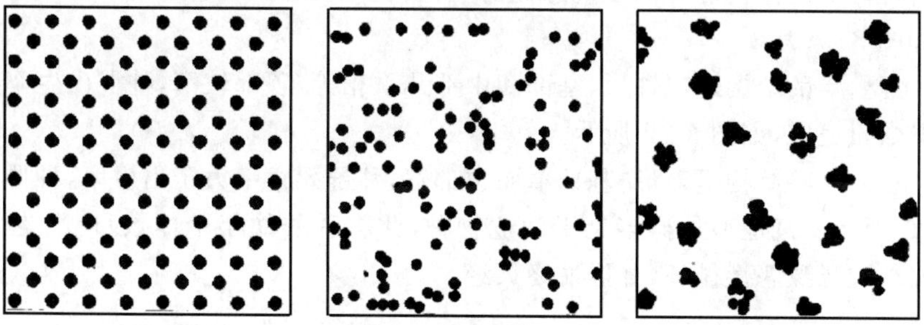

均匀分布　　随机分布　　集群分布

图2-1　种群空间分布

(2)数量特征。研究种群常常需要划定边界,统计种群的数量特征参数,以便掌握种群的历史、现状和预测种群的未来发展趋势。考察种群动态变化的数量特征包括:

①种群大小和密度。种群大小是指一定面积或容积内某个种群的个体数量,也可以是生物量或能量。如某个鱼塘中鲤鱼的尾数或重量。

种群密度是单位面积或容积内某个种群的个体数目,如每亩棉花的总株数。种群的密度分为粗密度(又称天然密度)和生态密度。粗密度是指单位空间内某生物种的实际个体总数

（或生物量）；生态密度是指单位栖息空间（种群实际占据的有用空间）内某种群的个体数量（或生物量）。生态密度常大于粗密度，如在冬季，由于鱼的总数量减少，湖中鱼的粗密度下降；但由于冬季干旱使水位下降，且鱼也集中生活于水的下层比较小的范围内，这时鱼的生态密度反而上升了。

②出生率和死亡率。出生率是指单位时间内种群出生的个体数。生物产生新个体的方式有生产、孵化、分裂和出芽等。出生率分为生理出生率（最大出生率）和生态出生率（实际出生率）。生理出生率也叫绝对出生率，是指在理想条件下所能达到的最大出生数量。对于特定种群，绝对出生率是一个常数。生态出生率是指在一定环境条件下种群实际繁殖的个体数量。生态出生率的大小随种群的数量、年龄结构以及环境条件而改变。

死亡率是指单位时间内种群死亡的个体数。死亡率分为生理死亡率（最小死亡率）和生态死亡率（实际死亡率）。生理死亡率是指在理想条件下所有个体都因衰老而死亡，即每一个个体都能活到该物种的生理寿命，因而使种群死亡率降至最低。生态死亡率是指在一定环境条件下种群的实际死亡率。这种情况下大部分个体由于饥饿、疾病、种内种间竞争、遭捕食等意外环境条件不良而死亡，只有少数个体能活到生理寿命。

③年龄结构和性例。任何种群都是由不同年龄的个体所组成。种群年龄结构就是指某一种群中具有不同年龄级的个体生物数目与种群个体总数的比例。年龄级可以是年龄、月龄，也可以是生活史（卵、幼虫、蛹和龄期）。

种群的年龄结构常用年龄金字塔来表示，金字塔底部代表最年轻的年龄组，顶部代表最老的年龄组，宽度则代表该种群的年龄组个体数量在整个种群中所占的比例，比例越大，宽度越宽；比例越小，宽度越窄。因此，比较各年龄组相对宽窄就可以看出各年龄组数量的多少。

从生态学的角度，可以把一个种群的年龄组分成幼年个体（繁殖前期）、成年个体（繁殖期）和老年个体（繁殖后期）3 类。种群的年龄结构也可以分成 3 类，即增长型、稳定型和衰退型。

一是增长型，年龄结构呈典型的金字塔形，基部宽而顶部窄，表明种群中老年个体数目少，年幼个体数目多，后继世代的种群数量总比前一世代多，种群出生率大于死亡率，种群密度将不断增大，如图 2-2A 所示。

二是稳定型，年龄结构近似钟形，基部和中部几乎相等，顶部较窄，种群出生率与死亡率大致平衡，种群数量稳定，如图 2-2B 所示。

三是衰退型，年龄结构呈壶形，基部窄而顶部宽，种群死亡率大于出生率，种群数量趋于下降，如图 2-2C 所示。衰退型种群多见于濒危物种，此类种群幼年个体数目少，老年个体数目多，这种情况往往导致恶性循环，种群最终灭绝。

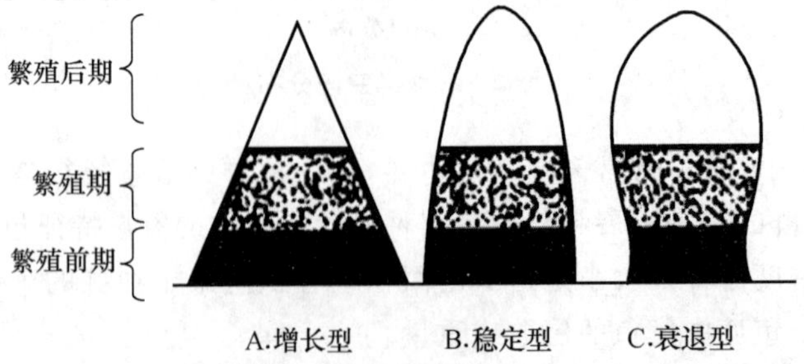

图 2-2 种群年龄结构的 3 种类型

种群中各个年龄组所占的比例与它们本身生长能力、种内种间竞争及环境状况有关。植物种群的年龄组可分为同龄级和异龄级两类。凡是一年生植物和一切农作物种群都可列为同龄级。一切多年生植物种群都是异龄级种群。但年龄结构一般很少用于植物种群的研究，因为许多植物都不适于进行年龄结构分析。

④迁入率和迁出率。种群常有迁移扩散现象。迁入和迁出也是种群变动的主要因子。一定时间内种群迁入或迁出的个体数占种群个体总数的比例，分别称为种群的迁入率和迁出率。迁入和迁出是各地种群之间进行基因交流的生态过程。对种群迁入率和迁出率的研究难度较大，尤其是要把种群的迁出与死亡区分开。目前常用标志重捕法来测定迁入率和迁出率。

(3)遗传特征。种群具有一定的遗传组成，是一个基因库，但不同的地理种群存在着基因差异，不同种群的基因库不同。种群的基因在繁殖过程中世代传递，在进化过程中通过遗传物质的重新组合及突变作用改变遗传性状以适应环境的不断改变。

(4)系统特征。种群是一个具有自我组织、自我调节能力的系统。它是以特定种群为中心，以作用于该种群的其他生物种群和全部环境因子为空间边界所组成的系统。因此，对种群的研究应从系统的角度，通过研究种群的内在因子，以及环境内各环境因子与种群数量变化的相互关系，从而揭示种群数量变化的机制与规律。

3.种群的调节

种群的数量变动，反映着两组相互矛盾的过程(出生和死亡、迁入和迁出)相互作用的综合结果。因此，影响出生率、死亡率和迁移率的一切因素，都同时影响种群的数量动态。

4.种内与种间关系

物种主要的种内相互作用是竞争、自相残杀、性别关系、领域性和社会等级等，而主要的种间相互作用是竞争、捕食、寄生和互利共生。

(1)种内关系。存在于生物种群内部个体间的相互关系称为种内关系。同种个体间发生的竞争叫作种内竞争。

由于同种个体通常分享共同资源，种内竞争可能会很激烈。因资源利用的重叠，种内竞争是生态学的一种重要影响力。降低种群密度可以克服或应付竞争，如通过扩散以扩大领域等途径。从个体看，种内竞争是有害的，但对该物种而言，种内竞争淘汰了弱者、保存了较强个体，可能有利于种群进化。

①密度效应。种群的密度效应是由两种相互作用因素决定的，即出生与死亡、迁出与迁入。其作用类型可划分为密度制约和非密度制约。因为种群密度的改变，将改变种群对共享资源的利用，改变种内竞争形势。

②性别生态学。有性繁殖的种群中异性个体间构成了最大量、最重要的同种关系，对基因多样性和种群数量变动有重要意义。

高等动、植物多采取有性繁殖，因有性繁殖更有利于适应多变的环境。雌、雄两性配子的融合能产生更多的变异类型后代，有利于在不良环境下保证部分个体的生存。

无性繁殖在进化上也有其优越性，能迅速增殖个体，对新开拓的栖息地是一种有利适应。

③领域性和社会等级。领域指由个体、家庭或其社群所占据并保卫，不让其他成员侵入的空间。具领域性的种类以脊椎动物居多，尤其是鸟、兽。社会等级是指动物种群中各个体的地位，具有一定顺序的等级现象，具支配—从属关系。社会等级制在动物界相当普遍，许多鱼类、

爬行类、鸟类和兽类都存在。

(2)种间关系。种间关系是指物种种群之间的相互作用所形成的关系。两个种群的相互关系可以是间接的,也可以是直接的相互影响。这种影响可能是有害的,也可能是有利的。

①种间竞争。种间竞争是指两物种或更多物种、利用同样而有限的资源时的相互作用现象。种间竞争的结果常是不对称的,即一方占优势而另一方被抑制甚至被消灭。

②生态位理论。生态位是生态学的一个重要概念,指物种在生物群落或生态系统中的地位和角色。

③捕食作用。捕食可定义为一种生物摄取他种生物个体的全部或部分为食,前者称为捕食者,后者称为被食者(猎物)。这一定义包括三个含义:一是典型捕食者,它袭击猎物杀而食之;二是食草者,它逐渐杀死(或不杀死)对象生物,且只消费对象个体的一部分;三是寄生,它与单一对象个体(寄主)有密切关系。

捕食者与猎物的相互关系是经过长期协同进化而逐步形成的。捕食者进化了一整套适应性特征以更有效捕食猎物,猎物也形成一系列对策以逃避被捕食。这两种选择是对立的,但在自然界捕食者将猎物种群捕食殆尽的事例很少,通常是对猎物中老、弱、病、残和遗传特性较差的个体加以捕食,从而起淘汰劣种、防止疾病传播及不利的遗传因素延续的作用。

食草是广义的捕食类型之一,其特点是植物不能逃避被食,而动物对植物的危害只是使其部分机体受损害,留下的部分能再生。

(3)寄生与共生。

①寄生。寄生是指一个种(寄生物)寄居于另一种(寄主)的体内或体表,靠寄主体液、组织或已消化物获取营养而生存。寄生物可分为两大类:一类是微寄生物,在寄主体内或体表繁殖;另一类是大寄生物,在寄主体内或表面生长。主要的微寄生物有病毒、细菌、真菌和原生动物。动植物的大寄生物主要是无脊椎动物。动物中,寄生蠕虫特别重要,而昆虫是植物的主要大寄生物。寄生物大多是食生物者,仅在活组织中生活,但一些寄生物在寄主死后仍继续生活,如一些蝇类和真菌。

②共生。可以分为偏利共生、互利共生和防御性共生。

偏利共生:两个不同物种的个体间,发生对一方有利而对另一方无利的关系,称偏利共生,如附生于植物枝条上的地衣、苔藓等,借枝条的支撑以获取更多的光照和空间资源。

互利共生:互利共生是不同种的两个体间的一种互惠关系,可增加双方的适合度。互利共生发生于生活在一起的生物体间,如菌根是真菌菌丝与高等植物根的共生体。真菌帮助植物吸收营养(特别是磷),同时从植物体获取营养维持菌体的生活。

防御性互利共生:一些互利共生是一方为另一方提供对捕食者或竞争者的防御作用。蚂蚁与植物互利共生很普遍,许多植物树干或叶子能泌蜜,为蚂蚁提供食源,蚂蚁则为其宿主对抗入侵害虫,从而减轻虫害。

互利共生与进化有密切联系,昆虫传粉可能起始于昆虫从风媒花偷花粉,然后双方发生协同进化并共同获利。但互利共生也可能转化成寄生,一些兰花不为传粉者提供粉、蜜,而以气味等诱使昆虫落入花中,这是互利关系变为寄生关系的一例。

(二)群落

1.群落的概念与性质

群落(生物群落)是指一定时间内居住在一定空间范围内的生物种群的集合。它包括植物、动物和微生物等各个物种的种群，共同组成生态系统中有生命的部分。

生物群落＝植物群落＋动物群落＋微生物群落

关于群落的性质，长期以来一直存在着两种对立的观点。争论的焦点在于群落到底是一个有组织的系统，还是一个纯自然的个体集合。

2.群落与生态系统

群落和生态系统究竟是生态学中两个不同层次的研究对象，还是同一层次的研究对象。这个问题，目前还存在着不同的看法，我们认为，群落和生态系统这两个概念是有明显区别的，各具独立含义。群落是指多种生物种群有机结合的整体，而生态系统的概念则包括群落和无机环境。生态系统强调的是功能，即物质循环和能量流动。但谈到群落生态学和生态系统生态学时，确实很难区分。群落生态学的研究内容是生物群落和环境的相互关系及其规律，这恰恰也是生态系统生态学所要研究的内容。随着生态学的发展，群落生态学与生态系统生态学必将有机地结合，成为一个比较完整的、统一的生态学分支。

3.群落的基本特征

(1)具有一定的外貌。一个群落中的植物个体，分别处于不同高度和密度，从而决定了群落的外部形态。在植物群落中，通常由其生长类型决定其高级分类单位的特征，如森林、灌丛或草丛的类型。

(2)具有一定的种类组成。每个群落都是由一定的植物、动物、微生物种群组成的。因此，种类组成是区别不同群落的首要特征。组成一个群落的物种种类的多少及每种个体的数量，是度量群落多样性的基础。

(3)具有一定的群落结构。生物群落是生态系统的一个结构单元，它本身除具有一定的种类组成外，还具有一系列结构特点，包括形态结构、生态结构与营养结构。例如，生活型组成、种的分布格局、成层性、季相、捕食者和被食者的关系等。但其结构常常是松散的，不像一个有机体结构那样清晰。

(4)形成群落环境。生物群落对其居住环境产生重大影响，并形成群落环境。如森林中的环境与周围裸地就有很大的不同，包括光照、温度、湿度与土壤等都经过了生物群落的改造。即使生物非常稀疏的荒漠群落，土壤等环境条件也有明显的改变。

(5)不同物种之间的相互影响。群落中的物种有规律的共处，即在有序状态下共存。诚然，生物群落是生物种群的集合体，但不是说一些种的任意组合便是一个群落。一个群落必须经过生物对环境的适应和生物种群之间的相互适应、相互竞争，形成具有一定外貌、种类组成和结构的集合体。

(6)一定的动态特征。生物群落是生态系统中具生命的部分，生命的特征是不停地运动，群落也是如此。其运动形式包括季节动态、年际动态、演替与演化。

(7)一定的分布范围。群落分布在特定地段或特定生境上，不同群落的生境和分布范围不同。无论从全球范围看还是从区域角度讲，不同生物群落都是按着一定规律分布的。

(8)群落的边界特征。在自然条件下，有些群落具有明显的边界，可以清楚地加以区分；有的则不具有明显边界，而处于连续变化中。前者见于环境梯度变化较陡，或者环境梯度突然中断的情形。例如，地势变化较陡的山地的垂直带、陆地环境和水生环境的边界处(池塘、湖泊、岛屿等)。但两栖类(如蛙)常常在水生群落与陆地群落之间移动，使原来清晰的边界变得复杂。此外，火烧、虫害或人为干扰都可造成群落的边界变化。后者见于环境梯度连续缓慢变化的情形。大范围的变化如草甸草原和典型草原的过渡带、典型草原和荒漠草原的过渡带等；小范围的如沿一缓坡而渐次出现的群落替代现象等。但在多数情况下，不同群落之间都存在过渡带，被称为群落交错区，并导致明显的边缘效应。

二、生态系统

(一)生态系统的概念与内涵

生态系统是指生物群落与其生存环境之间，以及生物种群相互之间的密切联系和相互作用，通过物质交换、能量转换和信息传递，成为占据一定空间、具有一定结构、执行一定功能的动态平衡整体。

生态系统定义的基本含义是：①生态系统是客观存在的实体，是有时空概念的功能单元；②由生物和非生物成分组成，以生物为主体；③各要素间有机地组织在一起，具有整体的功能；④生态系统是人类生存和发展的基础。

生态系统范围可大可小，通常是根据研究的目的和具体的对象而定。最大是生物圈，可看作是全球生态系统，它包括了地球一切的生物及其生存条件。小的如一块草地、一个池塘都可看作一个生态系统。

1. 生态系统概念

生态系统一词是英国植物生态学家 Tansley 于 1935 年首先提出的。他指出生物与环境的组合构成了生态系统。

生态系统的概念自提出后，受到许多人的赞赏，许多生态学家对生态系统理论的研究和实践做出了巨大贡献。

2. 现代生态系统生态学的发展

Rachel Carson 的名著《寂静的春天》描述了杀虫药剂所造成的严重污染，阐明污染物在环境中的迁移转化，初步揭示了污染对生态系统的影响。警示人们要限制自己的行动，不能破坏生态系统的结构和功能，这种生态破坏一旦形成，几年、几十年甚至上百年都难以恢复。这部著作有力地促进了生态系统与现代环境科学的结合。

生物多样性是决定生态系统面貌、发展和命运的核心组成部分。对此，新的假说和观点不断涌现。Paine、Ehrlich、Walker 等学者对生态系统中物种的作用提出了新概念和新理论。

针对全球环境恶化、地球出现多种胁迫的现实，Costanza 和 Rapport 开展了生态系统健康的基本理论和评估的研究，发现现在地球上的生态系统为人类服务已不能像过去一样，而且还对人类产生了潜在威胁。呼吁人们关心全球各类生态系统的健康。

20 世纪 70 年代，有人指出，现有的森林管理方法可能影响生态系统的功能。在关注建立健康生态系统的同时，应强调生态系统管理，着眼于保持和维护生态系统的结构、功能的可持续性，保证生态系统的长远健康。

随后，人们越来越关注生态系统健康，深刻认识到地球是人类目前唯一的家园。在审视和反思的基础上，可持续发展成为全人类生存的战略思想。在实现经济和社会发展的同时，要保证生态系统的可持续发展。

进入 21 世纪后，各国学者对生态系统的研究更加广泛，将环境保护与修复治理纳入生态系统健康之中。同时又将经济效益与生态效益纳入生态学的研究范畴，从而催生了生态经济学这一分支学科的发展。

(二)生态系统基本特征

1.有时空概念的复杂的大系统

生态系统通常与一定的空间相联系,是以生物为主体、呈网络式的多维空间结构的复杂系统。其是一个极其复杂的由多要素、多变量构成的系统,而且不同变量及其不同的组合,以及这种不同组合在一定变量动态之中,又构成了很多亚系统。

2.有一定的负荷力

生态系统负荷力是涉及用户数量和每个使用者强度的二维概念。在实践中可将有益生物种群维持在一个环境条件所允许的最大种群数量,此时,种群繁殖速率最快。对环境保护工作而言,在人类生存和生态系统不受损害的前提下,容纳污染物的量要与环境容量相匹配。任何生态系统的环境容量越大,可接纳的污染物就越多;反之则越少。应该指出,生态系统的环境容量不是无限的,污染物的排放必须与环境容量相适应。

3.有明确功能和功益服务性能

生态系统不是生物分类学单元,而是一个功能单元。首先是能量的流动,绿色植物通过光合作用把太阳能转变为化学能贮藏在植物体内,然后再转给其他动物,这样营养就从一个取食类群转移到另一个取食类群,最后由分解者重新释放到环境中。其次是在生态系统内部生物与生物之间、生物与环境之间不断进行着复杂而有序的物质交换,这种交换是周而复始和不断地进行着,对生态系统起着深刻的影响。自然界元素运动的人为改变往往会引起严重的后果。生态系统在进行多种过程中为人类提供粮食、药物、农业原料并提供人类生存的环境条件,形成生态系统服务。

4.有自维持、自调控功能

任何一个生态系统都是开放的,不断有物质和能量的进入和输出。一个自然生态系统中的生物与其环境条件经过长期进化适应,逐渐建立了相互协调的关系。生态系统自调控机能主要表现在三个方面:第一是同种生物的种群密度的调控,这是在有限空间内比较普遍存在的种群变动规律。第二是异种生物种群之间的数量调控,多出现于植物与动物、动物与动物之间,常有食物链关系。第三是生物与环境之间的相互适应的调控。生物经常不断地从所在的生境中摄取所需的物质,生境也需要对其输出进行及时的补偿,两者进行着输入与输出之间的供需调控。

生态系统调控功能主要靠反馈来完成。反馈可分为正反馈和负反馈。前者是系统中的部分输出,通过一定线路而又变成输入,起促进和加强的作用;后者则倾向于削弱和减低其作用。负反馈对生态系统达到和保持平衡是不可缺少的。正反馈、负反馈相互作用和转化,从而保证了生态系统达到一定的稳态。

5.有动态的、生命的特征

生态系统也和自然界许多事物一样,具有发生、形成和发展的过程。生态系统可分为幼年期、成长期和成熟期,表现出鲜明的历史性特点,从而具有生态系统自身特有的整体演变规律。换言之,任何一个自然生态系统都是经过长期历史发展形成的。这一点很重要。我们所处的新时代具有鲜明的未来性。生态系统这一特性为预测未来提供了重要的科学依据。

6.有健康、可持续发展特性

自然生态系统是在数十亿万年中发展起来的整体系统,为人类提供了物质基础和良好的生存环境，然而长期以来人们活动已损害了生态系统健康。为此，加强生态系统管理、促进生态系统健康和可持续发展是全人类的共同任务。

（三）生态系统组分及结构

1. 生态系统组分

不论是陆地还是水域，系统或大或小，其组分都可以概括为生物组分和环境组分两大类。

(1)生物组分。多种多样的生物在生态系统中扮演着重要的角色。根据生物在生态系统中发挥的作用和地位将其分为生产者、消费者和分解者三大功能类群。

①生产者又称初级生产者，指能利用简单的无机物质制造食物的自养生物，主要包括所有绿色植物、蓝绿藻和少数化能合成细菌等自养生物。

这些生物可以通过光合作用把水和二氧化碳等无机物合成为碳水化合物、蛋白质和脂肪等有机化合物，并把太阳辐射能转化为化学能，贮存在合成有机物的分子键中。植物的光合作用只有在叶绿体内才能进行，而且必须是在阳光的照射下。但是当绿色植物进一步合成蛋白质和脂肪的时候，还需要有氮、磷、硫、镁等16种或更多种元素和无机物参与。生产者通过光合作用不仅为本身的生存、生长和繁殖提供营养物质和能量，而且它所制造的有机物质也是消费者和分解者唯一的能量来源。生态系统中的消费者和分解者是直接或间接依赖生产者为生的，没有生产者也就不会有消费者和分解者。可见，生产者是生态系统中最基本和最关键的生物成分。太阳能只有通过生产者的光合作用才能源源不断地输入生态系统，然后再被其他生物所利用。初级生产者也是自然界生命系统中唯一能将太阳能转化为生物化学能的媒介。

②消费者是针对生产者而言，即它们不能从无机物质制造有机物质，而是直接或间接地依赖于生产者所制造的有机物质，因此属于异养生物。消费者归根结底都是依靠植物为食(直接取食植物或间接取食以植物为食的动物)。直接吃植物的动物叫植食动物，又叫一级消费者(如蝗虫、兔、马等)；以植食动物为食的动物叫肉食动物，也叫二级消费者，如食野兔的狐和猎捕羚羊的猎豹等；以食肉动物为食的动物叫大型食肉动物或顶级食肉动物，也叫三级消费者，如池塘里的黑鱼或鳜鱼，草地上的鹰隼等猛禽。消费者也包括那些既吃植物也吃动物的杂食动物，有些鱼类是杂食性的，它们吃水藻、水草，也吃水生无脊椎动物。有许多动物的食性是随着季节和年龄而变化的，麻雀在秋季和冬季以吃植物为主，但是到夏季的生殖季节就以吃昆虫为主，所有这些食性较杂的动物都是消费者。食碎屑者也应属于消费者，它们的特点是只吃死的动植物残体。消费者还应当包括寄生生物。

③分解者是异养生物，它们分解动植物的残体、粪便和各种复杂的有机化合物，吸收某些分解产物，最终能将有机物分解为简单的无机物，而这些无机物参与物质循环后可被自养生物重新利用。分解者主要是细菌和真菌，也包括某些原生动物和蚯蚓、白蚁、秃鹫等大型腐食性动物。

分解者在生态系统中的基本功能是把动植物死亡后的残体分解为比较简单的化合物，最终分解为最简单的无机物并把它们释放到环境中去，供生产者重新吸收和利用。由于分解过程对于物质循环和能量流动具有非常重要的意义，所以分解者在任何生态系统中都是不可缺少的组成成分。如果生态系统中没有分解者，动植物遗体和残遗有机物很快就会堆积起来，影响物质的再循环过程，生态系统中的各种营养物质很快就会发生短缺并导致整个生态系统的瓦解和崩溃。由于有机物质的分解过程是一个复杂的逐步降解的过程，因此除了细菌和真菌两类主要的分解者之外，其他大大小小的以动植物残体和腐殖质为食的各种动物在物质分解的总过程中都在不同程度地发挥着作用，如专吃兽尸的兀鹫，食朽木、粪便和腐烂物质的甲虫、白蚁、粪金龟子、蚯蚓和软体动物等。有人则把这些动物称为大分解者，而把细菌和真菌称为小分解者。

(2)环境组分。

①辐射。其中来自太阳的直射辐射和散射辐射是最重要的辐射成分，通常称为短波辐射。辐射成分里还有来自各种物体的热辐射，称为长波辐射。

②大气。空气中的二氧化碳和氧气与生物的光合和呼吸关系密切，氮气则与生物固氮有关。

③水体。环境中的水体可能的存在形式有湖泊、溪流、海洋等，也可以地下水、降水的形式出现。水蒸气弥漫在空中，水分也渗透在土壤之中。

④土体。泛指自然环境中以土壤为主体的固体成分，其中土壤是植物生长的最重要基质，也是众多微生物和小动物的栖息场所。自然环境通过其物理状况(如辐射强度、温度、湿度、压力、风速等)和化学状况(如酸碱度、氧化还原电位、阳离子、阴离子等)对生物的生命活动产生综合影响。生态系统各组分的关系详见图 2-3。

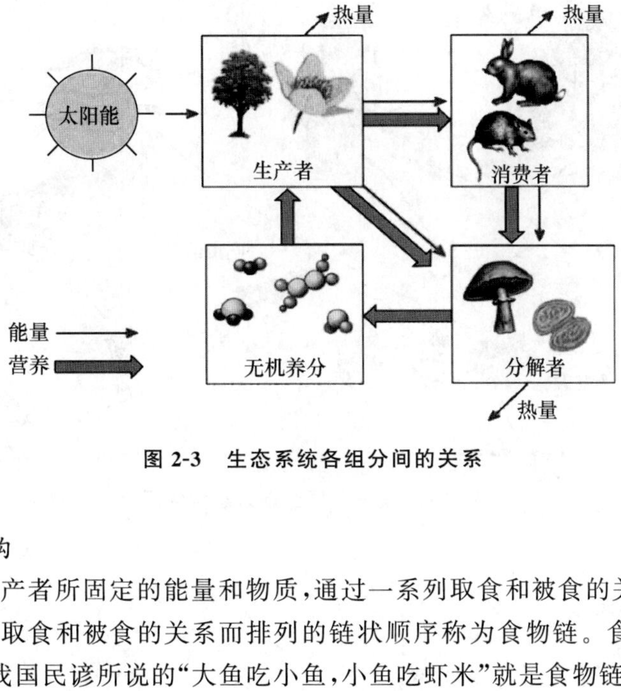

图 2-3　生态系统各组分间的关系

2.生态系统结构

(1)食物链。生产者所固定的能量和物质，通过一系列取食和被食的关系而在生态系统中传递，各种生物按其取食和被食的关系而排列的链状顺序称为食物链。食物链中每一个生物成员称为营养级。我国民谚所说的“大鱼吃小鱼，小鱼吃虾米”就是食物链的生动写照。

按照生物与生物之间的关系可将食物链分成 4 种类型。

①捕食食物链，指一种活的生物取食另一种活的生物所构成的食物链。捕食食物链都以生产者为食物链的起点，如植物→植食性动物→肉食性动物。这种食物链既存在于水域，也存在于陆地环境。如草原上，青草→野兔→狐狸→狼；在湖泊中，藻类→甲壳类→小鱼→大鱼。

②碎食食物链，指以碎食(植物的枯枝落叶等)为起点的食物链。食物被别的生物所利用，分解成碎屑，然后再为多种动物所食。其构成方式：碎食→碎食消费者→小型肉食性动物→大型肉食性动物。在森林中，有 90%的净生产量是以碎食方式被消耗的。

③寄生性食物链，由宿主和寄生物构成。它以大型动物为食物链的起点，继之以小型动

物、微型动物、细菌和病毒。后者与前者是寄生性关系。如哺乳动物或鸟类→跳蚤→原生动物→细菌→病毒。

④腐生性食物链，以动、植物的遗体为食物链的起点，腐烂的动、植物遗体被土壤或水体中的微生物分解利用，后者与前者是腐生性关系。

在生态系统中各类食物链具有以下特点：一是在同一个食物链中，常包含有食性和其他生活习性极不相同的多种生物。二是在同一个生态系统中，可能有多条食物链，它们的长短不同，营养级数目不等。由于在一系列取食与被取食的过程中，每一次转化都将有大量化学能变为热能消散。因此，自然生态系统中营养级的数目是有限的。在人工生态系统中，食物链的长度可以人为调节。

(2)食物网。生态系统中的食物营养关系是很复杂的。由于一种生物常常以多种食物为食，而同一种食物又常常为多种消费者取食，于是食物链交错起来，多条食物链相连，形成了食物网。食物网不仅维持着生态系统的相对平衡，并推动着生物的进化，成为自然界发展演变的动力。这种以营养为纽带，把生物与环境、生物与生物紧密联系起来的结构，称为生态系统的营养结构。如图 2-4 所示。

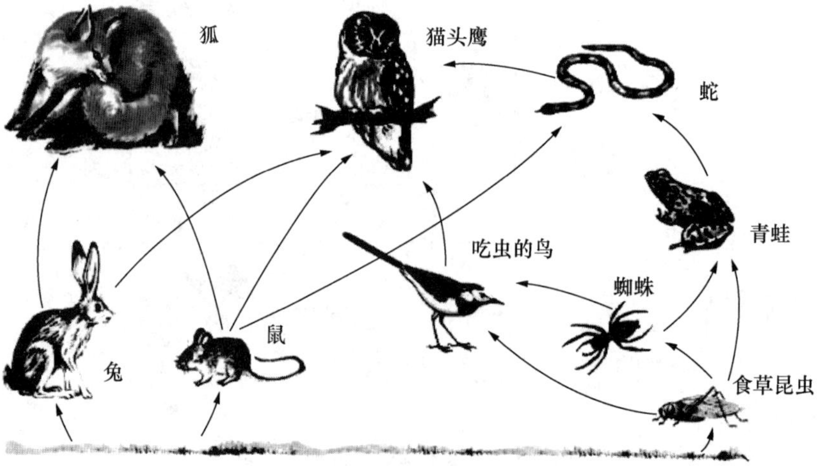

图 2-4　某一草原生态系统食物网

三、农业生态系统

(一)农业生态系统的概念及组成

1. 农业生态系统的概念

农业生态系统是指某一特定空间内农业生物与其环境之间，通过互相作用联结成进行能量转换和物质生产的有机综合体。人工生态系统的产生，第一阶段就是农业生态系统，它的出现远远早于城市生态系统。

(1)农业生态系统是人工、半人工生态系统。

(2)农业生态系统，其能量及能源除来自太阳辐射外，目前不同程度上需消耗石油能源、依赖于工业能的投入。

农业生态系统也是一个具有一般系统特征的人工系统。它是人们利用农业生物与非生物环境之间以及生物种群之间的相互作用建立的，并按照人类需求进行物质生产的有机整体。其实质是人类利用农业生物来固定、转化太阳能，以获取一系列社会必需的生活和生产资料。农业生态系统是从自然生态系统演变而来，并在人类的活动影响下形成的，它是人类驯化了的自然生态系统。因此，它不仅受自然生态规律的支配，还受社会经济规律的调节。

2. 农业生态系统的组成

农业生态系统与自然生态系统一样，也由生物与环境两大部分组成。但是生物是以人工驯化栽培的农作物、家畜、家禽等为主。环境也是部分受到人工控制或是全部经过人工改造的环境。在农业生态系统的生物组分中增加了人类这样一个大型消费者，同时又是环境的调控者。如图 2-5 所示。

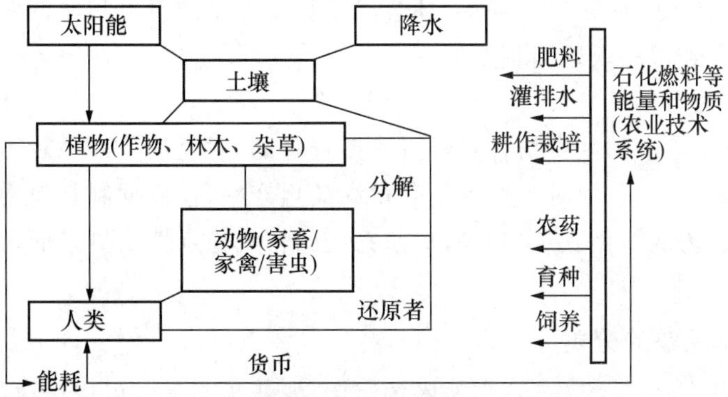

图 2-5 农业生态系统结构

(二)农业生态系统的特点

农业生态系统是在人类控制下发展起来的。由于其受人类社会活动的影响，它与自然生态系统相比有明显不同。

1. 人类强烈干预下的开放系统

自然生态系统中生产者生产的有机物质全部留在系统内，许多化学元素在系统内循环平衡，是一个自给自足的系统。而农业生态系统是人类干预下的生态系统，目的是更多地获取农畜产品以满足人类的需要，由于大量农畜产品的输出，使原先在系统中循环的营养物质离开了系统，为了维持农业生态系统的养分平衡，提高系统的生产力，农业生态系统就必须从系统外投入较多的辅助能，如化肥、农药、机械、水分排灌、人畜力等。为了长期的增产与稳产，人类必须保护与增殖自然资源，保护与改造环境。

2. 系统中的农业生物具有较高的净生产力、较高的经济价值和较低的抗逆性

由于农业生态系统的生物物种是人工培育与选择的结果，经济价值较高，但抗逆性差。这往往造成农业生态系统的生物物种单一、结构简化、系统稳定性差、容易遭受自然灾害。需要通过一系列的农业管理技术的调控来维持和加强其稳定性。农田生态系统的初级生产力一般较高，据统计农作物平均为 0.4%，高产田可达 1.2%～1.5%，而自然界的绿色植物光能利用率不超过 0.1%。

3. 农业生态系统受自然生态规律和社会经济规律的双重制约

由于农业生态系统是一个开放性的人工系统，有着许多的能量与物质的输入与输出，因此

农业生态系统不但受自然规律的控制，也受社会经济规律的制约。人类通过社会、经济、技术力量干预生产过程，包括农产品的输出和物质、能量、技术的输入，而物质、能量、技术的输入又受劳动力资源、经济条件、市场需求、农业政策、科技水平的影响，在进行物质生产的同时，也进行着经济再生产过程，不仅要有较高的物质生产量，而且也要有较高的经济效益和劳动生产率。因此，农业生态系统实际上是一个农业生态经济系统，体现着自然再生产与经济再生产交织的特性。

4. 农业生态系统具有明显的地区性

农业生态系统具地域性，不仅受自然气候生态条件的制约，还受社会经济市场状况的影响，因地制宜，发挥优势，不仅要发挥自然资源的生产潜力优势，还要发挥经济技术优势。因此，农业生态系统的区划，应在自然环境、社会经济和农业生产者之间协调发展的基础上，实行生态分区治理、分类经营和因地制宜发展。

5. 系统自身的稳定性差

由于农业生态系统中的主要物种是经过人工选育的，对自然条件与栽培、饲养管理的措施要求越来越高，抗逆性较差；同时人们为了获得高的生产率，往往抑制其他物种，使系统内的物种种类大大减少，食物链简化、层次减少，致使系统的自我稳定性明显降低，容易遭受不良因素的破坏。

(三)农业生态系统的分类

为便于人们研究与实际操作、管理技术的运用，农业生态系统可以分成如下 4 类。

1. 农田生态系统

由作物与其生长发育有关的光、热、水、气、肥、土及作物伴生生物(土壤微生物、作物病虫和农田杂草)等环境条件组成，并通过与环境的作用完成产品的生产过程。

2. 森林生态系统

由以木本植物为主体的生物与其生长发育所需的光、热、水、气、肥、土及伴生生物等环境条件组成的，并完成特定的林产品生产和农业水土保持功能的农业生态系统。它是多功能的生态系统，素有“农业水库”“都市肺脏”“天然吸尘器”等美称。

3. 草原生态系统

由以天然牧草、人工牧草及草食性农业动物为主体的生物种群与其生长发育所需的环境条件组成的，并完成肉、奶、皮、毛等动物性农产品生产的农业生态系统。

4. 内陆淡水生态系统

人们为发展农业生产，特别是为发展渔业经济而加以利用和改造的湿地、溪流、江河、湖泊、水库池塘等水域系统的总称。内陆淡水生态系统的功能主要表现在各种水生生物产品的生产和为农田作物提供灌溉水源两大方面。

(四)农业生态系统的结构

系统的结构通常是指系统的构成要素的组成、数量及其在时间、空间上的分布和能量、物质转移循环的途径。结构直接关系到生态系统内物质和能量的转化循环特点、水平和效率，以及生态系统抵抗外部干扰和内部变化而保持系统稳定性的能力。

就总体来讲，农业生态系统结构指农业生态系统的构成要素以及这些要素在时间上、空间上的配置和能量、物质在各要素间的转移、循环途径。由此可见，农业生态系统的结构包括三个方面，即系统的组成成分、组分在系统空间和时间上的配置，以及组分间的联系特点和方式。

农业生态系统的结构，直接影响系统的稳定性和系统的功能、转化效率与系统生产力。一般来说，生物种群结构复杂、营养层次多，食物链长并联系成网的农业生态系统，稳定性较强。反之，结构单一的农业生态系统，即使有较高的生产力，但稳定性差。因此，在农业生态系统中必须保持耕地、森林、草地、水域有一定的适宜比例，从大的方面保持农业生态系统的稳定性。

农业生态系统的基本结构概括起来可以分成以下四个方面。

(1)农业生物种群结构。即农业生物(植物、动物、微生物)的组成结构及农业生物种群结构。

(2)农业生态系统的空间结构。这种空间结构包括了生物的配置与环境组分相互安排与搭配，因而形成了所谓的平面结构和垂直结构。农作物、人工林、果园、牧场、水面是农业生态系统平面结构的第一层次，然后是在此基础上各业内部的平面结构，如农作物中的粮、棉、油、麻、糖等作物。农业生态系统的垂直结构是指在一个农业生态系统区域内，农业生物种群在立面上的组合状况，即将生物与环境组分合理地搭配利用，从而最大限度地利用光、热、水等自然资源，以提高生产力。

(3)农业生态系统的时间结构。这种结构是指在生态区域与特定的环境条件下，各种生物种群生长发育及生物量的积累与当地自然资源协调吻合状况，时间结构是自然界中生物进化同环境因素协调一致的结果。所以在安排农业生产及品种的种养季节时，必须考虑如何使生物需要符合自然资源变化的规律，充分利用资源、发挥生物的优势，提高其生产力。使外界投入物质和能量与作物的生长发育紧密协调。这都是在时间结构调整与安排中要给予重视的。

(4)农业生态系统的营养结构。指农业生态系统中的多种农业生物营养关系所连接成的多种链状和网状结构，主要是指食物链结构和食物网结构。

食物链结构是农业生态系统中最主要营养结构之一，建立合理有效的食物链结构，可以减少营养物质的耗损，提高能量、物质的转化利用率，从而提高系统的生产力和经济效率。

(五)建立合理的农业生态系统结构

合理优化的农业生态系统应有以下几方面的标志。

(1)合理的农业生态系统结构应能充分发挥和利用自然资源和社会资源的优势，消除不利影响。

(2)合理的农业生态系统结构必须能维持生态平衡，这体现在输入与输出的平衡，农、林、牧比例合理适当，保持生态系统结构的平衡，农业生态系统中的生物种群比例合理、配置得当。

(3)合理的多样性和稳定性。一般情况下，如果农业生态系统组成成分多，作物种群结构复杂，能量转化、物质循环途径多，那么，其抵御自然灾害的能力强、系统也较稳定。

(4)合理的生态系统结构应能保证获得最高的系统产量和优质多样的产品，以满足人类的需要。要建立合理的农业生态系统结构必须从以下几方面着手：①建立合理的平面结构；②建立合理的垂直结构；③建立合理的时间结构；④建立合理的营养结构等。

农业生态系统的食物链结构是生物在长期演化过程中形成的，如果在食物链中增加新环节或扩大已有环节，使食物链中各种生物更充分地、多层次地利用自然资源。一方面，使有害生物得到抑制，可增加系统的稳定性；另一方面，使原来不能利用的产品再转化，可增加系统的生产量。通常利用食物链的方式有两种:一为食物链加环,二为产品链加环。

在食物链上加环可以分成生产环、增益环、减耗环和复合环。在产品链上加环即产品加工环,严格地说,产品加工环不属于食物链范畴,但与系统关系密切,能直接决定本系统的功能。

学习情境 2　生态系统的物质循环

模块二　学习情境 2
课程 PPT

一、物质循环的一般特征

(一)物质循环的特征

(1)物质循环和能量流动总是相伴发生,但生物固定的光能流过生态系统通常只有一次,并且逐渐以热的形式耗散,而物质在生态系统的生物成员中能被反复利用。

(2)物质循环可用库和流通率两个概念来描述。①库:由存在于生态系统某些生物或非生物成分中一定数量的某种化学物质所构成的,可分为贮存库和交换库。贮存库的特点是库容量大,元素在库中滞留的时间长、流动速率小,多属于非生物成分;交换库则容量较小,元素滞留的时间短、流速较大。②流通率:物质在生态系统中单位面积(或单位体积)和单位时间的移动量。

(3)物质循环在受人类干扰以前一般处于一种稳定的平衡状态。

(4)元素和难分解的化合物常发生生物积累、生物浓缩和生物放大现象。

(二)物质循环的几个基本概念

1. 生物地球化学循环

各种化学元素在不同层次、不同大小的生态系统内,乃至生物圈内,沿着特定的途径从环境到生物体,又从生物体再回归到环境,不断地进行流动和循环的过程。

2. 地质大循环

物质或元素经生物体的吸收作用,从环境进入生物有机体内,然后生物体以死体、残体或排泄物形式将物质或元素返回环境,进入五大自然圈(气圈、水圈、岩石圈、土壤圈、生物圈)。这是一种闭合式循环。

3. 生物小循环

环境中元素经生物吸收,在生态系统中被相继利用,然后经过分解者的作用再被生产者吸收、利用。这是一种开放式循环。

4. 物质循环的库

物质在循环过程中被暂时固定、贮存的场所称为库。生态系统中各组分都是物质循环的库,如植物库、动物库、土壤库等。在生物地球化学循环中,库可分为贮存库(容积大,物质交换活动缓慢,一般为环境成分)和交换库(容积小,交换快,一般为生物成分)。

5. 物质循环的流

物质在库与库之间的转移运动状态称为流。

6. 循环效率

生态系统中某一组分的贮存物质,一部分或全部流出该组分,但未离开系统,并最终返回该组分时，系统内发生了物质循环。循环物质(F_C)占总输入物质(F_I)的比例，称为物质的循环效率(E_C)。

$$E_C = F_C / F_I$$

7. 生物积累

生态系统中生物不断进行新陈代谢的过程中，体内来自环境的元素或难分解化合物的浓缩系数不断增加的现象。

8. 生物浓缩

生态系统中同一营养级上的许多生物种群或者生物个体，从周围环境中蓄积某种元素或难分解的化合物，使生物体内该物质的浓度超过环境中的浓度的现象，又称为生物富集。

9. 生物放大

在生态系统的食物链上，高营养级生物以低营养级生物为食，某种元素或难分解化合物在生物体中浓度随着营养级的提高而逐渐增大的现象。

二、自然界中的水循环

地球的海洋、冰川、湖泊、河流、土壤和大气中含有大量的水。海洋中的液态咸水约占水总量的 97%。水在生物圈的循环，可以看作从水域开始，再回到水域而终止。水域中，水受到太阳辐射而蒸发进入大气中，水蒸气随气压变化而流动，并聚集为云、雨、雪、雾等形态，其中一部分降至地表。到达地表的水，一部分直接形成地表径流进入江河，汇入海洋；另一部分渗入土壤，其中少部分可为植物吸收利用，大部分通过地下径流进入海洋。植物吸收的水分中，大部分用于蒸腾，只有很小部分参与光合作用并形成同化产物，并进入生态系统，然后经过生物呼吸与排泄返回环境。如图 2-6 所示。

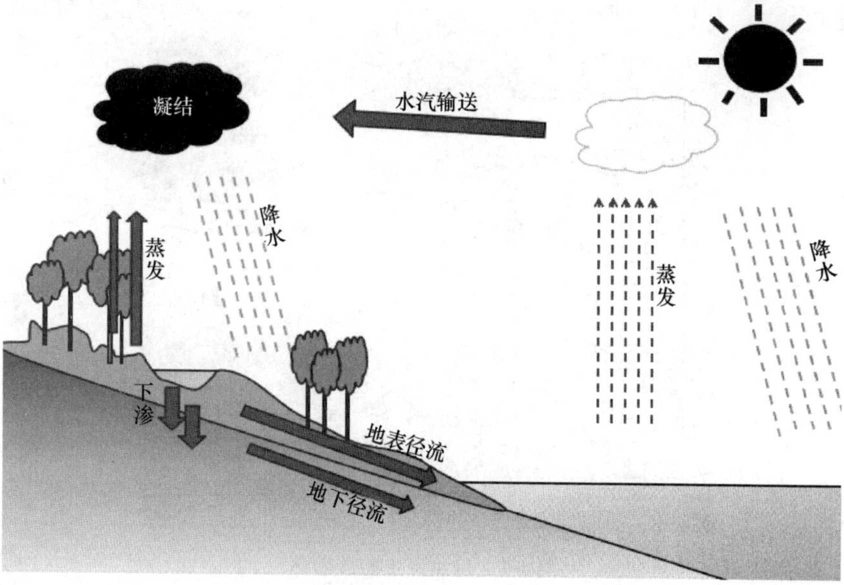

图 2-6　自然界的水循环

水在循环中不断进行着自然更新。据估计，大气中的全部水量 9 d 即可更新 1 次，河流需 10～20 d，土壤水约需 280 d，淡水湖需 1～100 年，地下水约需 300 年。盐湖和内陆海水的更新，因其规模不同而有较大的差别，时间 10～1 000 年，高山冰川需数十年至数百年，极地冰盖则需 16 000 年，只有海洋中的水全部更新时间最长，要 37 000 年。植物体含水量虽小，但流经植物体的水分的量却是巨大的。例如，水稻在生长盛期，每天每公顷大约吸收 70 t 水，其中大约 5%用于维持原生质的功能和光合作用，95%以水蒸气和水珠的形式，从叶片的气孔中排出。有研究表明，参与光合作用的水要比参与蒸腾作用的水少得多。如生产 20 t 鲜重的植物物质，在生长期间要从土壤中吸收 2 000 t 的水，20 t 鲜重中有 5 t 干物质，余下的 15 t 为可蒸发水分。5 t 干物质中有结合水 3 t，仅相当于自土壤中吸收水分的 0.15%。

人类对水循环的影响是多方面的。如修筑水库、塘堰可扩大自然蓄水量；而围湖造田又使自然蓄水容积减小；地下水的过度开采利用，使某些人口集中的地区出现了地下水位和水质量的下降，如目前我国许多北方大城市的地下水分布出现“漏斗”现象。

地表水的变化更加明显，尤其是大部分河流出现了断流，湖泊出现了干涸。鄱阳湖是我国最大的淡水湖，对长江中下游乃至全国的生态环境都有着重要的意义，也承载着引领经济持续发展的重要功能。据报道，2018 年以来，鄱阳湖水面面积每年减少近 2 300 hm^2。截至 2022 年年底，鄱阳湖水面面积仅剩 600 km^2，大片湖底露出，形成沙洲。

三、自然界中的碳循环

环境中的 CO_2 通过光合作用被固定在有机物质中，然后通过食物链的传递，在生态系统中进行循环。其循环途径有：①在光合作用和呼吸作用之间的细胞水平上的循环；②大气 CO_2 和植物体之间的个体水平上的循环；③大气 CO_2→植物→动物→微生物之间的食物链水平上的循环。这些循环均属于生物小循环。此外，碳以动植物有机体形式深埋地下，在还原条件下，形成化石燃料，于是碳便进入了地质大循环。当人们开采利用这些化石燃料时，CO_2 被再次释放进入大气。如图 2-7 所示。

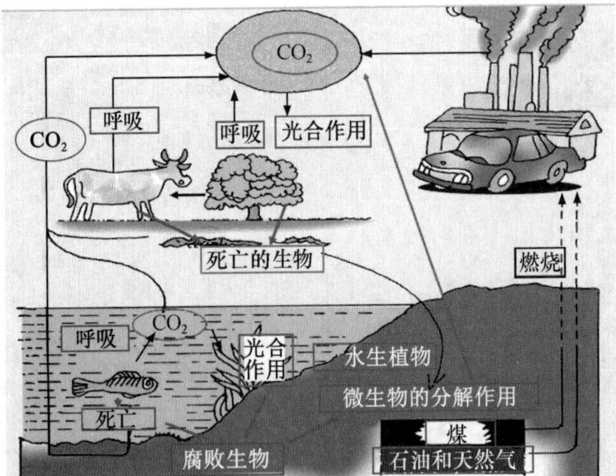

图 2-7　自然界中的碳循环

在漫长的地质历史上，地球各个圈层经过复杂的相互作用，造就了大气的基本化学组成，并使各种气体的相对比例基本达到了平衡。人类出现以来，特别是工业革命以来，由于各种生产和生活活动的影响，已显著地改变了这种平衡状态。每年因燃烧放回到大气中的化石燃料碳有 50 亿～60 亿 t，因农业土壤耕作返回大气的碳约有 20 亿 t，同时由于森林被砍伐，减少了对 CO_2 的固定，因此，尽管海洋能够吸收近 2/3 的额外碳源，仍然避免不了全球大气 CO_2 浓度的升高。近 100 年来，大气中 CO_2 含量不断上升，在大气这个环节上出现了碳的堆积和碳循环的堵塞。虽然 CO_2 浓度增高有利于植物光合作用的增强，但 CO_2 的"温室效应"又导致了全球温度升高和降水分布的改变，使得纬度较高的地区，温度变暖而更加干旱，甚至使极地冰盖层融化，导致海平面上升。

四、自然界中的氮循环

在生态系统中，植物从土壤中吸收硝酸盐，氨基酸彼此联结构成蛋白质分子，再与其他化合物一起建造了植物有机体，于是氮素进入生态系统的生产者有机体，进一步为动物取食，转变为含氮的动物蛋白质。动植物排泄物或残体等含氮的有机物经微生物分解为 CO_2、H_2O 和 NH_3 返回环境，NH_3 可被植物再次利用，进入新的循环。氮在生态系统的循环过程中，常因有机物的燃烧而挥发损失；或因土壤通气不良，硝态氮经反硝化作用变为游离氮而挥发损失；或因灌溉、水蚀、风蚀、雨水淋洗而流失等。损失的氮或进入大气，或进入水体，变为多数植物不能直接利用的氮素。因此，必须通过上述各种固氮途径来补充，从而保持生态系统中氮素的循环平衡。如图 2-8 所示。

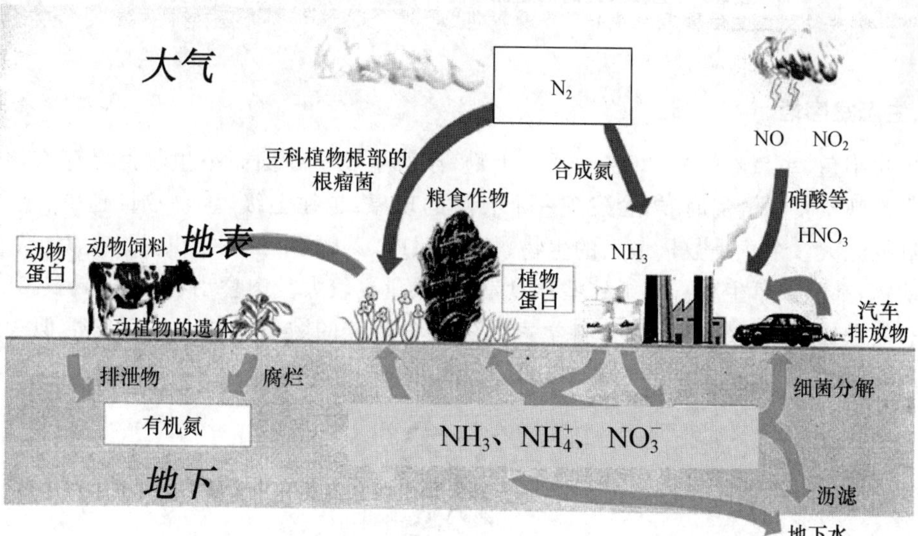

图 2-8　自然界中的氮循环

人类活动对氮循环的干扰主要表现在：①含氮有机物的燃烧产生大量氮氧化合物污染大气；②过度耕垦使土壤氮素肥力(有机氮)下降；③发展工业固氮，忽视或抑制生物固氮，会造成氮素局部富集和氮素循环失调；④城市化和集约化农牧业使人、畜废弃物的自然循环受阻。其中，人类的农业活动对氮循环的影响主要是由于不合理的作物耕作方式以及氮肥施用而引起氮素的流失与亏损。其主要途径包括：反硝化、氨挥发、淋失、地表径流和土壤侵蚀。

学习情境3　生态系统的能量流动

能量流动是指生态系统中的能量输入、传递、转化和散失的过程。

生态系统中这些不同形式的能量可以贮存和相互转化，如辐射能量可以转变成其他的运动形式能。如图 2-9 所示。

模块二　学习情境3
课程 PPT

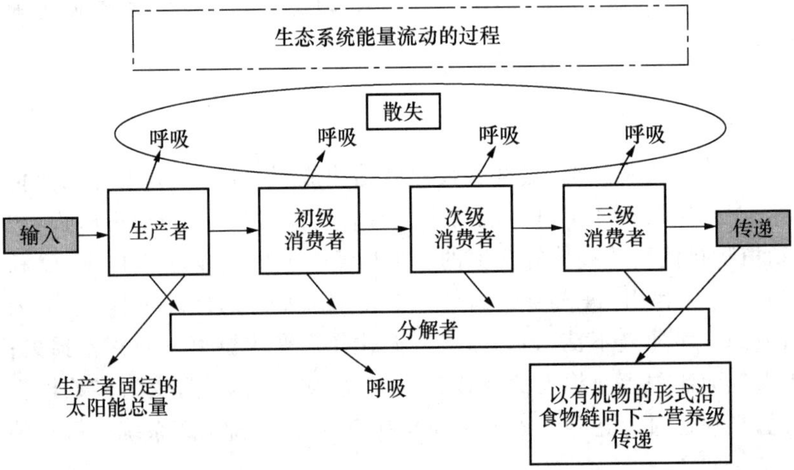

图 2-9　生态系统的能量流动

一、生态金字塔

大鱼吃小鱼，小鱼吃虾米，虾米吃浮游生物，浮游生物吃绿藻……生物世界存在着一条食物链。当你观察食物链的时候，会发现一个有趣的现象：越往上级，生物数量越少；越往下级，生物数量越庞大。杂草是数量最大的生物，蝗虫、尺蠖、菜蚜、甲虫等昆虫，田鼠、兔子、羚羊、鹿等哺乳动物，都靠杂草生存。以上这些草食动物，数量也较大。肉食动物，如黄鼠狼、狐狸、狼、狮子、虎，数量比草食动物少得多。科学家在考察食物链的数量结构时发现它恰似一座金字塔，便将其称为生态金字塔。详见图 2-10。

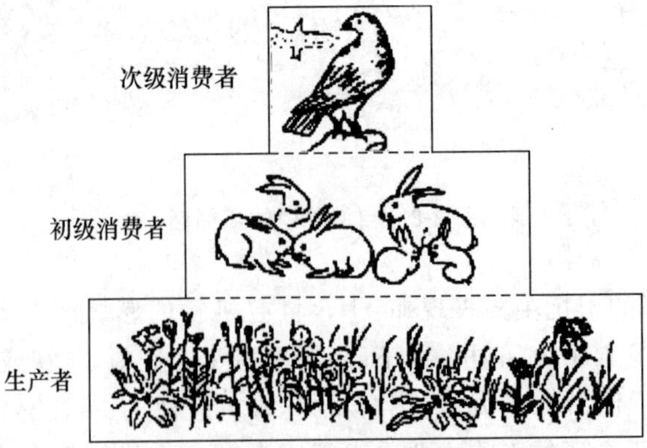

图 2-10　生态金字塔

生态金字塔是能量金字塔、数量金字塔、生物量金字塔的总称，这三者都是用来说明食物链中能量流动情况的。不同的金字塔能形象地说明营养级与能量、生物量、数量之间的关系，是定量研究生态系统的直观体现。能量金字塔是以各营养级所固定的总能量来表示的，它以热力学为基础，较好地反映了生态系统内能量流动的本质。数量金字塔过高地估计了小型生物的作用，而生物量金字塔又过分强调了大型生物的作用，只有能量金字塔所提供的情况较为客观和全面。

1. 能量金字塔

能量沿食物链流动时逐级递减，营养级越多，消耗的能量就越多，因此，可以将单位时间内各个营养级的能量数值，由低到高绘制成图，这样就形成了一个正金字塔图形，叫作能量金字塔。在能量金字塔中，营养级别越低，占有的能量就越多；反之，则越少。能量金字塔绝不会倒置。

从能量金字塔中可以看出：在生态系统中，营养级越多，在能量流动过程中消耗的能量就越多。而其之所以呈现金字塔形，是因为在通常情况下，能量从上一个营养级传递到下一个营养级时，平均传递效率为10%～20%。

能量金字塔每一台阶代表食物链中每一营养级生物所含能量多少。

能量金字塔的形状象征能量沿食物链流动过程具有逐级递减的特性。

2. 数量金字塔

数量金字塔是以每个营养级的生物个体数量为依据绘制的金字塔，但会出现有的生物个体数量很少而每个个体的生物量很大的情况，所以也会出现倒置的现象。

数量金字塔每一台阶表示每一营养级生物个体的数目。

数量金字塔的形状象征在捕食链中，随着营养级的升高，能量越来越少，而动物的体形一般越来越大，因而生物个体数目越来越少。

人们对一片草地上的所有生物成员及数量做了统计，详见表2-1。

表2-1　生物数量金字塔

生物种类	数量
三级消费者（肉食动物、吃小鸟的鹰）/只	3
次级消费者（肉食动物、吃昆虫的小鸟）/只	354 904
初级消费者（草原动物、昆虫）/只	708 624
生产者（野草）/株	5 842 424

3. 生物量金字塔

生物量金字塔是以每个营养级的生物质量所绘制的金字塔。但某些单细胞生物的生命周期短、不积累生物量，而且在测定生物量时是以现存量为依据的，所以在海洋生态系统中生物量金字塔会出现倒置现象，即出现浮游动物数量多于浮游植物的现象。

如海洋生态系统中，生产者浮游植物个体小、寿命短，又会不断被浮游动物吃掉，因而某一时间调查到的浮游植物的生物量可能要低于其捕食者浮游动物的生物量，但这并不是说流过生产者这一环节的能量比流过浮游动物的要少。

生物量金字塔每一台阶表示每一营养级现存生物的质量，即有机物的总质量。

生物量金字塔的一般形状：能量是以物质形式存在的，因而每一营养级的生物量（现存生物有机物的总质量）在一定程度上代表着能量值的高低，从这个意义上讲，生物量金字塔的形状一般同能量金字塔的形状相似。

二、林德曼定律

林德曼定律，即“十分之一定律”，又叫“百分之十定律”。指在一个生态系统中，从绿色植物开始的能量流动过程中，后一营养级获得的能量约为前一营养级能量的10%，其余90%的能量因呼吸作用或分解作用而以热能的形式散失，还有小部分未被利用。

1941年，美国耶鲁大学生态学家林德曼发表了名为《一个老年湖泊内的食物链动态》的研究报告。他对50万 m^2 的湖泊做了野外调查和研究后用确切的数据说明，生物量从绿色植物向食草动物、食肉动物等按食物链的顺序在不同营养级上转移时，有稳定的数量级比例关系，通常后一级生物量只等于或者小于前一级生物量的1/10。林德曼把生态系统中能量的不同利用者之间存在的这种稳定的定量关系叫作“十分之一定律”。

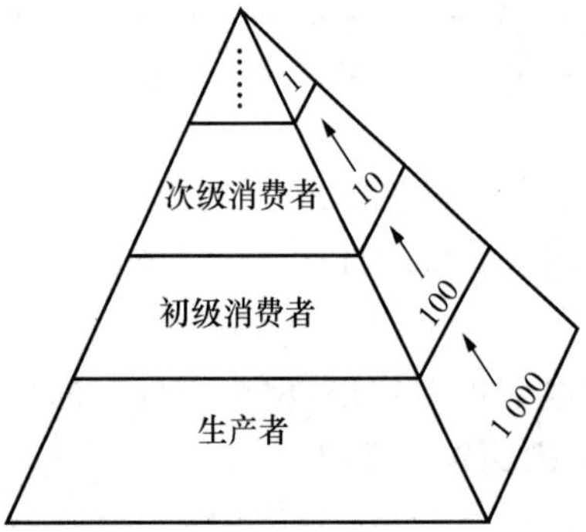

图2-11 “十分之一定律”图解

如果把这种关系表现在图上，用横坐标表示生物量，在纵坐标上把食物链中各级消费者的数量依次逐级标出，那么，整个图形就像一个金字塔，在生态学中称为群落中的数量金字塔。如图2-11所示。1942年，林德曼又发表文章，说明生态系统中能量与物质的流动在不同的营养级之间存在的定量关系，是维持所有生态系统稳定的重要因素。林德曼的理论为生态科学的发展打下了理论基础。

三、农业生态系统的调节与控制

农业生态系统是一个人工管理的生态系统，既有自然生态系统的属性，又有人工管理系统的属性。它一方面从自然界继承了自我调节能力，保持一定的稳定性；另一方面它在很大程度上受人类各种技术手段的调节。充分认识农业生态系统的调控机制及调控途径，有助于建立高效、稳定、整体功能良好的农业生态系统，有助于利用和保护农业资源，提高系统生产力。

（一）农业生态系统的自然调控

农业生态系统的自然调控机制是从自然生态系统中继承下来的生物与生物、生物与环境之间存在的反馈调控、多元重复补偿稳态调控机制。如光、温对作物生长发育的调节作用；昼夜节律对家畜家禽行为的调节作用；林木的自疏现象；功能组分冗余现象；反馈现象等多种自我调节机制。

（二）农业生态系统的人工调控

人工调控是指农业生态系统在自然调控的基础上，受人工的调节与控制，人工调节遵循农业生态系统的自然属性，利用一定的农业技术和生产资料加强系统输入，改变农业生态环境，改变农业生态系统的组成成分和结构，以达到提高农业生产、加强系统输出的目的。农业生态系统的调控途径可分为经营者的直接调控和社会间接调控两种。

1. 经营者的直接调控

(1)生境调控。生境调控就是利用农业技术措施改善农业生物的生态环境,达到调控目的。它包括对土壤、气候、水分、有利或有害物种等因素的调节,其主要目的是改变不利的环境条件,或者削弱不良环境因子对生物种群的危害程度。

调节土壤环境可通过物理、化学和生物等方法进行。传统的犁、耙、耘、起畦,以至排灌、建造梯田等属于物理方法,它们改善耕层结构,协调水、肥、气、热的矛盾。化肥、除草剂和土壤改良剂的使用,能够改善土壤中营养元素的平衡状况,属于化学方法。而施用有机肥、种植绿肥、放养红萍、繁殖蚯蚓等措施属于生物方法,它们既能改善土壤的物理性状,又能改善土壤中营养元素的平衡状况,有利于提高土壤肥力。

调节气候环境表现在区域气候环境的改善上,可通过大规模绿化和农田林网建设,人工降雨、人工驱雹、烟雾防霜等措施来得以实现。局部气候环境的改善,可通过建立人工气候室和温室、动物棚舍、薄膜覆盖、塑料大棚、地膜覆盖、施用地面增温剂等方法实现。

调节水分的方法很多,如修水库、打机井、建水闸、田间灌排、喷灌、滴灌、施用叶面抗蒸腾剂等方法都可以直接改善水分供应状况。通过土壤耕作、增施有机肥料、改良土壤结构也可以增强土壤的保水能力。

(2)输入输出调控。农业生态系统的输入包括肥料、饲料、农药、种子、机械、燃料、电力等农业生产资料;输出则包括各种农业产品。输入调控包括输入的辅助能和物质的种类、数量和投入结构。输出调控包括调控系统的贮备能力,使输出更有计划;或对系统内的产品进行加工,改变产品输出形式,使生产加工相结合,产品得到更充分地利用,并可提高产品的经济价值;同时控制非目标性输出,如防止因径流、下渗造成的营养元素的流失。

(3)农业生物调控。农业生物调控是在个体、种群和群落各水平上通过对生物种群遗传特性、栽培技术和饲养方法的改良,增强生物种群对环境资源的转化效率,达到调控目的。个体水平的调控,其主要手段包括品种的选用和改良,以及有关物种的栽培和饲养方法。如优良品种的选育,杂种优势的利用,遗传工程手段,生长期间整枝打顶、疏花疏果、激素喷施等生长调节措施。

种群水平的调控,主要是建立合理的群体结构和采取相应的栽培技术,调节作物种植密度、畜禽放养密度、水域捕捞强度、森林砍伐强度等,从而协调种群内个体与个体、个体与种群之间的关系,控制种群的动态变化,保持种群的繁荣和持续利用。群落水平的调控,是调控农业生物群落的垂直结构、平面结构、时间结构和食物链结构,以及作物复种方式、动物混养方式、林木混交方式等,建立合理的群落结构,以实现对资源的最佳利用。

(4)系统结构调控。农业生态系统的结构调控是利用综合技术与管理措施,协调农业内部各产业生产间的关系,确定合理的农、林、牧、渔比例和配置,用不同种群合理组装,建成新的复合群体,使系统各组成成分间的结构与机能更加协调,系统的能量流动、物质循环更趋合理。在充分利用和积极保护资源的基础上,获得最高系统生产力,发挥最大的综合效益。从系统构成上讲,结构调控主要包括以下三个方面。

①确定系统组成在数量上的最优比例。如用线性规划方法计算农、林、牧用地的最佳比例。

②确定系统组成在空间上的最优联系方式。要求因地制宜、合理布局农林牧生产,利用生态位原理进行立体组合,按时空结构对农业进行多层配置。

③确定系统组成在时间上的最优联系方式。要求因地制宜找出适合地区优先发展的突破口，统筹安排先后发展项目。

2. 社会的间接调控

社会的间接调控是指农业生态系统的外部因素，包括财经金融、公交通信、科技教育、政法管理等通过经营者对生态系统产生调节作用的有关社会机构。

财政系统通过政府预算和税收制度影响农业生态系统的资金流。金融系统通过货币发行、银行利率、贷款方向影响农业生态系统的资金流。公交系统的能力和水平影响农业生态系统的输入种类和数量，也影响产品流通能力。通信系统影响生产者是否能及时、准确地获取和传递有关的信息，如市场状况、天气状况、病虫预报、科技知识等。行政系统通过生产资料所有制的确定、收益分配制度的确立、生产决策权的委任等社会生产的组织以及行政服务效率影响到农民和经营者的生产效率。法制系统通过制定法律、检查法律执行状况和实施奖惩制度有利于规范生产者的行为。科教系统通过科研和教育手段影响生产者的科学文化水平和认知能力，从而影响系统的结构和功能。

学习情境4　生态农业的基本原理

模块二　学习情境4
课程PPT

一、整体效应原理

一个稳定高效的系统必然是一个和谐的整体，系统各组分之间应当有适当的比例关系和合理的功能分工，只有这样才能使系统顺利完成能量、物质、信息的转换和沟通，并且实现总体功能大于各部分之和的效果，即“1＋1＞2”，这就是整体效应原理。例如，海洋中珊瑚礁之所以能够保持很高的系统生产力，得益于珊瑚虫和藻类组成了高效的植物—动物营养循环。通常情况下，失去了共生藻类的珊瑚虫会死亡而导致珊瑚礁逐渐“白化”，失去其鲜艳的色彩，那里的生物多样性也将锐减，从而造成系统的崩溃。再如，豆科植物和根瘤菌的共生关系。

生态农业建设的一个重要任务就是如何通过整体结构实现系统的高效功能，农业生态系统是由生物及环境组成的复杂网络系统，由许许多多不同层次的子系统构成，系统的层次间也存在密切联系，这种联系是通过物质循环、能量转换、价值转移和信息传递来实现的，合理的结构将能提高系统整体功能和效率，根据整体效应的原理，对整个农业生态系统的结构进行优化设计，利用系统各组分之间的相互作用及反馈机制进行调控，从而提高整个农业生态系统的生产力及其稳定性。

二、生态位原理

（一）生态位理论

生态位又称生态灶，是指生物在完成其正常生活周期时所表现出来的对环境综合适应的特征，是一个生物在生物群落和生态系统中的功能与地位，表示每个生物在环境中所占的阈值大小。如生存空间的大小、食性、每日的和季节性的生态位、对不同环境条件的不同适应等。在自然界里，每一个特定位置都有不同种类的生物，其活动以及与其他生物的关系取决于它的特殊结构、生理和行为，每个物种都有自己独特的生态位，以便与其他物种区别。生态位又可分为空间生态位、营养生态位、基础生态位、超体积生态位和实际生态位等。

(1)空间生态位是指每个物种在群落内中所处的空间位置。

(2)营养生态位是指生物对其食物资源能够实际和潜在占据、利用或适应的部分。

(3)超体积生态位即种群在以资源环境或环境条件梯度为坐标而建立起来的多维空间中所占据的位置。

(4)基础生态位是指一个物种在无别的竞争物种存在时所占有的生态位。基础生态位实际上只是一种理论上的生态位，以假定一个物种种群单独存在，无其他任何竞争环境资源的别的物种的干扰为前提。在这种情况下生态位边界的设定只取决于物理和食物因素。

(5)实际生态位是指有别的物种竞争存在时的生态位。哈钦森在 1958 年最先使用这一术语，他认为生态位是以环境资源为坐标的多维超型空间，假定影响一个具体物种的变量与物种有线性关系，每一变量为一个轴(一维)，如果有三个以上变量就构成了多维超型空间。如果一个物种在无竞争种类存在时，它的生态位的大小就只决定于物理因素和食物因素。但是在通常情况下总是有别的竞争物种存在而要分享环境资源的，因此，生态位的超型空间比它独自占领时的要小，这就是该物种种群的实际生态位。

(二)生态位理论在农业上的应用

各种生物种群在生态系统中都有理想的生态位，在自然生态系统中，随生态演替进行，其生物种群数目增多，生态位丰富并逐渐达到饱和，有利于系统的稳定。而在农业生态系统中，由于人为措施，生物种群单一，存在许多空白生态位，容易使杂草、病虫及有害生物侵入占据。因此，需要人为填补和调整。

利用生态位原理，把适宜的、价值较高的物种引入农业生态系统，以填补空白生态位。如稻田养鱼，把鱼引进稻田，鱼占据空白生态位，鱼既除草、除螟虫，又可促进稻谷生产，还可以产出鱼产品，以提高农田效益。应用生态位原理，应尽量在农业生态系统中使不同物种占据不同的生态位，防止生态位重叠造成的竞争互克，使各种生物相安而居，各占自己特有的生态位，如农田的多层次立体种植、种养结合、水体的立体养殖等，能充分提高生产效率。

立体农业是生态位原理在农业生产中的体现，立体农业可以合理利用自然资源、生物资源和人类生产技能，实现由物种、层次、能量循环、物质转化和技术等要素组成的立体模式的优化。构成立体农业模式的基本单元是物种结构(多物种组合)、空间结构(多层次配置)、时间结构(时序排列)、食物链结构(物质循环)和技术结构(配套技术)。目前立体农业的主要模式有：丘陵山地立体综合利用模式；农田立体综合利用模式；水体立体农业综合利用模式；庭院立体农业综合利用模式。例如，江西省泰和县的千烟洲是一个典型的中亚热带红壤丘陵地区，这里气候资源优越，光热充足，属湿润地区，降水量大，水资源丰富，但是存在着地形地貌复杂、平原面积狭小、水土流失严重、生态环境脆弱等问题。丘陵山区耕作易导致水土流失，宜发展林牧业；缓坡和谷地不易发生水土流失，可发展耕作业；洼地积水易涝，适合发展鱼塘养鱼业。采取“丘上林草丘间塘、缓坡沟谷鱼果粮”的立体布局模式，按照农林作物的生态适应性因地制宜安排相应品种，不仅有利于充分发挥丘陵山地的土地生产潜力，减轻对有限耕地的压力，把大量闲置劳动力转移到丘陵山地的综合开发中去，促进林业、畜牧业和多种经营的发展，增加农民的收入，还有利于改善环境，建立良性生态循环(图 2-12)。

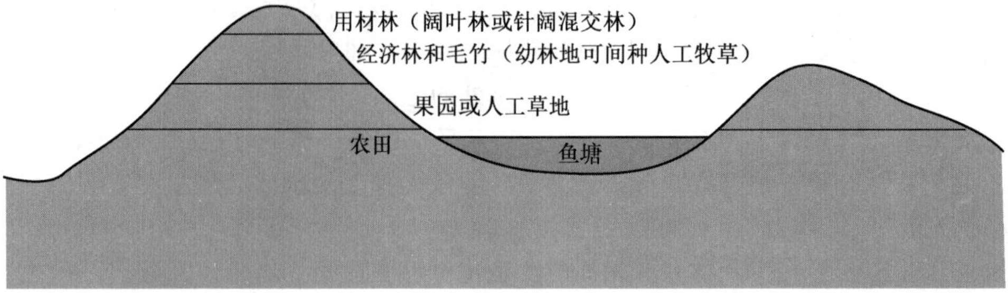

图 2-12 千烟洲立体农业示意图

三、食物链原理

(一)食物链理论

食物链是指生态系统中生物成员之间通过取食与被取食的关系而联系起来的链状结构。食物网是指由许多长短不一的食物链互相交织成复杂的网状关系，食物链的类型可分为捕食食物链、腐食食物链、寄生食物链等。

食物链是一种食物路径，它联系着群落中的不同物种。食物链中的能量和营养素在不同生物间传递。生态系统中的生物虽然种类繁多，但根据它们在能量和物质运动中所起的作用，可以归纳为生产者、消费者和分解者三类。

生产者主要是绿色植物，能用简单的物质制造食物的自养生物，这种功能就是光合作用，也包括一些化学合成细菌，它们也能够以无机物合成有机物，生产者在生态系统中的作用是进行初级生产，生产者的活动是从环境中得到二氧化碳和水，在太阳光能或化学能的作用下合成碳。因此太阳能只有通过生产者，才能不断地输入生态系统中，并转化为化学能，即生物能，成为消费者和分解者生命活动中唯一的能源。

消费者属于异养生物，是指那些以其他生物或有机物为食的动物，它们直接或间接以植物为食。

分解者也是异养生物，主要是各种细菌和真菌，也包括某些原生动物及腐食性动物，如食枯木的甲虫、白蚁以及蚯蚓和一些软体动物等。它们把复杂的动植物残体分解为简单的化合物，最后分解成无机物归还到环境中，被生产者再利用。分解者在物质循环和能量流动中具有重要的意义，因为大约有 90% 的陆地初级生产量都必须经过分解者的作用而归还给大地，再经过传递作用输送给绿色植物进行光合作用，所以分解者又可称为还原者。

食物链越长，营养级层次越多，沿着食物链损失的能量就越多，能量的利用率也就越低。根据这一原理，为了减少物质能量在食物链转化传递过程中的损耗，食物链应尽量缩短，也就是说应尽早从农业生态系统中取出产品，以便把尽量多的物质能量输入人类社会系统，供给人们消费。

(二)食物链原理在农业生产中的应用

根据农业生态系统中能量流动与转化的食物链原理，调整农业生产体系中的营养关系及转化途径。自然生态系统中一般食物链层次多而长，并组成食物链的网络。而农业生态系统中，往往食物链较短且简单，这不仅不利于能量转化和物质的有效利用，而且降低了生态系统的稳定性。为此，生态农业就是要根据食物链原理组建食物链，将各营养级上因食物选择所废弃的物质作为营养源,混合食物链中的相应生物进一步转化利用,使生物能的有效利用率得到提高。生态农业常以农牧结合为核心,将第一性生产与第二性生产有机统一起来,并通过食性选择使食物链加环,使生物能多层次利用,经济效益提高。如谷物喂鸡、鸡粪还田,蚯蚓喂鸡、鸡粪喂猪等形式都是食物链原理的应用。

在生态农业生产中通过食物链的加环,增加农业生态系统的稳定性,提高农副产品的利用率,提高能量的利用率和转化率,食物链加环的类型主要包括增加生产环、引入转化环、引入抑制环等。

在生产中加入一个或几个生产环,能将非经济产品转化为经济产品,如低价值的秸秆、饼粕、部分粮食饲养牛、羊等。在蜜源植物开花之际,人工放蜂,利用蜜蜂的作用,既能增加果树的授粉率,又能获得蜂蜜等经济产品。

(1)增益环。转化产品本身并不能直接为人类需求,而是加大了生产者的效益,称为增益环(图 2-13)。

(2)减耗环。通过引入一个新的环节或增大一个已有的环节,从而减少生产耗损,增加系统生产力,可以取得成本低而又不会造成环境污染的最佳效果。如病虫害的生物防治技术等。

(3)复合环。复合环是指具有两种以上功能的环节,复合环的加入把几个食物链串联在一起,增加系统产出,提高系统效能,起到生产环、增益环、减耗环的多种功能的加环。如种、养结合物质循环利用(图 2-14),在系统中一个生产环节的产出是另一个生产环节的投入,形成一股复合环,使得系统中的废弃物多次循环利用,从而提高了能量的转换率和资源利用率,获得较大的经济效益,并有效防止农业废弃物对农业生态环境的污染。

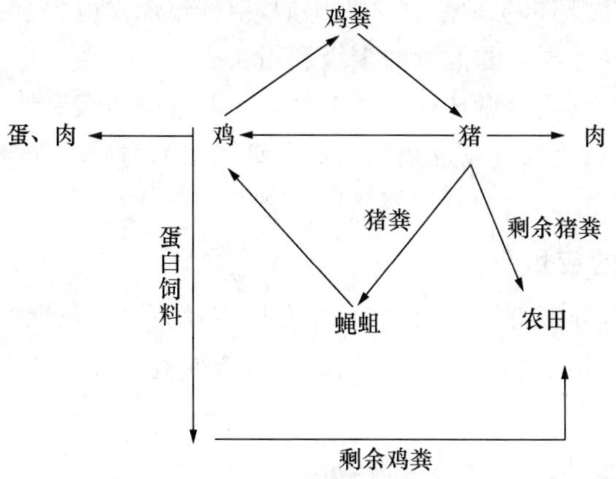

图 2-13　增益示意环

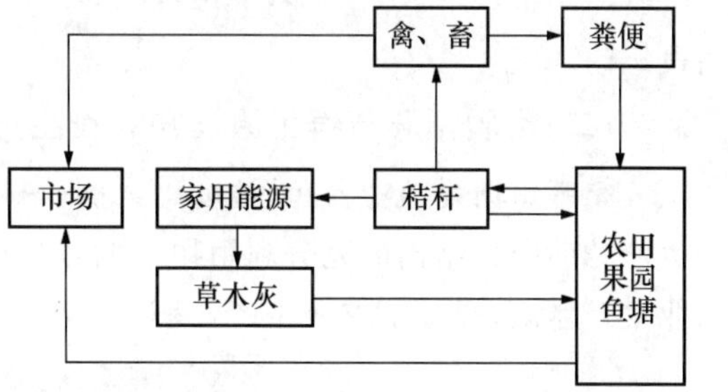

图 2-14　种、养结合物质循环利用模式

四、物质循环与再生原理

(一)物质循环与再生

物质循环与再生是指物质在生态系统中循环往复分层分级利用。生态系统中,生物借助能量的不停流动,一方面不断地从自然界摄取物质并合成新的物质;另一方面又随时分解为原来的简单物质,即所谓“再生”,重新被系统中的生产者所利用。

中国古代的“无废弃物农业”,就是利用物质循环生态工程的最早和最典型的一种模式。

如图 2-15 所示。

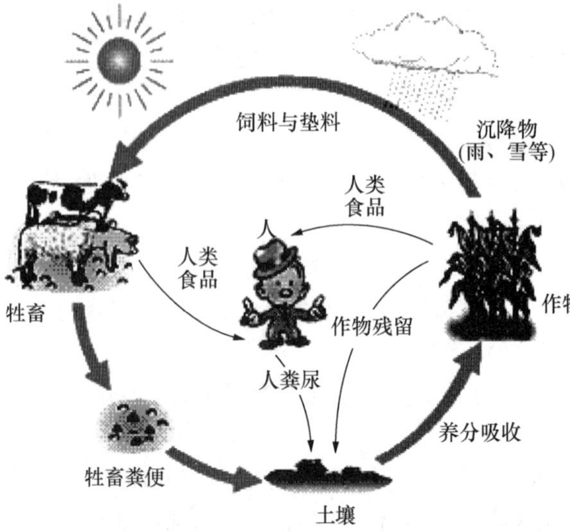

图 2-15 “无废弃物农业”物质与能量流动示意图

任何一个生态系统都有适应能力与组织能力，可以自我维持和自我调节，而其机制是通过生态系统中物质循环利用和能量流动转化。自然生态系统通过对大气的生物固氮而产生氮素平衡机制，从土壤中吸收一定的养分维持生命，然后又通过根茎、落叶、残体腐解归还土壤。

物质循环与再生包括能量多级利用和物质循环再生两层含义。比如，秸秆燃烧发电，发电是指能量，如果秸秆燃烧后作肥料就是物质的循环再生和能量的多级利用。

物质的多级利用和循环再生是有区别的，但物质的循环再生大多包含了能量的多级利用，所以区别不是很大。比如，桑基鱼塘、垃圾的减量化都可以说是能量的多级利用和物质的循环再生。

(二)物质循环与再生原理在农业生产中的应用

桑基鱼塘是池中养鱼、池埂种桑的一种综合养鱼方式(图 2-16)，是我国劳动人民在长期的生产劳动中总结出的充分利用物质循环与再生，将生态效益、经济效益和社会效益三统一的农业生产体系，提高了农业生产效率。

图 2-16 珠三角独特桑基鱼塘效果图

"桑基鱼塘"模式是从种桑开始，通过养蚕而结束于养鱼的生产循环，构成了桑、蚕、鱼三者之间密切的关系，形成池埂种桑，桑叶养蚕，蚕茧缫丝，蚕沙、蚕蛹、缫丝废水养鱼，鱼粪等泥肥肥桑的比较完整的能量流系统。在这个系统里，蚕丝为中间产品，不再进入物质循环；鲜鱼才是终级产品，供人们食用。系统中任何一个生产环节的好坏，也必将影响到其他生产环节。珠江三角洲有句俗谚说"桑茂、蚕壮、鱼肥大，塘肥、基好、蚕茧多"，充分说明了桑基鱼塘循环生产过程中各环节之间的联系。

桑基鱼塘系统中物质和能量的流动是相互联系的，能量的流动包含在物质的循环利用过程中，随着食物链的延伸逐级递减。能量的多级利用和物质的循环再生：桑叶喂蚕，蚕产蚕丝；桑树的凋落物和蚕粪落到鱼塘中，作为鱼饲料，经过鱼塘内的食物链过程，可促进鱼生长。

五、生物种群相生相克及协同进化原理

(一)生物种群的相生相克原理

在生态系统中，任何生物体都不是孤立存在的，生物物种之间存在着相互依存和相互制约的关系，即相生相克关系，长期进化的结果使得各种各样的物种间关系得以发展和稳定。这种相生相克关系表现为正相互作用、负相互作用和中性作用三个方面。

正相互作用一般包括偏利共生、互利共生、原始合作等类型。偏利共生又称单惠共生，是指相互作用的两个种群一方获利，而对另一方则没有什么影响；互利共生是指两种生物长期共同生活在一起，形成相互依赖、直接进行物质交流的共生关系，如天麻与蜜环菌的共生关系；原始合作是指两种生物在一起，彼此各有所得，但两者之间不存在依存关系，分离后都能独立生存。

负相互作用一般包括竞争、捕食和寄生等类型。竞争是指两个生物争夺同一对象(如资源和空间、异性等)而产生的对抗作用；捕食是指一个物种的成员取食另一个物种成员的现象，狭义的捕食仅指动物吃食动物，广义的捕食包括植物、昆虫中的拟寄生者和同种相残；寄生是指一种生物从另一种生物的体液、组织或已消化物质中获取营养并造成对宿主危害的现象。物种间的相互作用如表 2-2 所示。

表 2-2　物种间的相互作用

作用类型	甲物种	乙物种	相互作用的一般特征
中性作用	0	0	两个物种彼此都不受影响
竞争(直接干涉型)	—	—	两个种群直接相互抑制
竞争(间接利用型)	—	—	资源缺乏时，双方受抑制
偏害作用	—	0	种群甲受抑制，种群乙不受影响
捕食作用	+	—	种群甲捕食者得利，乙被食者受抑制
寄生作用	+	—	种群甲寄生者得利，种群乙寄主受抑制
偏利共生	+	0	种群甲共栖者得利，乙寄主不受影响
原始协作	+	+	对种群甲、乙都有利，但不发生依赖关系
互利共生	+	+	对种群甲、乙都有利，并彼此依赖

注：+、—、0 三种符号分别表示对生长和存活产生有利的、抑制的和不产生有意义的影响。

(二)协同进化原理

协同进化包括生物与环境的协同进化以及两个相互作用的物种在进化过程中发展的相互适应的共同进化。

在生态系统中,生物与环境是一个相互作用的统一体。环境影响生物,生物也影响环境。受生物影响而发生变化的环境,反过来又影响生物,使两者处于不断地相互影响和相互协调的进化过程之中,这就是生物与环境的协同进化原理。

生物协同进化是指两个相互作用的物种在进化过程中发展的相互适应的共同进化。一个物种由于另一物种影响而发生遗传进化的进化类型。例如,一种植物由于食草昆虫所施加的压力而发生遗传变化,这种变化又导致昆虫发生遗传性变化。

由于生物个体的进化过程是在环境的选择压力下进行的,而环境不仅包括非生物因素也包括其他生物。因此,一个物种的进化必然会改变作用于其他的生物的选择压力,引起其他生物也发生变化,这些变化又反过来引起相关物种的进一步变化,在很多情况下,两个或更多的物种单独进化常常会相互影响而形成一个相互作用的协同适应系统。

协同进化原理的核心是选择压力来自生物界,而不是非生物界。比如兰花,热带雨林中很多兰花完全依赖某一类蜜蜂传播花粉。兰花不分泌花蜜,但可以通过花瓣分泌细胞释放香气。雄性蜜蜂落在分泌区“沐浴”香气混合物,并带到巢室中贮存,甚至发生化学反应。科学家经过研究揭示,这种香气被用作雄蜂触角腺分泌的复杂激素的生化先遣物,而雄蜂分泌的激素本身则用于吸引雌性。每次进入和离开兰花时,雄蜂则为兰花完成了授粉作用。颇为有趣的是,这些兰花对传粉动物的要求极其细致,体形过大或过小的蜜蜂种类都不适合兰花的形状,因而不能触及其生殖器官。更耐人寻味的是,不同种类的兰花分泌不同类型的香气,而不同种类的蜜蜂选择不同的芳香型,因此,生活在同一区域的兰花各自吸引与其相对应的蜜蜂。

(三)生物种群相生相克及协同进化原理在农业生产中的应用

1. 生物种群的相生相克原理在农业生产中的应用

生物种群的相生相克原理对解决作物合理搭配、生物除草、土壤改良、植被恢复、人工群落的建立、森林抚育更新等工作都具有重要的理论和现实意义。

在农业生产中利用化感作用控制病虫害的,例如,在蔬菜或棉田里间种大蒜、葱、韭菜、辣椒等植物,它们产生的刺激性气味或分泌物能够杀菌和驱避害虫。十字花科蔬菜地均匀间作莴苣、薄荷等含有生物碱、挥发油或其他化学物质的作物,能驱避菜粉蝶。果园种植万寿草或芦笋可使线虫不孕,降低其繁殖率。在梨树、苹果树旁种些金莲花,树根吸收金莲花的分泌物可减轻果树病虫害。马铃薯同大麦间作,能使大麦获得高产量,这不仅是因为它们需要的养分不同,可以充分利用地力,还因为马铃薯的叶子分泌出一种物质,能像生长激素那样促进大麦茁壮成长。相反,小麦和大麻、芥菜、亚麻连作,根就会受到明显的抑制。利用生物之间的化感作用,就能趋利避害,巧种庄稼,种好庄稼。

利用一些特殊微生物的化感作用防治农作物病虫害更有十分广阔的前景。这些物质有的可以作菌肥直接施入土壤,抑制土传病害;有的经过人工培养后,通过提取其释放的抗生物质,生产出高效杀虫、杀菌剂,如井冈霉素等。

如果杂草除了和作物竞争以外还有化感作用，就可能构成更大的危害。田里长了苦荬菜，周围的许多作物包括玉米、高粱等高秆作物都要枯黄。近年来泛滥成灾的紫茎泽兰、薇甘菊都有很强的化感作用，所到之处，其他植物都被抑制，所以危害更大，需要加倍防范。

生物防治是利用天敌和微生物等有益生物种群来抑制和减少病虫害的发生和蔓延。生物防治是建立在生态系统中长期进化的生物种群间形成的食物链的相生相克关系基础上，生物防治技术一般是利用自然界长期进化形成的捕食、寄生和侵染等食物链关系，通过保护和利用或人为加强这些环节来达到控制病虫害种群消长的目的。

2. 生物种群的协同进化原理在农业生产中的应用

自然生态系统是通过生物与环境、生物与生物之间的协同进化而形成的一个不可分割的有机整体。生物与环境是生态环境的两类组分，也是农业生产的基本要素，只有在适宜的生态环境中生存，生物才可能最大限度地利用资源，获得最佳生产力及效益。生物与环境的协同进化是生物在适应环境的同时，也作用于环境，对生态环境有一定的改造，从而使环境与生物平衡发展。

生态农业中运用生物与环境的协同进化原理，首先要根据地域生态环境条件，安排生态适应性较好的生物种群，获得较高的生产力水平，并要特别注重保护生态环境。否则，环境破坏会导致生物与环境的失衡，如水土流失问题、土壤沙化退化以及化肥、农药的不合理施用导致生物种群减少或消失，使农业生产力降低甚至衰退。因此，要积极地通过发展生物种群来改良和保护生态环境，如植树造林、牧场改良及草场治理、合理轮作以及建立自然生态保护区等都可以直接或间接地改善农业生态环境，使生物与环境得到协同发展。

在生物品种选育上的应用，生物的遗传变异是生物进化的内在因素和动力。根据协同进化原理，环境条件的改变会引起生物性状的变异。变异经过长期的积累和加强，达到一定程度时，就会引起生物新陈代谢类型的变化，由量变到质变的飞跃，而把变异遗传给后代。这就是选育生物新品种的理论基础。我们的祖先很早就根据生物与环境协同进化的规律，从野生动植物中选择和培育出丰富多彩的栽培植物和家畜家禽。如水稻起源于我国，早在 4 000 多年前，我国劳动人民就开始把野生稻改造成栽培稻。

学习情境 5 农业生态经济学的基本原理

一、研究对象与范畴

(一)农业生态经济学的研究对象

模块二 学习情境 5
课程 PPT

农业生态经济学是关于人类农业经济活动与自然生态系统相互关系的科学，它以农业生态经济系统的矛盾运动及其规律作为自己的研究对象。其运用生态经济学提供的理论、原理和方法，揭示农业自然再生产过程与经济再生产过程相互关系的客观规律，并在农业再生产过程中的宏观控制与微观经营管理中运用这些规律，实现生态过程与经济过程良性循环，从而达到生态平衡与农业经济协调发展，使生态目标、经济目标及社会目标相统一，使生态效益、经济效益与社会效益相统一。

此外,农业生态经济学还要研究由于环境污染所带来的生态经济问题以及农业企业经营管理过程中的微观生态经济问题。由于农业生态经济学的特殊研究对象和内容,决定了该学科不仅与生态学科、经济学科不同,也与农业资源经济学、农业区划学、农业经济地理学、农业环境经济学、农业技术经济学等学科不同。其最大的区别在于上述各学科主要从经济利益方面,考虑经济规律对经济效益及人们的经济活动的制约。而农业生态经济学则要从生态规律与经济规律的相互关系中考虑人们的经济活动、技术活动方向、方式及其适度规模,以实现生态良性循环与经济良性循环的同步、协调发展。因此,农业生态经济学比上述各学科更强调生态规律、生态平衡对农业经济持续、稳定发展的重要性。

(二)农业生态经济学的研究范畴

农业生态经济学的研究范畴包括农业生态经济系统、农业生态经济产业、农业生态经济消费、农业生态经济效益及农业生态经济制度等。

1.农业生态经济系统

农业生态经济系统又称农业生产系统。农业再生产中由生态、经济和技术三个子系统相互结合形成的有机整体。农业是一个生态经济系统,农业生产是以生物为对象,以土壤、气候等为自然环境,在生态管理和经济规律的共同作用下,通过技术、经济手段,不断提高生物的物质、能量转化效率,满足人类对各种农产品消费需求的一种社会经济活动。

2.农业生态经济产业

生态经济产业就是把产业发展建立在生态环境可承受的基础之上,在保证自然再生产的前提下扩大经济再生产,从而实现经济发展和生态保护的协调发展,以利于建立经济、社会、自然良性循环的复合型生态系统。

农业生态经济产业就是生态农业及依托生态农业开展的第三产业,如生态旅游业等,生态农业是一个农业生态经济复合系统,将农业生态系统同农业经济系统综合统一起来,以取得最大的生态经济整体效益。它也是农、林、牧、副、渔各业综合起来的大农业,又是将农业生产、加工、销售综合起来,以适应市场经济发展的现代农业。

3.农业生态经济消费

生态消费是一种生态化的消费,它是指既符合生产的发展水平,又符合生态生产的发展水平,既有利于人体健康和能满足人的消费需求,又有利于环境保护的一种消费行为。当人们的消费行为具有了生态保护的功能时,这样的消费就是生态消费,生态消费具体表现在:消费品本身是生态型的,包括生产用的原材料和生产工艺,生产过程与环境的关系;生态消费过程是生态型的,在消费品的使用过程中,不会对其他社会成员的工作、生活和周围环境造成伤害;消费结果是生态型的,完成消费品的使用后,不会产生过量的垃圾、噪声、污水、废气等在短期内难以处理的、对环境造成压力与破坏的消费残存物。

4.农业生态经济效益

农业生态经济的本质,就是把农业经济发展建立在农业生态环境可承受的基础之上,在保证自然再生产的前提下扩大经济的再生产,从而实现农业经济发展和生态保护的"双赢",建立经济、社会、自然良性循环的复合型农业生态系统。

农业生态经济效益是农业生态要素与经济要素直接通过技术手段的强化、组合和开发作用所产生的投入产出效率。

二、农业生态经济规律

(一)农业生态经济协调发展规律

农业生态经济协调发展规律是:农业经济系统是农业生态系统的子系统,农业经济系统是以农业生态系统为基础的,人类的农业经济活动要受到农业生态系统的容量的限制;农业生态系统和农业经济系统所构成的农业生态经济系统是一对矛盾的统一体,如果两个系统彼此适应,那么就能达到农业生态经济平衡的结果,如果两个系统彼此冲突,那么就可能出现农业生态经济失衡的状态;人类社会有可能通过认识农业生态经济系统,使自身的农业经济活动水平保持一个适当的“度”,以实现农业生态经济系统的协调发展。这一规律是支配作为农业生态经济有机体的现代经济发展规律全局的基本规律。

农业生态经济协调发展规律具有下列三个特点:

(1)农业生态经济系统的联系性。农业生态经济系统的联系性特点既是指农业生态系统与农业经济系统之间存在广泛的联系,又是指农业生态系统内部、农业经济系统内部、农业生态经济系统内部各要素之间的广泛联系。人类社会不能简单地割裂这种联系,更不能将自己凌驾于自然之上。

(2)农业生态经济系统的矛盾性。农业生态经济系统中存在两大突出矛盾:一是农业经济系统对农业生态系统中自然资源需求的无限增长与生态系统中自然资源供给的有限性之间的矛盾,二是农业经济系统中日益增长的废弃物数量与农业生态系统中环境容量的有限性之间的矛盾。这两对矛盾具有普遍性。因此,人类必须正视它并采取必要的措施,例如,在开采和使用不可再生资源时要充分考虑其替代资源的开发;在开采和使用可再生资源时必须保持资源的开采率和资源增长率之间的平衡,经济系统排放的废弃物要尽可能做到无害化和资源化。

(3)人类经济社会的适应性。虽然人们不能创造规律,但由于有规律可循,人类可以顺应规律。其实,即使是农业生态系统也不是一成不变的。纯自然的农业生态系统几乎不存在,农业生态系统也在不断动态演替。因此,人类可以按照生态规律创新农业生态系统,可以按照农业生态经济规律增强人与自然的协调性。

(二)农业生态产业链规律

农业生态系统的一个重要特征是存在生物链。生物链把生物与非生物、生产者与消费者、消费者与消费者连接成一个整体。能量和物质沿着生物链从一个生物体转移到另一个生物体。不同农业生态系统的组成成分不同,其营养结构的具体表现形式也不尽相同,但其基本形式均表现为由不同营养级位所构成的食物链和食物网。食物网反映了农业生态系统内各种生物之间的营养位置和相互关系。

将农业生态系统中的生物链理论引入农业生态经济系统便产生农业生态产业链规律。农业生态产业链是指某一区域范围内的企业模仿自然生态系统中“发掘者、生产者、消费者和分解者”的生物链关系,以资源(原料、副产品、信息、资金、人才)为纽带形成的具有产业衔接关系的企业联盟。农业生态产业链的形成可以减少废弃物排放甚至是零排放,减轻环境压力和解决资源短缺问题。创造农业生态产业链的系统耗散结构,使整个农业生态产业链表现出系统整体性、有序性、多样性和结构功能可控性,从而达到优化产出、服务于社会和经济的目标。

农业生态产业链有企业内、园区内(企业间)和产业间等多个层次。企业内农业生态产业链是指同一企业不同车间之间所形成的农业生态产业链,即上游车间排放的废弃物成为中游车间的原料投入、中游车间排放的废弃物成为下游车间的原料投入等。

(三)农业生态需求递增规律

需求是消费者在一定时间内在每一价格下对一种商品或服务愿意而且能够购买的数量。需求是消费者的主观愿望与客观能力的统一。从客观能力来看,随着经济社会的迅速发展,人们的收入水平也相应地迅速增长,因此,其支付能力也迅速增长。从主观愿望来看,随着生活水平的提高,人们对生活质量、生命质量的要求日益提高。这两个因素的共同作用,使人们对农业生态产品的需求呈现递增的趋势。

生态需求是消费者对生态环境质量需求和生态经济产品需求的总称。生态供给是生产者对生态环境质量和生态经济产品供给的总称。

生态需求递增规律就是指随着消费者收入水平的上升,消费者的生态需求呈现递增的趋势。根据供求原理可以知道,如果生产者对生态产品的供给保持不变,那么生态需求的递增会导致生态产品价格的上升;如果生产者对生态产品的供给出现递减,那么生态需求的递增会导致生态产品价格的大幅度上升;如果生产者对生态产品的供给增加,那么生态需求的递增会导致生态产品价格的上升趋势得到缓解。因此,针对生态需求的递增趋势,可以通过增加生态供给实现生态产品的供求平衡。

(四)农业生态价值增值规律

农业生态价值增值规律是指农业生态不是无价的自由物品,而是有价的经济资源;随着经济社会的发展,农业生态资源呈现出日益稀缺的趋势,因此,生态价值呈现增值趋势;既然生态价值呈现增值趋势,那么人类可以像进行经济投资一样进行生态投资,实现生态资本的增值;由于生态资本具有公共性和外部性特征,只有建立生态保护补偿机制才能激励人们从事生态投资活动。

党的二十大报告指出"加快发展方式绿色转型。推动经济社会发展绿色化、低碳化是实现高质量发展的关键环节。"

农业生态价值增值规律包括以下几个要点:

第一,农业生态资源是有价的稀缺资源,因此,要树立生态有价论,要进行农业生态经济化。

第二,农业生态资源的稀缺性呈现递增趋势。由于人们对自然资源的需求的无限性和生态系统能够供给的自然资源的有限性之间的矛盾,自然资源的稀缺性程度不断提高。

第三,生态投资是实现农业生态资本增值的必要途径。在生态有价和农业生态经济化的前提下,从事农业生态投资与从事农业经济投资具有同等重要的意义。

第四,依靠制度创新激励农业生态投资。农业生态资源、农业生态产品的特殊属性,要求通过制度创新激励人们的农业生态投资积极性,以保证农业生态资源和农业生态产品的足额供给。

知识拓展

发展生态低碳农业

推进乡村振兴,生态宜居是关键;建设农业强国,生态低碳是方向。发展生态低碳农业是我国农耕文明的内在基因,是破解资源环境约束的有效途径,是中国特色农业强国建设的重要特征。进入新时期,推进农业强国建设,必须立足我国人多地少、人均资源不足的国情农情,把资源承载力和生态环境容量作为约束条件,走资源节约、环境友好的农业可持续发展道路。必须充分考虑耕地、淡水等资源现状,科学使用农业投入品,循环利用农业废弃物,清洁净化产地环境,形成同资源环境承载力相匹配、生产生活生态相协调的农业发展新格局。进入新阶段,我国农业发展必须要追求保供给、保生态、保收入多目标的统一。一方面要把保障 14 亿多人吃饭问题作为底线任务,确保国家粮食安全和重要农产品有效供给,把饭碗牢牢端在自己手上;另一方面要加快转变农业发展方式,摒弃竭泽而渔、焚薮而田、大水大肥、大拆大建的老路,推进农业发展全面绿色转型,实现农业生产、农村建设、乡村生活生态良性循环,守住绿水青山。

发展生态低碳农业的内涵要求有 5 点:一是资源节约,必须合理高效利用耕地、水、光、热、生物等自然资源;二是环境友好,必须切实减少农业生产对生态环境的影响;三是循环利用,必须实现农业资源多途径、多层级充分利用;四是低碳排放,必须在农业生产全过程中减少碳排放、增强固碳能力;五是标准生产,必须按照农业生产各环节纳入规范化生产和管理。

发展生态低碳农业,必须要在绿色技术、绿色品种、绿色装备、绿色投入品的研发和推广应用上下更大功夫,加快科技自主创新,集成配套推广成熟适用技术模式,加快走依靠科技进步支撑的内涵式发展之路。当前,资源环境约束仍然是我国农业强国建设的突出瓶颈。通过大力发展生态低碳农业,能够破解农业资源长期透支、农业面源污染、种养循环不畅、农业生态系统退化、优质农产品供给不足等难题。

发展生态低碳农业,要深刻把握资源节约、环境友好、循环利用、低碳排放、标准生产等内涵要求,当前要做好 5 个方面的工作:

一是推进农业资源利用节约化。落实最严格的耕地保护制度,加快高标准农田建设,加强退化耕地治理修复。提高水资源利用效率,加强农业灌溉水渠配套,加大地下水超采治理力度,在适宜地区积极发展旱作农业。

二是推进农业投入品减量化。以粮食作物科学精准施肥、经济作物减量增效施肥为方向,深入推进化肥精准减量。以农药品种升级、施药机械升级、规范市场销售、规范施药作业为重点,深入推进农药减量增效。以加厚高强度地膜推广应用为替代,从源头上解决农田“白色污染”问题。

三是推进农业废弃物资源化。加强畜禽粪污高效管理，完善粪污处理设施装备，规范就地就近还田作业，加快由“治”向“用”转变。分区分作物推广秸秆科学还田模式，完善秸秆收储运体系，加快秸秆产业化开发，实现秸秆高值高效利用。

四是推进产业模式生态化。健全耕地轮作休耕制度，完善有机肥施用政策，推进农牧结合、种养循环。加快生态农场和低碳乡村建设，深入推进产业生态化和生态产业化。统筹推进山水林田湖草沙系统治理，防治外来物种侵害，提升农业生态系统多样性、稳定性、持续性。

五是推进生产链条绿色化。大力推进品种培优、品质提升、品牌打造和标准化生产，建设绿色农业产业园区，加快农产品加工绿色转型，完善农产品绿色流通体系，促进绿色农产品消费，构建绿色低碳循环的农业产业体系。

实训1　进行生态系统调查

一、实训目的

1.掌握生态系统的组成部分：生产者、消费者、分解者、非生物环境。

2.掌握常用的生态系统调查方法。

二、方法与原理

生态系统结构上包括两大组分：环境组分和生物组分。环境组分包括四方面：辐射、气体、水、土体。生物组分包括生产者、大型消费者和小型消费者（分解者）。生态系统调查过程中取样是最重要的工作之一，样本的某些结论常用于作为整体种群的假设上，所以，取样步骤必须正确，否则判断就会无效。

三、材料与工具

样方框、测绳、钢卷尺、海拔仪、调查表、铅笔、橡皮、植物标本夹、枝剪、小铲、植物野外采集记录表、标签、计算器等。

四、内容与步骤

(1)确定调查对象。

(2)选取样方：必须选择一个该种群分布较均匀的地块，使其具有良好的代表性。

(3)计数：计数每个样方内该种群数量。

(4)计算：取各样方的平均值。

将全班学生按5～6人一组分成几个小组，到学校周边植被状况较好的地方，随机选取3～4个重复样方，草本样方面积可设为1 m×1 m，如遇到灌木、半灌木或乔木，可将样方设置为10 m×10 m。然后对样方内植物和动物进行测定与观察。然后用表2-3进行记录。

表 2-3　样方调查记录

群落名称：　　面积：　　编号：　　层次名称：
层高度：　　层盖度：　　调查时间：　　记录者：

编号	植物	花序高度/m	叶层/m	冠径/m	丛径/m	株丛数	盖度/%	物候期	生活力	备注

将上述表格中数据整理后，可计算如下群落数量指标：

(1)密度。每一种群单位空间的个体数(或作为其指标的生物量)称为种群密度，也称为个体密度或栖息密度。

$$种群密度=\frac{一个样方内某种植物的个体数}{样方面积}$$

相对密度是某一物种的个体数占全部物种个体数的百分比。

$$相对密度=\frac{某个种的个体数}{全部种的总株数}\times 100\%$$

(2)频度。频度是指含有某个种的样方数占全部样方数的百分比。

$$频度=\frac{某种植物出现的样方数}{样方总数}\times 100\%$$

相对频度是指该种植物的频度占全部频度之和的百分比。

$$相对频度=\frac{某个种的频度}{全部种的总频度}\times 100\%$$

(3)重要值。重要值是研究某个种在群落中的作用和地位的综合数量指标，是相对密度、相对频度和相对优势度的总和。

五、作业

1. 在野外调查过程中，如何确定样方的大小？
2. 重要值的意义是什么？在农业生产实践中有什么作用？

实训 2　分析农业生态系统的结构

一、实训目的

农业生态学研究的对象是农业生态系统，对具体的农业生态系统结构与功能了解后对其进行评价、分析，增加学生对农业生态学理论知识的理解，进而增强理论联系实际的能力。

二、方法与原理

农业生态系统的结构包括生物组分的物种结构(多物种配置)、空间结构(多层次配置)、时间结构(时序排列)、食物链结构(物质多级循环)以及这些生物组分与环境组分构成的格局。

三、材料与工具

海拔仪、调查表、铅笔、橡皮、照相机、计算器等。

四、内容与步骤

对不同的典型农业生态区域开展观察和调查。如山地—丘陵坡地—平原耕地—沿海湿地系列,农村—远郊—近郊系列。也可以选择同一地点但结构和功能有明显差异的两个系列开展观察和调查。例如,单一种果的农场与畜—沼—果结合的农场对比,单一种植业结构与种养结合结构的对比,秸秆与畜禽废物循环利用系统与没有正确处理利用的系统对比等。

无论采用哪种方式,都应对每一个系统开展结构与功能的调查,并在调查数据的基础上进行评价和分析。同时,可访问农场或农户,了解该生产单位的情况。

1. 物种结构的调查

调查该地区农、畜、禽、果、林、渔等农业生物种类,或是农业复合类型,以及农户作为家庭经济收入的类型,并且各生物间构成的量比关系。如图 2-17 所示。

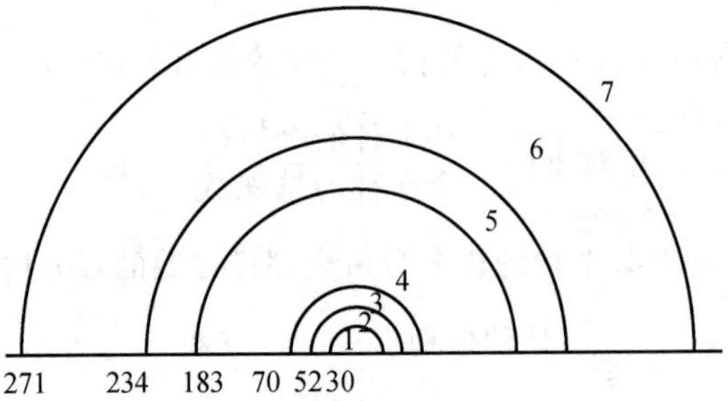

1. 自由农作圈 2. 林业圈 3. 轮作农业圈 4. 谷物农作圈
5. 三圃式农作圈 6. 畜圈 7. 自然区域

图 2-17 杜能的农业圈层

2. 空间结构的调查

(1)水平结构。对农业区域按照距离中心城市由近及远的方法将每一个圈层的农业生物进行调查分析,最后进行阐述说明,应包括种植面积、产量、种植制度等。

(2)垂直结构。调查并分析农业生态系统垂直结构的成因。生态因子中海拔高度、光照、温度、水分等。

(3)营养结构。调查该农业生态系统所涉及到的食物链,通过食物链进行的物质循环及能量流动过程用图解方式进行解释说明。其中包含食物链的加环或解裂。

五、作业

1. 对所调查的农业生态系统结构进行系统的描述与说明。
2. 制出所调查农业生态系统的物质流和能量流的平衡表和关系图。

3.评价调查对象的生产结构合理性和可持续性。

模块小结

本模块系统介绍了生态学的基础知识、生态系统的组成与结构、生态系统的物质循环和能量流动过程，重点阐述了种群、群落及生态系统的概念和基本特征；介绍了自然界中的水循环、碳循环、氮循环；对生态农业建设的五个基本原理分别进行了阐述，结合农业生态经济学的相关知识，介绍了农业生态的几个经济规律，并提出了农业生态经济综合指标体系。结合目前新形势，又将发展生态低碳农业作为拓展知识供同学们阅读，以拓宽知识面。

学练结合

一、名词解释

1.种群　2.种内竞争　3.种间关系　4.生态位　5.群落　6.生态系统　7.食物链　8.食物网　9.生态金字塔　10.林德曼效应

模块二
学练结合参考答案

二、填空

1.生物地球化学循环可分为________和________两个基本类型。

2.种群的基本特征包括以下四个方面：________、________、________、________。

3.种群的年龄结构也可以分成________型、________型、________型。

4.生物群落可以从________群落、________群落和________群落这三个不同角度来研究。

5.农业生态经济的规律主要有________、________、________等。

三、判断正误

1.生态系统是生物分类学单元，也是个功能单元。(　　)

2.一个种群在自然界都可以孤立存在，也可以与其他物种的种群一起形成群落。(　　)

3.生物群落是生态系统中具有生命的部分，生命的特征是不停地运动，群落也是如此。(　　)

4.一块草地、一个池塘都可看作一个生态系统。(　　)

5.蚯蚓、白蚁、秃鹫都是分解者。(　　)

6.自然生态系统中营养级的数目是无限的。(　　)

7.食物链越往上，生物数量越多；越往下，生物数量越少。(　　)

8.能量从上一个营养级传递到下一个营养级，平均传递效率为10%～20%。(　　)

四、分析思考题

1.简述群落的性质及基本特征。

2.概述生态系统的组分、结构及基本特征。

3.目前有关生态系统的研究，主要集中在哪些方面？

4.论述农业生态系统的特点及农业生态系统的调节与控制机制。

5. 概述自然界的物质循环和能量流动过程。
6. 画一张生态系统能量流动示意图,并加以说明。
7. 试分析生态农业建设的基本原理及生态经济学原理。
8. 食物链与食物网有哪些区别？又有何联系？

推荐阅读

1. 打造多元共生的生态系统。
2. 中国的碳达峰和碳中和将如何实现。
3. 自然界的水循环。
4. 生态系统中的能量流动。

模块二　推荐阅读

模块三
生态农业的技术类型与模式

学习目标

【知识目标】

1. 了解生态农业的技术类型，并掌握其中的基本理论。了解生物、环境、物质、能量之间的相互关系。

2. 掌握生态农业的基本模式，了解国内的应用情况和比较成功的案例。

3. 了解设施农业的相关技术知识。

【能力目标】

1. 能根据生态农业原理，设计立体种植、立体养殖、种养结合及有机物质多层次利用技术方案。

2. 能够分析不同技术模式的优缺点，根据相应原理提出改进措施。

3. 能根据当地情况，因地制宜，选择设施农业技术类型。

【素质目标】

1. 教育学生树立立体农业设计的理念，通过实施立体种植、立体养殖等技术，实现农业增效、农民增收。

2. 通过参与“三下乡”活动，使学生了解合理的立体种植、立体养殖、立体种养等相应的农业经营模式。

3. 教育学生要“学农、爱农、献身农业”，为实现乡村振兴战略贡献自己的力量。

模块导读

生态农业技术是传统农业与现代农业生物技术的有机结合，是劳动密集型与技术密集型产业的结合，具有因地制宜建立多元化农业为一体的结构，也是农业资源的深度开发与利用的结合，因此，它具有明显的区域性及整体优化功能。本模块介绍了生态农业八种基本的技术类型和六种常用的模式，每一种技术类型和模式配有相应的案例，让学生了解生态农业在生态环保、充分利用资源等方面的显著优势。通过学习使学生初步掌握自然界中生物与环境之间的相互关系，根据当地的实际条件并参考案例，设计出合理的立体种植、立体养殖、立体种养等相应的技术类型，并能对实施结果做出预测和分析。为了贯彻党的二十大报告精神，顺应新时代农业高质量发展的要求，又将设施农业技术相关内容融入本模块中。

知识导图

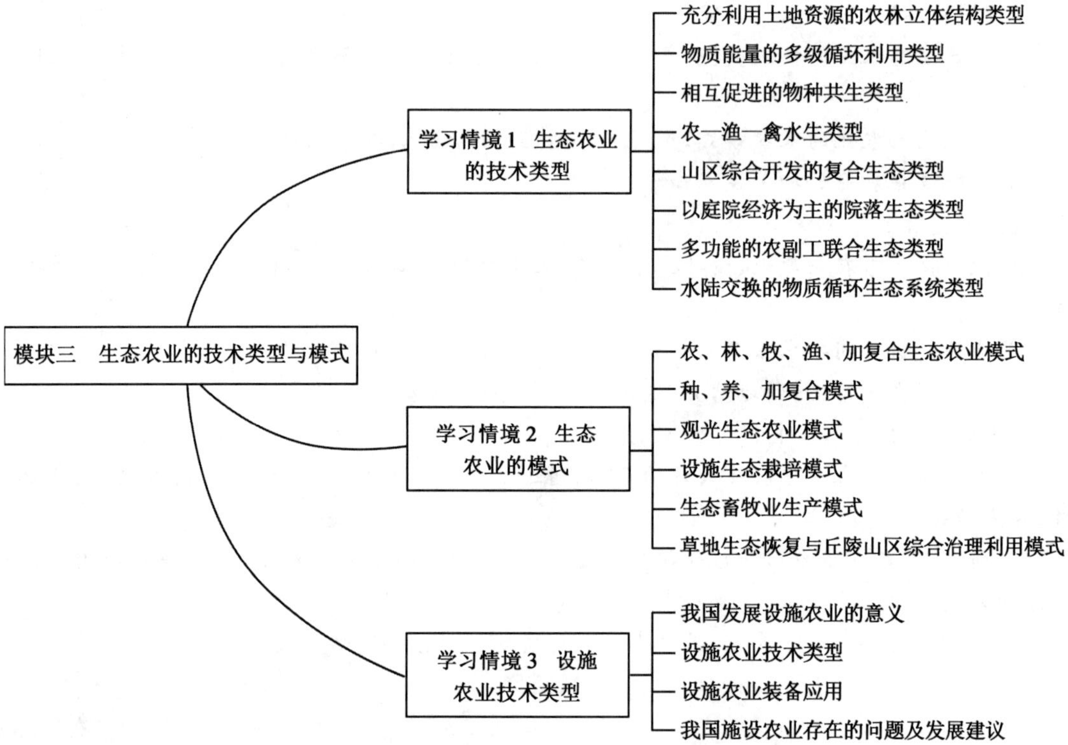

学习情境 1　生态农业的技术类型

一、充分利用土地资源的农林立体结构类型

模块三　学习情境 1
课程 PPT

农业生产中单一种群落的物种多样性低，资源利用率低，抗逆能力弱，其稳产高产的维持依赖于外部人工能量的持续输入，由此带来生产成本高、产品竞争力弱等问题。立体种植则是利用自然生态系统中各生物种的特点，通过合理组合，建立各种形式的立体结构，以达到充分利用空间、提高生态系统光能利用率和土地生产力、增加物质生产的目的。农业中的立体结构是空间上多层次和时间上多顺序的产业结构，其目标是实现资源的充分、有效利用。

植物立体结构的设计要充分考虑物种本身的生物学特性，在组建植物群体的垂直结构时，需充分考虑地上结构（茎、枝、叶的分布）与地下结构（根的分布）情况，合理搭配作物种类，使群体能最大限度地、均衡地利用不同层次的土壤水分和养分，同时达到种间互利、用养结合的效果。例如，高秆与矮秆作物的间作套种模式、果园间作花生或蔬菜等。

农林立体模式林业生产的立体结构主要是根据林木的立地条件，通过乔、灌、草三层（上、中、下）对林中时空资源进行充分合理开发利用，并根据生物共生、互生原理，选择和确定主要种群与次要种群，建造共存共荣的复合群落。农林系统是指在同一地块上，将农作物生产与林业、畜牧业生产同时或交替地结合起来，使得土地总生产力得以提高的持续性土地经营系统。例如“林果—粮经”立体生态模式、枣—粮间作和桐—棉间作模式。

按照生态经济学原理使林木、农作物（粮、棉、油），绿肥、鱼、药（材）、（食用）菌等处于不同的生态位，各得其所，相得益彰，既充分利用太阳辐射能和土地资源，又为农作物形成一个良好的生态环境。这种生态农业类型在我国普遍存在，数量较多。大致有以下几种形式：

（1）各种农作物的轮作、间作与套种。主要类型有：豆、稻轮作，棉、麦、绿肥间套作，棉花、油菜间作，甜叶菊、麦、绿肥间套作。

（2）农林间作。农林间作是充分利用光、热资源的有效措施，我国采用较多的是桐—粮间作和枣—粮间作，还有少量的杉—粮间作。

（3）林药间作。此种间作主要有吉林省的林、参间作，江苏省的林下栽种黄连、白术、绞股蓝、芍药等的林药间作。

林药间作不仅大大提高了经济效益，而且塑造了一个山青林茂、整体功能较高的人工林系统，大大改善了生态环境，有力地促进了经济、社会和生态环境向良性循环发展。

除了以上的各种间作以外，还有海南省的胶—茶间作，种植业与食用菌栽培相结合的各种间作如农田种菇、蔗田种菇、果园种菇等。

二、物质能量的多级循环利用类型

农业生态系统的物质循环和能量转化，是通过农业生物之间以及它们与环境之间的各种途径进行的，系统的各营养级中的生物组成（即食物链构成）是人类按生产目的而精心安排的。另外，农业生态系统各营养级的生物种群，都是在人类的干预下执行各种功能，输出各种人类

需求的产品。如果人们遵循生物的客观规律，按自然规律来配置生物种群，通过合理的食物链加环，为疏通物质流、能量流渠道创造条件，那么生态系统的营养结构就更科学合理。

农业生态系统与其他陆地生态系统一样，其营养结构包括地上部分营养结构和地下部分营养结构，地上部分营养结构通过农田作物和禽、畜、鱼等生物，把无机环境中的二氧化碳、水、氮、磷、钾等无机营养物质转化成为植物和动物等有机体；地下部分营养结构是通过土壤微生物，把动物、植物等有机体及其排泄物分解成无机物。因此，地上生物之间、地下生物之间以及地下与地上生物之间，物质及能量可以相互利用，从而达到共生和增产的目的。

农业生产上可模拟不同种类生物群落的共生功能，包含分级利用和各取所需的生物结构，在短期内取得显著的经济效益。例如，利用秸秆生产食用菌和蚯蚓等的生产设计，秸秆还田是保持土壤有机质的有效措施，但秸秆若不经过处理直接还田，则需要很长时间的发酵分解，才能发挥肥效。在一定的条件下，利用糖化过程先把秸秆变成饲料，然后利用家畜的排泄物及秸秆残渣培养食用菌；生产食用菌的残余料再用于繁殖蚯蚓，最后才把剩下的残物返回农田，收效就会好很多，且增加了沼气生产、食用菌栽培、蚯蚓养殖等产生的直接经济效益。如图 3-1 所示。

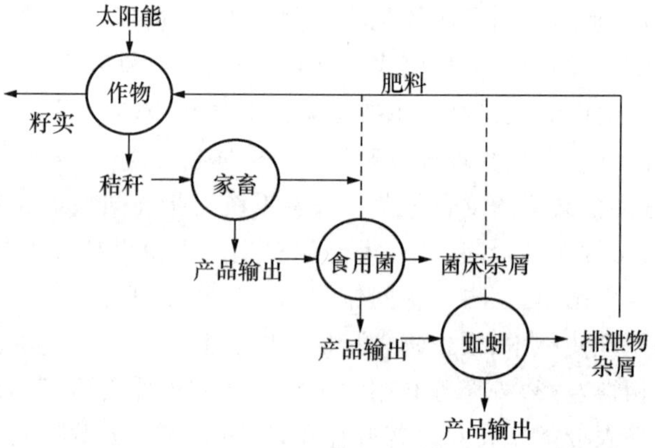

图 3-1 利用秸秆生产食用菌和蚯蚓等的生产设计

三、相互促进的物种共生类型

该模式是按生态经济学原理把两种或三种相互促进的物种组合在一个系统内，达到共同增产，改善生态环境，实现良性循环的目的。这种生物物种共生模式在我国主要有稻田养鱼、稻田养蟹、鱼蚌共生、禽鱼蚌共生、稻鱼萍共生、苇鱼禽共生、稻鸭共生等多种类型。

例如，高效稻鱼共生系统（田面种稻，水体养鱼，鱼粪肥田），就是把种植业和水产养殖业有机结合起来的立体生态农业生产方式，它符合资源节约、环境友好、循环高效的农业经济发展要求。稻田养鱼在遵义市被誉为“四小工程”：①小粮仓，稻田养鱼稳定了粮食生产；②小银行，实施稻田养鱼后 1 亩稻田可增加 500～1 000 元的收入；③小化肥厂，实施稻田养鱼后土壤氮、磷、钾的含量增加了 70%左右；④小水窖，实施稻田养鱼后每亩稻田增加蓄水 80～100 m^3，连片实施 1 000 亩，相当于建一座小型水库，可以抵御 15～20 d 的干旱。同时又达到了“四增”“四节”的效果。“四增”即增粮、增鱼、增肥、增收，“四节”即节地、节肥、节工、节支。稻鱼共生互利，相互促进，形成了良好的共生生态系统。

四、农—渔—禽水生类型

该生态系统是充分利用水资源优势，根据鱼类等各种水生生物的生活规律和食性以及在水体中所处的生态位，按照生态学的食物链原理进行组合，以水体立体养殖为主体结构，以充分利用农业废弃物和加工副产品为目的，实现农—渔—禽综合经营的农业生态类型。这种系统有利于充分利用水资源优势，把农业的废弃物和农副产品加工的废弃物转变成鱼产品，变废为宝，减少了环境污染，净化水体。特别是该系统再与沼气相结合，用沼渣和沼液作为鱼的饵料，使系统的产值大大提高，成本更低。这种生态系统在江苏省太湖流域和里下河水网地区较多。例如，江苏省盐城市董村，过去仅单一生产粮食，近年来，该村通过在种植业中实行用养结合，以有机肥为主，培养提高地力，粮食、棉花、油菜大幅度增产。利用食物链发展养殖业，将150 t饲料粮和稻草骨粉等原料加工成300 t配合饲料，饲养1 500只蛋鸡，用鸡粪加配合饲料喂养了900多头肥猪，猪粪投入沼气池和用来养鱼，使原来价值仅有4万元的粮食和饲草等材料，通过多层次利用，产值达到了23万元，经济效益增加了4.75倍，并为市场提供了蛋、鸡、猪、鱼等食品。利用加工链多层次利用农副产品，主要是加工配合饲料。发展沼气，提高生物能利用率。用沼渣种蘑菇或养蚯蚓，塘泥用来养蚯蚓，采收蘑菇后的菌渣和蚯蚓粪施用于农田，为粮、棉、菜等农作物提供肥料(图3-2)。

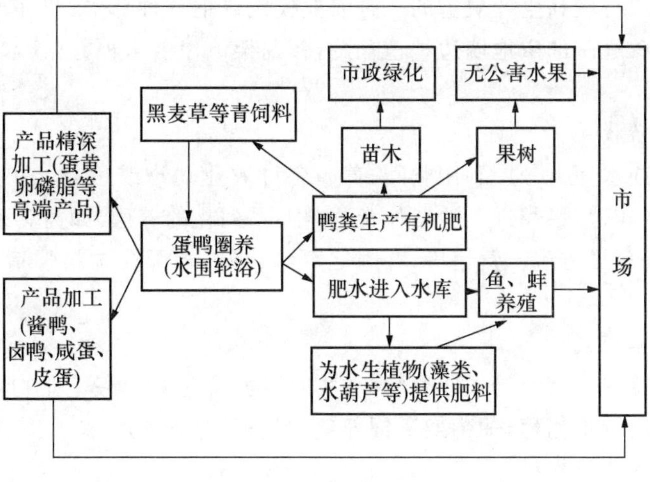

图3-2　农—渔—禽水生系统

五、山区综合开发的复合生态类型

这是一种以开发低山丘陵地区资源，充分利用山地资源的复合生态农业类型，通常的结构模式为：林—果—茶—草—牧—渔—沼气，该模式以畜牧业为主体结构。一般先从植树造林、绿化荒山、保持水土、涵养水源等入手，着力改变山区生态资源，然后发展牧业和养殖业。根据山区自然条件、自然资源和物种生长特性，在高坡处栽种果树、茶树；在缓平岗坡地引种优良牧草，大力发展畜牧业，饲养奶牛、山羊、兔、禽等草食性畜禽，其粪便养鱼；在山谷低洼处开挖精养鱼塘，实行立体养殖，塘泥作农作物和牧草的肥料。这种以畜牧业为主的生态良性循环模式无三废排放，既充分利用了山地自然资源优势，获得较好的经济效益，又保护了自然生态环境，达到经济、生态和社会的同步发展。例如，江西省泰和县千烟洲是典型的红壤丘陵地区，通过中国科学院南方山区考察队和当地地方科技部门的合作，通过发展立体农业，成功地闯出了一条经济有效的农业开发利用的路子。千烟洲开发治理的成功经验，就是因地制宜，挖掘自然资源潜力，通过改变土地利用结构，调整农业生产结构，从过去的以粮食为主转变为现在的以林业为主，建立立体的农业生产体系，从而充分发挥地区农业资源的优势。这种“用材林—经济林或毛竹—果园或人工草地—农田—鱼塘”的农业布局形式，被人们形象地称为“丘上林草丘间塘、缓坡沟谷果鱼粮”。千烟洲充分利用山地资源的复合生态农业类型，为丘陵山区综合开发探索出一条新路。

六、以庭院经济为主的院落生态类型

这是在我国最近几年迅速发展起来的一种农业生态工程技术类型，这种模式的特点是以庭院经济为主，把居住环境和生产环境有机地结合起来，以达到充分利用每一寸土地资源和太阳辐射能，并用现代化的技术手段经营管理生产，以获得经济效益、生态环境效益和社会效益协调统一。这对充分利用每一寸土地资源和农村闲散劳动力，保护农村生态环境具有十分重要的意义。庭院经济模式具有灵活性、经济性、高效性、系统性的优点。

1. 庭院立体种植模式

利用不同的植物种类和品种，依据庭院不同的生态条件，多方位、多层次充分利用光、热、水、气及庭院空间，取得较高生产效益的一种农业模式。把各种林木、花卉、果树、蔬菜、药材等植物相互搭配。沿着庭院的空地墙边种植葡萄，葡萄架下建苗床种蘑菇(木耳)，四周可种植一些观赏花卉等。

2. 庭院立体养殖模式

在庭院的地面或水面上分层利用空间，养殖各种农业动物或鱼类。在南方的庭院池塘中养鱼，池塘上层搭架养鸭，鸭粪进入池塘作鱼饲料。系列化的养殖，如肉鸡系列化养殖，从引进父母代开始到孵化、育雏、产蛋、营销等，并附之养猪，将鸡粪配合饲料喂猪，猪粪养蚯蚓，蚯蚓喂鸡。

3. 庭院立体种养模式

这是一种在庭院内合理布局农业生物(动物、植物、微生物)，使它们分层利用空间的种养结合方式。如庭院内种植葡萄，葡萄架下饲养兔(鸡、猪)等。

4. 庭院种养加立体开发模式

在庭院内将种植、养殖、加工、沼气合理搭配成“四位一体”模式。庭院内安装饲料加工设备，地下建沼气池，在大棚中种植蔬菜(花卉)、养猪(鸡)，饲料养猪，猪粪进沼气池，沼液、沼渣作为种植业的肥料，形成“种—养—加—沼”良性循环的生产模式。

七、多功能的农副工联合生态类型

生态系统通过完整的代谢过程——同化和异化，使物质在系统中循环不息，这不仅保持了生物的再生，并通过一定的生物群落与无机环境的结构调节，使得各种成分相互协调，达到良性循环的稳定状态。这种结构与功能统一的原理，用于农村工农业生产布局，即形成了多功能的农副工联合生态系统，也称城乡复合生态系统。这样的系统往往由 4 个子系统组成，即农业生产子系统、加工工业子系统、居民生活区子系统和植物群落调节子系统。它的最大特点是将种植业、养殖业和加工业有机地结合起来，组成一个多功能的整体。

多功能农、副、工联合生态系统是当前我国农业生态工程建设中最重要、也是最多的一种技术类型，并已涌现出很多成功典型，如北京市大兴区留民营村、江苏省吴江县桃源乡等。

八、水陆交换的物质循环生态系统类型

食物链是生态系统的基本结构，通过初级生产、次级生产、加工、分解等完成代谢过程，完成物质在生态系统中的循环。

桑基鱼塘是比较典型的水陆交换生产系统，是我国广东省、江苏省农业中多年行之有效的多目标生产体系，目前已成为推广较为普遍的生态农业类型。该系统由2个或3个子系统组成，即基面子系统和鱼塘子系统。前者为陆地系统，后者为水生生态系统，两个子系统中均有生产者和消费者。第三个子系统为联系系统，起着联系基面子系统和鱼塘子系统的作用。桑基鱼塘是由基面种桑、桑叶喂蚕、蚕沙养鱼、鱼粪肥塘、塘泥为桑施肥等各个生物链所构成的完整的水陆相互作用的人工生态系统(图3-3)。在这个系统中通过水陆物质交换，使桑、蚕、鱼、菜等各业得到协调发展，桑基鱼塘使资源得到充分利用和保护，整个系统没有废弃物，处于一个良性循环之中。

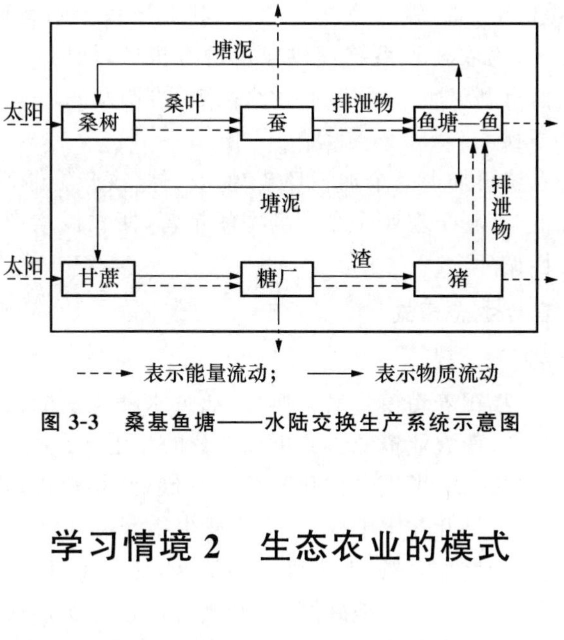

图3-3 桑基鱼塘——水陆交换生产系统示意图

学习情境2 生态农业的模式

一、农、林、牧、渔、加复合生态农业模式

模块三 学习情境2
课程PPT

(一)农、林、牧、加复合生态模式

农、林、牧、加复合生态农业模式主要包括农林复合生态模式、林牧复合生态模式、农林牧复合生态模式和农林牧加复合生态模式4个基本类型。

1. 农林复合生态模式

此模式分布较广，类型较为丰富，主要有农林模式、农果模式、林药模式、农经模式等。农林模式在我国北方广大地区已普遍采用，尤其在黄河平原风沙区农田营造防护林，有效地控制了风沙灾害，改善了农田小气候，起到了保肥、保苗和保墒作用。保证了农作物的稳产丰收，常

见的有点、片、条、网结合农田防护林，桐—粮间作和杨—粮间作等模式。

农果模式是以多年生果树与粮食、棉花、蔬菜等作物间作。常见的有枣—粮、柿—粮、杏—粮和桃—粮间作等模式。林—药模式是依据林下光照弱、温度低的特点，在林下栽种黄连、芍药等，使不同的生态位合理组配。农经模式是以多年生的灌木与粮食、牧草、油料及一年生草本经济作物进行间作，主要的搭配有茶粮、桑草、桐（油桐）豆、茶（油茶）瓜等。

主要技术包括林果种植、动物养殖以及种养搭配比例等。配套技术包括饲料配方技术、疫病防治技术、草生栽培技术和地力培肥技术等。以湖北的林—鱼—鸭模式、海南的胶林养鸡和养牛最为典型。

2. 林牧复合生态模式

该模式是在林地或果园内放养各种经济动物，以野生取食为主，辅以必要的人工饲养，生产较集约化，养殖更为优质、安全的多种畜禽产品，其品质接近有机食品。主要有林—鱼—鸭、胶林养牛（鸡）、山林养鸡、果园养鸡（兔）等典型模式。

3. 农林牧复合生态模式

林业子系统为整个生态系统提供了天然的生态屏障，对整个生态系统的稳定起着决定性的作用；农业子系统则提供粮、油、蔬、果等农副产品；牧业子系统则是整个生态系统中物质循环和能量流动的重要环节，为农业子系统提供充足的有机肥，同时生产动物蛋白。因此，农、林、牧三个子系统的结合，有利于生态系统的持续、高效、协调发展。

4. 农林牧加复合生态模式

农、林、牧复合生态系统再加上一个加工环节，使农、林、牧产品得到加工转化，能极大地提高农、林、牧产品的附加值，有利于农产品在市场中的销售，使农民增产增收，整个复合生态系统进入生态与经济的良性循环。

（二）农、牧、渔、加复合生态模式

1. 农、渔复合生态模式

农、渔复合生态模式以稻田养鱼模式最为典型，通过水稻与鱼的共生互利，在同一块农田上同时进行粮食和渔业生产，使农业资源得到更加充分的利用。在稻田养鱼生态模式中，运用生态系统共生互利原理，将鱼、稻、微生物优化配置在一起，互相促进，达到稻鱼增产增收。水稻为鱼类栖息提供荫蔽条件，枯叶在水中腐烂，促进微生物繁衍，增加了鱼类饵料，鱼类为水稻疏松表层土壤，提高通透性和增加溶氧，促进微生物活跃，加速土壤养分的分解，供水稻吸收，鱼类为水稻消灭害虫和杂草，鱼粪为水稻施肥，培肥地力。这样所形成的良性循环优化系统，其综合功能增强，向外输出生物产量能力得以提高。

2. 农、牧、渔复合生态模式

农、牧、渔模式将农、牧、渔、食用菌和沼气合理组装，在提高粮食生产的同时，开展物质多层次多途径利用，发展畜禽养殖，使粮、菜、畜、禽、鱼和蘑菇均得到增产，经济收入逐步提高。

3. 农、牧、渔、加复合生态工程技术模式

以德惠市为例，通过兴建大型肉鸡、肉牛等肉类加工厂和玉米、大豆、水稻等粮食加工厂，搞好农畜产品的转化和精深加工，实现种植业、养殖业、加工业相配套，建设生产与生态良性循环的农牧渔加工业复合型农业生态模式。每年可加工转化粮食 1×10^6 t，实现牧业产值 18 亿元，工业产值 80 亿元，利税 18 亿元，出口创汇 2 亿美元，安排农村劳动力 6 万人，增加农民收入 4.3 亿元，人均增收 580 元。增加市财政收入 5 亿元，基本实现全市粮食产品—饲料产品—

畜禽产品—畜禽深加工产品的农、牧、工、贸之间的良性循环，形成以市场为导向，以加工企业为龙头，以农户为基础，产、加、销一条龙，贸、工、农一体化的良性生态经济系统。

二、种、养、加复合模式

该模式是将种植业、养殖业和加工业结合在一起，相互利用相互辅助，以达到互利共生，增产增值为目的的农业生态模式。种植业为养殖业提供饲料饲草，养殖业为种植业提供有机肥，种植业和养殖业为加工业提供原料，加工业产生的下脚料为养殖业提供饲料。其中利用秸秆转化饲料技术、利用粪便发酵和有机肥生产技术是平原农牧业持续发展的关键技术。例如，用豆类做豆腐、以小麦磨面粉等，以加工厂的下脚料（如豆渣、麸皮）喂猪，猪粪入沼气池，沼肥再用于种植无公害水稻、蔬菜等；沼气可用于烧饭和照明。

1. 鱼—桑—鸡模式

池塘内养鱼，塘四周种桑树，桑园内养鸡。鱼池淤泥及鸡粪作桑树肥料，蚕蛹及桑叶喂鸡，蚕粪喂鱼，使桑、鱼、鸡形成良好的生态循环。实验表明，每 5 000 kg 桑叶喂蚕，蚕粪喂鱼，可增加鱼产量 25 kg，年产鸡粪 1 200 kg，相当于给桑园施标准氮肥 18 kg、磷肥 17.5 kg。

2. 鸡—猪—鱼模式

饲料喂鸡，鸡粪喂猪，猪粪发酵后喂鱼，塘泥作肥料。以年养 100 只鸡计算，将鸡粪喂猪，可增产猪肉 100 kg，猪粪喂鱼可增捕成鱼 50 kg，加上塘泥作肥料，合计可增收 1 000 元。

3. 牛—鱼模式

将杂草、稻草或牧草氨化处理后喂牛，牛粪发酵后喂鱼，塘泥作农田肥料。两头牛的粪可饲喂 1 亩水塘的鱼，年增产成鱼 200 kg。

4. 牛—蘑菇—蚯蚓—鸡—猪—鱼模式

利用杂草、稻草或牧草喂牛，牛粪作蘑菇培养料，用蘑菇采收后的下脚料繁殖蚯蚓，蚯蚓喂鸡，鸡粪发酵后喂鱼，鱼塘淤泥作肥料。

5. 家畜—沼气—食用菌—蚯蚓—鸡—猪—鱼模式

秸秆经氨化、碱化或糖化处理后喂家畜，家畜粪便和饲料残渣制沼气或培养食用菌，食用菌下脚料繁殖蚯蚓，蚯蚓喂鸡，鸡粪发酵后喂猪，猪粪发酵后喂鱼，沼渣和猪粪养蚯蚓，将残留物养鱼或作肥料。

6. 鸡—猪模式

用饲料喂鸡，鸡粪再生处理后喂猪，猪粪作农田肥料。每 40 只肉仔鸡 1 年的鸡粪可养 1 头肥猪(从仔猪断奶至育肥到 75 kg)。

7. 鸡—猪—牛模式

用饲料喂鸡，鸡粪再生处理后喂猪，猪粪处理后喂牛，牛粪作农田肥料。这样可大大减少人、畜、粮的矛盾，有效地降低饲料成本。

三、观光生态农业模式

该模式是指以生态农业为基础，强化农业的观光、休闲、教育和自然等多功能特征，形成具有第三产业特征的一种农业生产经营形式。主要包括高科技生态农业园、精品型生态农业公园、生态观光村和生态农庄 4 种模式。

（一）高科技生态农业观光园

主要以设施农业（连栋温室）、组培车间、工厂化育苗、无土栽培、转基因品种繁育、航天育种、克隆动物育种等农业高新技术产业或技术示范为基础，并通过生态模式加以合理连接，再配以独具观光价值的珍稀农作物、养殖动物、花卉、果品以及农业科普教育（如农业专家系统、多媒体演示）和产品销售等多种形式，形成以高科技为主要特点的生态农业观光园。

技术组成：设施环境控制技术、保护地生产技术、营养液配制与施用技术、转基因技术、组培技术、克隆技术、信息技术、有机肥施用技术、保护地病虫害综合防治技术、节水灌溉与水肥一体化技术等。

典型案例 1：北京锦绣大地农业科技园。北京锦绣大地股份有限公司占地 12 000 亩，分为南区和北区。南区在海淀区四季青乡，约 5 000 亩，主要从事工厂化农业、转基因动植物生产、生物制药、中药及中兽药的研发和产业化、安全食品交易、生态观光农业，是典型的高科技生态农业观光园。

典型案例 2：北大荒唐都生态园。该生态园位于哈尔滨市香坊区。园区以“景观园林”为特色，本着“生态造园”的设计理念，遵照“缩地移景、配置适宜、小中见大、浅中知深、融入文化、诗情画意、蕴含丰富、雅俗共赏”的设计原则，追求“融观赏性、实用性、艺术性、科学性为一体”的设计目标，突出“绿色、科技、人文”三大主题，营造出优良和谐的自然生态环境，同时配合独特巧妙的造型设计、珍奇的植物，强大的高科技专业设施设备支持系统，充分地满足了消费者对天然绿色生态环境的时尚追求，创造自然、和谐的人文活动空间，步入唐都生态园可尽情享受舒适、典雅、温馨以及与大自然和谐为一的美好意境。

唐都生态园在充分考虑哈尔滨消费者对生态园林环境需求的情况下，力求在造园过程中兼顾以山、水、植物、风景和古建筑的真实自然环境为特色，通过保障温度、湿度，使餐厅内空气清新湿润，创造纯天然的“负氧离子空间”。走进唐都生态园，温暖湿润的自然气息扑面而来，造型别致的餐桌、休闲椅、包房，巧妙地融入花丛绿树、碧海山石之间，给人以回归自然的美好感受。

典型案例 3：山东德州市夏津高科技生态观光园。该园区总面积 500 余亩，始建于 1997 年，以森林、奇果、花卉为景观主体，以生态科技为支撑，以天人合一的生态文脉为特色，是一处集游览观光、科普环保、学术研究等多功能于一体的生态科技旅游地，是远近闻名的林果苗木培育基地、农业良种示范园及农业科学教育基地，园内名花异草、奇珍异果甚多，美国紫苜蓿、墨西哥玉米及桃、李、杏、梨错落满园。北方落叶果树盆景及名优花卉园正在建设中，是学科学、赏盆景、采果实的理想去处。

典型案例 4：珠海生态农业观光园。该园区坐落在珠海市三灶镇春花园村的农业观光园，是金湾区一个以绿色农业为特色，集果树、垂钓、榨油、烧烤等为一体，自耕自收、自得其乐的很有吸引力的旅游项目，用地 120 多亩，投入资金 150 多万元。

（二）精品型生态农业公园

农业主题公园就是采用生态园模式进行观光园内农业的布局和生产，将农业活动、自然风光、科技示范、休闲娱乐、环境保护等融为一体，实现生态效益、经济效益与社会效益的统一。通过生态关系将农业的不同产业、不同生产模式、不同生产品种或技术组合在一起，建立具有观光功能的精品型生态农业公园。一般包括粮食、蔬菜、花卉、水果、瓜类和特种经济动物养殖精品生产展示、传统与现代农业工具展示、利用植物塑造多种动物造型、利用草坪和鱼塘以及盆花塑造各种观赏图案与造型，形成综合观光生态农业园区。

技术组成：景观设计、园林设计、生态设计技术，园艺作物和农作物栽培技术，草坪建植与管理技术等。

典型案例 1：北戴河集发生态农业观光园。北戴河集发生态农业观光园是全国首家 4A 级生态农业观光景区，每年上百万的游客来园观光游览。根据功能特点观光园分为特种蔬菜种植示范区、名贵花卉种植示范区、特种畜禽养殖示范区和休闲餐饮娱乐区四大区域。

依靠高科技农业，园区集观赏性、参与性、娱乐性、趣味性于一体，充分展示了科技、农业、观光与娱乐的完美结合。

生态农业项目包括：①四季花园：由热带雨林植物、热带沙漠植物和南国花卉 3 个观赏区组成，共种植有 150 多个珍贵品种的观赏植物。②四季菜园：采用基质和水培等先进的栽培技术，以及立柱式、墙壁式、牵引式等立体种植方法种植各种蔬菜，形成“蔬菜树”“水上菜”等奇特景观。③四季果园：聚集了从热带到温带的各种果树 500 多株，近 50 个品种，其中热带果树有百香果、龙眼、荔枝、莲雾果、枇杷、香蕉、菠萝蜜、阳桃等二十几个优良品种，形成了北半球百果大聚会的奇观。④四季瓜园：采用先进的箱式、槽式等基质无土栽培方法，水上种植技术，种植有数十种世界著名瓜果。⑤娃娃鱼、农家小动物。

典型案例 2：河北省沙河市利多生态农业公园。利多生态农业公园由沙河利多实业有限公司于 2013 年启动建设，公园计划投资 42.6 亿元，规划面积 2 万亩。公园总体定位为体现现代农业之美与田园景观、乡土风情的国家农业公园，根植于冀南地区农耕文明与沙河乡土文化基因之中，以现代精致农业为内核，以乡村休闲旅游为导向，以构建邢台农业核心引擎和展示窗口为根本，集现代农业示范博览、农业科技研发、农产品加工贸易、休闲观光度假、康养于一体的特色农业新典型、“三产”融合新农园的田园综合体，性格鲜明的生态农业特色小镇。

（三）生态观光村

生态观光村专指已经产生明显社会影响的生态村，它不仅具有一般生态村的特点和功能（如村庄经过统一规划建设、绿化美化环境卫生清洁管理，村民普遍采用沼气、太阳能或秸秆气化，农户庭院进行生态经济建设与开发，村外种、养、加生产按生态农业产业化进行经营管理等），而且由于具有广泛的社会影响力，已经具有较高的参观访问价值，具有较为稳定的客流，可以作为观光产业进行统一经营管理。

技术组成：村镇规划技术、景观与园林规划设计技术、污水处理技术、沼气技术、环境卫生监控技术、绿化美化技术、垃圾处理技术、庭院生态经济技术等。

典型案例：北京市大兴区的留民营村、浙江省杭州市的藤头村。

（四）生态农庄

一般由企业利用特有的自然和特色农业优势，经过科学规划和建设，形成具有生产、观光、休闲度假、娱乐乃至承办会议等综合功能的经营性生态农庄，这些农庄往往具备赏花、垂钓、采摘、餐饮、健身、狩猎、宠物乐园等设施与活动。

技术组成：自然生态保护技术、自然景观保护与持续利用规划设计技术、农业景观设计技术、人工设施生态维护技术、生物防治技术、水土保持技术、生物篱笆建植技术等。

典型案例：福建白沙湾生态农庄。生态农庄涵盖农耕文化、农业观赏、农俗体验及乡村娱乐休闲项目，是农业知识普及与亲身实践为一体的生态旅游景区，吸引了许多游客前来体验田园生活和休闲娱乐。园区里还引进了全国最大的植物主题迷宫乐园，还有农家体验、农家餐饮、农家购物、犁田耕地、瓜果采摘以及珍禽观赏、山地狩猎等。各种项目间相互补充，满足了各类人群的需求。

四、设施生态栽培模式

设施生态农业是指通过以有机肥料全部或部分替代化学肥料（无机营养液）、以生物防治和物理防治措施为主要手段进行病虫害防治、以动、植物的共生互补良性循环等技术构成的新型高效生态农业模式。

（一）设施清洁栽培模式

1. 设施生态型土壤栽培

通过采用有机肥料（固态肥、腐熟肥、沼液等）全部或部分替代化学肥料，同时采用膜下滴灌技术，使作物整个生长过程中化学肥料和水资源能得到有效控制，实现土壤生态的可恢复性生产。

技术组成：主要包括有机肥料生产加工技术、设施环境下有机肥料施用技术、膜下滴灌技术、栽培管理技术等。

2. 有机生态型无土栽培

通过采用有机固态肥（有机营养液）全部或部分替代化学肥料，采用作物秸秆、玉米芯、花生壳、废菇渣以及炉渣、粗砂等作为无土栽培基质取代草炭、蛭石、珍珠岩和岩棉等，同时采用滴灌技术，实现农产品的无害化生产和资源的可持续利用。

技术组成：主要包括有机固态肥（有机营养液）的生产加工技术、有机无土栽培基质的配制与消毒技术、滴灌技术、有机营养液的配制与综合控制技术、栽培管理技术等。

如新疆昌吉推广的水培牧草，见图 3-4。

图 3-4 日光温室内水培牧草(小麦)

3. 生态环保型设施病虫害综合防治模式

通过以天敌昆虫为基础的生物防治手段以及一批新型低毒、无毒农药的开发应用，减少农药的残留；通过环境调节、防虫网、银灰膜避虫和黄板诱虫等物理手段的应用，减少农药用量，使蔬菜品种及品质明显提高。

技术组成：以昆虫天敌为基础的生物防治技术；以物理防治为基础的生态防病、土壤及环境物理灭菌、叶面微生态调控防病等生态控病技术体系。

(二)设施种养结合生态模式

通过温室将蔬菜种植、畜禽(鱼)养殖有机地组合在一起而形成的质能互补、良性循环型生态系统。目前,这类温室已在辽宁、黑龙江、山东、河北和宁夏等省(自治区)得到较大面积的推广。

1.温室“畜—菜”共生互补生态农业模式

主要利用畜禽呼吸释放出的二氧化碳供给蔬菜作为气体肥料,畜禽粪便经过处理后作为蔬菜栽培的有机肥料来源,同时蔬菜在同化过程中产生的氧气等有益气体供给畜禽来改善养殖生态环境,实现共生互补。

技术组成:主要包括“畜—菜”共生温室的结构设计与配套技术,畜禽饲养管理技术,蔬菜栽培技术,“畜—菜”共生互补合理搭配的配套技术,温室内氨气、硫化氢等有害气体的调节控制技术。

2.温室“鱼—菜”共生互补生态农业模式

利用鱼的营养水体作为蔬菜的部分肥源,同时利用蔬菜的根系净化功能为鱼池水体进行清洁净化。

技术组成:“鱼—菜”共生温室的结构与配套技术,温室水产养殖管理技术,蔬菜栽培技术,“鱼—菜”共生互补合理搭配的配套技术,水体净化技术。

(三)设施立体生态栽培模式

1.温室“果—菜”立体生态栽培模式

利用温室果树的休眠期、未挂果期地面空间空闲的阶段,选择适宜的蔬菜品种进行间作套种。

2.温室“菇—菜”立体生态培养模式

通过在温室过道、行间距空隙地带放置食用菌菌棒,进行“菇—菜”立体生态栽培。

3.温室“菜—菜”立体生态栽培模式

利用藤式蔬菜与叶菜类蔬菜空间利用上的差异,进行立体栽培,夏天还可利用藤式蔬菜为喜阴蔬菜遮阳。

技术组成:①设施工程技术:包括温室的选型,结构设计,配套技术的应用,立体栽培设施的工程配套等;②脱毒抗病设施栽培品种的选用;③品种的搭配;④立体栽培设施的水肥管理技术;⑤病虫害综合防治技术。

五、生态畜牧业生产模式

生态畜牧业生产模式是利用生态学、生态经济学、系统工程和清洁生产理论及方法进行畜牧业生产的过程,其目的在于保护环境、资源永续利用,同时生产优质的畜产品。

生态畜牧业生产模式的特点是在畜牧业全程生产过程中既要体现生态学和生态经济学的理论,也要充分利用清洁生产工艺,从而生产优质、无污染和健康的农畜产品。该模式的成功关键在于实现饲料基地、饲料及饲料生产、养殖及生物环境控制以及废弃物综合利用和畜牧业粪便循环利用等环节能够实现清洁生产,实现无废弃物或少废弃物生产过程。现代生态畜牧业根据规模和与环境的依赖关系分为复合型生态养殖场和规模化生态养殖场两种生产模式。

(一)复合型生态养殖场生产模式

该模式主要特点是以畜禽动物养殖为主，辅以相应规模的饲料粮(草)生产基地和畜禽粪便施用土地，通过清洁生产技术生产优质畜产品。根据饲养动物的种类可以分为以猪为主的生态养殖场生产模式，以草食家畜(牛、羊)为主生态养殖场生产模式，以禽为主的生态养殖场生产模式和以其他动物(兔、貂等)为主的生态养殖场生产模式。

技术组成：①无公害饲料基地建设：通过饲料粮(草)品种选择，土壤基地的建立，土壤培肥技术，有机肥制备和施用技术，平衡施肥技术，高效低残留农药施用等技术配套，实现饲料原料清洁生产目的。主要包括禾谷类、豆科类、牧草类、根茎瓜类、叶菜类、水生饲料。②饲料及饲料清洁生产技术：根据动物营养学，应用先进的饲料配方技术和饲料制备技术，根据不同畜禽种类、长势进行饲料配制，生产全价配合饲料和精料混合料。作物残体(纤维性废弃物)营养价值低，或可消化性差，不能直接用作饲料。但如果将它们进行适当处理，即可大大提高其营养价值和可消化性。目前，秸秆处理方法有机械(压块)、化学(氨化)、生物 (微生物发酵)等处理技术。国内应用最广泛的是青贮和氨化。③养殖及生物环境建设：畜禽养殖过程中利用先进的养殖技术和生物环境建设，达到畜禽生产的优质、无污染，通过禽畜舍干清粪技术和疫病控制技术，使畜禽生长环境优良，无病或少病发生。④固液分离技术和干清粪技术：对于水冲洗的规模化畜禽养殖场，其粪尿采用水冲洗方法排放，即污染环境浪费水资源，也不利于养分资源利用。采用固液分离设备首先进行固液分离，固体部分进行高温堆肥，液体部分进行沼气发酵。同时为减少用水量，尽可能采用干清粪技术。⑤污水资源化利用技术：采用先进的固液分离技术分离出液体部分在非种植季节进行处理达到排放标准后排放或者进行畜水贮藏，在作物生长季节可以充分利用污水中水肥资源进行农田灌溉。⑥有机肥和有机无机复混肥制备技术：采用先进的固液分离技术，固体部分利用高温堆肥技术和设备，生产优质有机肥和商品化有机-无机复混肥；⑦沼气发酵技术：利用畜禽粪污进行沼气发酵和沼肥生产，合理地循环利用物质和能量，解决燃料、肥料、饲料矛盾，改善和保护生态环境，促进农业全面、持续、良性发展，促进农民增产增收。

典型案例：陕西省陇县奶牛奶羊农牧复合型生态养殖场、江苏省南京市古泉村禽类实验农牧复合型生态养殖场、浙江省杭州市佛山养鸡场、辽宁省大洼县西安生态养殖场等。

(二)规模化生态养殖场生产模式

该模式主要特点是以大规模畜禽动物养殖为主，但缺乏相应规模的饲料粮(草)生产基地和畜禽粪便施用土地场所，因此，需要通过一系列生产技术措施和环境工程技术进行环境治理，最终生产优质畜产品。根据饲养动物的种类，该模式可以分为规模化养猪场生产模式、规模化养牛场生产模式和规模化养鸡场生产模式。

技术组成：①饲料及饲料清洁生产技术；②养殖及生物环境建设；③固液分离技术；④污水资源化利用技术；⑤有机肥和有机-无机复混肥制备技术；⑥沼气发酵技术。

另外，生态养殖场产业化经营是现代畜牧业发展的必然趋势，是生态养殖场生产的一种科学组织与规模化经营的重要形式。商品化和产业化生态养殖场生产主要包括饲料饲草的生产与加工、优良动物新品种的选育与繁育、动物的健康养殖与管理、动物的环境控制与改善、畜禽粪便无害化与资源化利用、动物疫病的防治、畜产品加工、畜产品营销和流通等环节构成。科学合理地确定各生产要素的连接方式和利益分配，从而发挥畜禽产业化各生产要素专业化和社会化的优势，实现生态畜牧业的产业化经营。

目前，国内规模化养殖场的典型有蒙牛集团、伊利集团、江西赣州八戒王国养猪基地（年出栏生猪100万头）等。

六、草地生态恢复与丘陵山区综合治理利用模式

（一）草地生态恢复与持续利用模式

草地生态恢复与持续利用模式是遵循植被分布的自然规律，按照草地生态系统物质循环和能量流动的基本原理，运用现代草地管理、保护和利用技术，在牧区实施减牧还草，在农牧交错带实施退耕还草，在南方草山草坡区实施种草养畜，在潜在沙漠化地区实施以草为主的综合治理，以恢复草地植被，提高草地生产力，遏制沙漠东进，改善生存、生活、生态和生产环境，增加农牧民收入，使草地畜牧业得到可持续发展。

1. 牧区减牧还草模式

针对我国牧区草原退化、沙化严重，草畜矛盾尖锐，直接威胁着牧区和东部广大农区的生态和生产安全的现状。通过减牧还草，恢复草原植被，草原生态系统能重新进入良性循环，实现牧区的草畜平衡和草地畜牧业的可持续发展，使草原真正成为保护我国东部生态环境、防止西部沙漠化的屏障。

配套技术：①饲草料基地建设技术，水源充足的地区建立优质高产饲料基地，无水源条件的地区选择条件便利的旱地建立饲料基地，满足家畜对草料的需求，减轻家畜对天然草地的放牧压力，为家畜越冬贮备草料；②草地围封补播植被恢复技术，草地围封后禁牧2～3年或更长时间，使草地植被自然恢复，或补播抗寒、抗旱、竞争性强的牧草，加速植被的恢复；③半舍饲、舍饲养技术，牧草禁牧期、休牧期进行草料的贮备与搭配，满足家畜生长和生产对养分的需求；④季节畜牧业生产技术，引进国内外优良品种对当地饲养的家畜进行改良，生长季划区轮牧和快速育肥结合，改善生产和生长性能；⑤可再生能源利用技术，应用小型风力发电机，太阳能装置和暖棚，满足牧民生活、生产用能，减缓冬季家畜掉膘，减少薪柴砍伐，提高牧民的生活质量。

2. 农牧交错带退耕还草模式

在农牧交错带有计划地退耕还草，发展草食家畜，增加畜牧业的比例，实现农牧耦合，恢复生态环境，遏制土地沙漠化，增加农民的收入。

配套技术：①草田轮作技术，牧草地和作物田按一定比例播种种植，2～3年后倒茬轮作，改善土壤肥力，增加作物产量和牧草产量；②家畜异地育肥技术，购买牧区的架子羊、架子牛，利用农牧交错带饲料资源和秸秆的优势，进行集中育肥，再进入市场；③优质高产人工草地的建植利用技术，选择优质高产牧草建立人工草地用于牧草生产或育肥幼畜放牧，解决异地育肥家畜对草料的需求；④可再生能源利用技术，在风能、太阳能利用的基础上增加沼气的利用。

3. 南方山区种草养畜模式

我国南方广大山区1 000 m海拔以上地区，水热条件好，适于建植人工草地来饲养牛羊，具有发展新西兰型高效草地畜牧业的潜力。利用现代草原建植技术建立"白三叶＋多年生黑麦草"人工草地，选择适宜的载畜量，对草地进行合理的放牧利用，使草地得以持续利用，草地畜牧业的效益大幅度提高。

配套技术：①人工草地划区轮牧技术，"白三叶＋多年生黑麦草"人工草地在载畜量偏高或偏低的情况下均会出现草地退化，优良牧草逐渐消失，控制适宜载畜量并实施划区轮牧可保证

优良牧草比例的稳定，使草地得以持续利用；②草地植被改良技术，南方草山原生植被营养价值不适于家畜利用，先对天然草地植被重牧，之后施入磷肥，对草地进行轻耙，将所选牧草种子播种于草地中，可明显提高播种牧草的出苗率和成活率；③家畜宿营法放牧技术，将家畜夜间留宿在放牧围栏内，以控制杂草、控制虫害、调控草地的养分循环，维持优良牧草比例；④家畜品种引进和改良技术，通过引进优良家畜品种对当地家畜进行改良，利用杂种优势提高家畜的生产性能，提高草畜牧业生产效率。

4. 沙漠化土地综合防治模式

干旱、半干旱地区因开垦和过度放牧使沙漠化土地面积不断增加，以每年 2 000 km^2 的速率发展，严重威胁着当地人民的生活和生产安全。根据荒漠化土地退化的阶段性和特征，综合运用生物、工程和农艺技术措施，遏制土地荒漠化，改善土壤理化性质，恢复土壤肥力和草地植被。

配套技术：①少耕、免耕覆盖技术，潜在沙漠化地区的农耕地实施高留茬少耕、免耕。②乔灌围网、牧草填格技术，土地沙漠化农耕或草原地区采取乔木或灌木围成林（灌）网，在网格中种植多年生牧草，增加地面覆盖。特别干旱的地区采取与主风向垂直的灌草隔带种植。③禁牧休耕、休牧措施，具有潜在沙漠化的草原或耕地采取围封禁牧休耕，或每年休牧 3～4 个月，恢复天然植被。④再生能源利用技术，如风能、太阳能和沼气利用。

5. 牧草产业化开发模式

在农区及农牧交错区发展以草产品为主的牧草产业，种植优良牧草实现草田轮作，增加土壤肥力，改造中低产田，减少化肥造成的环境污染，同时有利于奶业和肉牛、肉羊业的发展。运用优良牧草品种、高产栽培技术、优质草产品收获加工技术，以企业为龙头带动农民进行牧草的产业化生产。

配套技术：①高蛋白牧草种植管理技术，以苜蓿为主的高蛋白牧草的水肥平衡管理，病虫杂草的防除；②优质草产品的收获加工技术，采用先进的切割压扁、红外监测适时打捆、烘干等手段，减少牧草蛋白的损失，生产优质牧草产品；③产业化经营，以企业为龙头，实行“基地＋农户”的规模化、机械化、商品化生产。

（二）丘陵山区综合治理利用模式

我国丘陵山区约占国土面积的 70%，这类区域的共同特点是地貌变化大、生态系统类型复杂、自然物产种类丰富，其生态资源优势使得这类区域特别适于发展农林、农牧或林牧综合性特色生态农业。

1.“围山转”生态农业模式与配套技术

这种生态农业模式的基本做法是：依据山体高度不同因地制宜布置等高环形种植带，农民形象地总结为“山上松槐戴帽，山坡果林缠腰，山下瓜果梨桃”。这种模式合理地把退耕还林还草、水土流失治理与坡地利用结合起来，恢复和建设了山区生态环境，发展了当地农村经济。等高环形种植带作物种类的选择因纬度和海拔高度而异，关键是作物必须适应当地条件，并且具有较好的水土保持能力。例如，在宁夏、甘肃等半干旱区，选择耐旱力强的沙棘、柠条、仁用杏等经济作物建立水土保持作物条带等。另外，要注意在环形条带间穿播布置不同收获期的作物类型，以便使坡地终年保存可阻拦水土流失的覆盖作物等高条带。建设坚固的地埂和地埂植物篱，也是强化水土保持的常用措施。云南哈尼族梯田历经数千年不衰也证实了生态型梯地利用的可持续性。广西的龙脊梯田群规模宏大，全部的梯田分布在海拔 300～1 100 m，最大坡度达 50°，一层层从山脚盘绕到山顶，层层叠叠，高低错落。其线条行云流水，其规模磅礴壮观，是目前桂林旅游的一个重要组成部分。

配套技术：等高种植带园田建设技术；适应性作物类型选择技术；地埂和植物篱建设工程技术；多种作物类型选择配套和种植、加工技术等。

2. 生态经济沟模式与配套技术

该模式是在小流域综合治理中通过荒地拍卖、承包形式建立起来的一类治理与利用结合的综合型生态农业模式。小流域既有山坡也有沟壑，水土流失和植被破坏是突出的生态问题。按生态农业原理，实行流域整体综合规划，从水土治理工程措施入手，突出植被恢复建设，依据沟、坡的不同特性，发展多元化复合型农业经济，在平缓的沟地建设基本农田，发展大田和园林种植业；在山坡地实施水土保持的植被恢复措施，因地制宜地发展水土保持林、用材林、牧草饲料和经济林果种植（等高种植），综合发展林果、养殖、山区土特产和副业（如编织）等多元经济。目前主要是通过两种途径来发展该模式：一种是依靠政府综合规划和技术服务的帮助，带动多个农户业主共同建设；另一种是单一或几家业主联合承包来建设，这要求业主必须具有一定的基建投资能力和综合发展多元经济的管理、技术能力。

配套技术：水土流失综合治理规划技术；水土流失治理工程技术；等高种植和梯田建设技术；地埂植物篱技术；保护性耕作技术；适应植物选择和种植技术；土特产种养和加工技术；多元经济经营管理技术等。

3. 西北地区“牧—沼—粮—草—果”五配套模式与配套技术

该模式主要适应西北高原丘陵农牧结合地带，以丰富的太阳能为基本能源，以沼气工程为纽带，以农带牧、以牧促沼、以沼促粮、草、果种植业，形成生态系统和产业链合理循环的体系。

配套技术：太阳能暖圈技术；沼气工程技术；沼渣、沼液利用技术；水窖贮水和节水技术；粮草果菜种植技术；畜禽养殖技术；农畜产品简易加工技术等。

4. 生态果园模式及配套技术

生态果园模式也适用于平原果区，但在丘陵山地区应用最广泛。该模式基本构成包括：标准果园（不同种类的果类作物）、果林间种牧草或其他豆科作物，林内有的结合放养林蛙，果园内有的建猪圈、鸡舍和沼气池，有的还在果树下放养土鸡以帮助除虫。生态果园与传统果园相比，具有生态系统构成单元多，系统稳定性强、产出率高，病虫害少和劳动力利用率高等优点。

配套技术：生物防治技术；生物间协作互利原理应用技术；果、草（豆科作物）种植技术；草地土鸡放养技术；沼气工程和沼气（渣、液）合理利用技术等。

学习情境 3　设施农业技术类型

模块三　学习情境 3
课程 PPT

一、我国发展设施农业的意义

设施农业是在环境因素相对可控的条件下，采用工程技术手段，进行动、植物高效生产的一种现代农业方式。它是采用人工技术手段，改变自然光温条件，创造优化动、植物生长的环境因子，使之能够全天候生长的设施工程。设施农业涵盖设施种植、设施养殖和设施食用菌生产等。

我国人口已超过14亿,而耕地面积只有约19亿亩,人均耕地面积不足世界平均水平的1/2,长期以来,人多地少是限制我国农业发展的重要因素之一。设施栽培是露天种植产量的3.5倍,发展设施农业是解决我国人多地少问题的最有效途径。截至2022年,我国设施农业面积达到7 500万亩,已占世界总面积的88%以上,其中95%以上是利用聚烯烃温室大棚膜覆盖。我国设施农业已经成为世界上面积最大的利用太阳能的工程,绝对数量优势使我国设施农业进入量变—质变转化期,技术水平越来越接近世界先进水平。

各地资源状况、气候条件、生产水平和耕作制度有差异,各省(自治区、直辖市)都分别针对不同类别设施农业的发展要求,科学规划了本地设施农业的发展战略。但是技术推广和市场营销是设施农业发展的关键,很多成熟的蔬菜基地没有额外补贴,农民自己购买高端的覆盖材料,取得了良好的效益。有些地方政府大力扶持设施农业发展,多数效果很好,但也有购买材料搭建设施时购买到劣质产品的,这样就达不到理想效果。在重视补贴设施栽培的同时,应当重视覆盖材料的技术进步,特别是将一年期覆盖的温室大棚膜转换成多年覆盖的;鼓励生产长期无滴无雾的镜面膜;鼓励研制长效防尘抗污染的高性能功能膜。这样农民就能得到丰厚的回报,即便补贴少一些甚至没有补贴,农民积极性仍会很高。

二、设施农业技术类型

设施农业是新的生产技术体系,它的核心设施就是环境安全型温室、环境安全型畜禽舍、环境安全型菇房。关键技术是能够最大限度利用太阳能的覆盖材料,做到寒冷季节高透明高保温;夏季能够降温防苔;能够将太阳光无用光波转变为适应光合需要的光波,具有良好的防尘抗污功能等。它根据不同的种养品种需要设计成不同的设施类型,同时再选择适宜的品种和相应的栽培技术。

设施农业从种类上分为设施园艺和设施养殖两大部分,设施养殖又分为水产养殖和畜牧养殖两大类。

(一)设施园艺

设施园艺按技术类别一般分为连栋温室、日光温室、塑料大棚、小拱棚(遮阳棚)四类。国际上塑料农膜占整个覆盖面的97%,我国占98%,其他为玻璃/PC板覆盖。

我国设施农业发展有两条道路:一条道路是引进国外自动化、智能化、机械化,具备人工升温、光照、通风和喷灌设施,可进行立体种植的现代化大型温室。但是由于其高成本没有普及,难以实现商业运营。另一条道路是我国农技推广部门推动农膜生产企业和农民联手,从塑料大棚和拱棚开始,逐渐发展日光温室和连栋温室,经过快速发展,总面积已达到其他国家总和的5倍以上,在辽阔的大地上完成了品种最全的设施种养成果。

1. 连栋温室

其优点在于采光时间长,抗风和抗逆能力强,主要制约因素是建造成本过高。福建、浙江、上海等地的玻璃/PC板连栋温室在防抗台风等自然灾害方面具有很好的示范作用,但是目前仍处在起步阶段。塑料连栋温室以钢架结构为主,主要用于种植蔬菜、瓜果和普通花卉等。其优点是使用寿命长,稳定性好,具有防雨、抗风等功能,自动化程度高;其缺点与玻璃/PC板连栋温室相似,一次性投资大,对技术和管理水平要求高。其一般作为玻璃/PC板连栋温室的替代品，更多用于现代设施农业的示范和推广。

2. 日光温室

日光温室的优点有采光性和保温性能好、取材方便、造价适中、节能效果明显、适合小型机械作业。天津市推广新型节能日光温室，其采光、保温及蓄热性能很好，便于机械作业，其缺点在于环境的调控能力和抗御自然灾害的能力较差，主要种植蔬菜、瓜果及花卉等。青海省比较普遍的是日光节能温室，辽宁省也将日光温室作为该省设施农业的重要类型，甘肃、新疆、山西和山东的日光温室分布比较广泛。

3. 塑料大棚

塑料大棚是我国北方地区传统的温室，农户易于接受，塑料大棚以其内部结构用料不同，分为竹木结构、全竹结构、钢竹混合结构、钢管(焊接)结构、钢管装配结构以及水泥结构等。总体来说，塑料大棚造价比日光温室要低，安装拆卸简便，通风透光效果好，使用年限较长，主要用于果蔬的栽培和种植。其缺点是棚内立柱过多，不宜进行机械化操作，防灾能力弱，一般不用其做越冬生产。

4. 小拱棚(遮阳棚)

其特点是制作简单、投资少，作业方便，管理非常省事。其缺点是不宜使用各种装备，并且劳动强度大，抗灾能力差，增产效果不显著。主要用于种植蔬菜、瓜果和食用菌等。

随着蔬菜农药残留带来的食品安全问题的日益突出，环境安全型温室成为无毒农业、设施农业、蔬菜标准园建设的核心设施。使用这种设施可以生产出没有农药污染的蔬菜瓜果，是今后设施农业重点发展的对象。

(二)设施养殖

1. 水产养殖

在水产养殖方面，围网养殖和网箱养殖技术已经得到普遍应用。网箱养殖具有节省土地、可充分利用水域资源、设备简单、管理方便、效益高和机动灵活等优点。安徽的水产养殖较多使用的是网箱和增氧机。广西主要是采用网箱养殖的方式。天津推广适合本地发展的池塘水底铺膜养殖技术，解决了池塘清淤的问题，减少了水的流失。上海提出了“实用型水产大棚温室”的构想，采取简易的低成本的保温、增氧、净水等措施，解决了部分名贵鱼类越冬难题。陆基水产养殖也是上海近年来推广的一项新兴的水产养殖方式，但是投入成本高，回收周期长，较难被养殖场(户)接受。

在水产养殖方面，设施养殖更多地集中在育苗方面。增氧、实时灭菌、促生长等技术装备多集中在育苗室。其中对水产养殖效益影响最大的技术问题就是水体的实时灭菌消毒，介导鱼礁水分微电解灭菌消毒技术装备在育苗池内的防病效果理想，以介导鱼礁水分微电解灭菌消毒技术、空间电场空气净化防疫技术设施为核心设计的环境安全型育苗场正在试验示范，其成熟的技术成果将对水产养殖业产生重大影响。

2. 畜牧养殖

大型养殖场或养殖试验示范基地的养殖设施主要是开放(敞)式和有窗式，封闭式养殖主要以农户分散经营为主。开放(敞)式养殖设备造价低，通风透气，可节约能源。有窗式养殖优点是可为畜、禽类创造良好的环境条件，但投资比较大。安徽、山东等省以开放式养殖和有窗式养殖为主，封闭式相对较少；青海设施养殖绝大多数用有窗式畜棚。贵州目前的养殖设施主要是用于猪、牛、羊、禽养殖的各种圈舍，以有窗式为主，开敞式占少部分，密闭式的圈舍比较少。黑龙江养殖设施以具有一定生产规模的养牛和养猪场为主，主要采用有窗式、开放式圈舍。河南设施养殖以密闭式设施为主。甘肃养殖主要以暖棚圈养为主，采取规模化暖棚圈养，实行秋冬季温棚开窗养殖、春夏季开放(敞)式养殖的方式。

三、设施农业装备应用

(一)在设施园艺方面的应用

覆盖材料是至关重要的，聚烯烃温室大棚膜的流滴、消雾、耐老化、防尘抗污功能，决定了设施的太阳能利用率。再就是搭建骨架，用竹片或竹竿作骨架，每个骨架用水泥柱或木桩作支柱；钢架大棚，采用钢管搭建大棚，目前普遍用连接件代替焊接技术来固定钢管。塑料连栋温室以钢架结构的为主。玻璃/PC板连栋温室以透明玻璃或PC板为覆盖材料的温室，这类温室的骨架为镀锌钢管，门窗框架、屋脊为铝合金轻型钢材。

温室设施内使用的主要装备包括物理植保技术装备或其他喷雾植保机械、物理增产技术装备、耕耙与灌溉类机械装置、湿帘降温系统等。其中，物理植保技术装备包括温室电除雾防病促生系统、土壤连作障碍电处理机、臭氧病虫害防治设备、色光双诱电杀虫灯、防虫网；而物理增产技术装备包括利用空间电场生物效应制造的空间电场光合作用促进系统、烟气净化二氧化碳气肥机、补光灯、滴灌(或水肥一体化)系统等；耕耙机械装置包括微耕机、微滴灌装置；其他喷雾植保机械包括机动和手动施药器具。温室设施外使用的机械装备有草苫(保温被)卷帘机、卷膜器等。在生产作业中，机械耕作比较普遍，其他生产环节大多是人工作业。

(二)在设施养殖方面的应用

环境安全型畜禽舍是建设重点，其中的防疫装备包括空间电场防疫系统、等离子体灭菌除臭系统，而生产辅助设备主要有喂料机、喷淋设备、风机、冷水帘以及粪便处理设备等，大型养牛场还配备了自动挤奶、杀菌、冷藏等设备。大型鸡、鸭、鹅饲养场还配备有自动孵化设备。

(三)在食用菌生产方面的应用

环境安全型菇房已经成为食用菌工厂化生产建设的重点。其中，空间电场灭菌防病和促进食用菌生长的技术装备是其配置的重点。

(四)在水产养殖方面的应用

目前应用最普遍的是利用聚乙烯网片制作的网箱，配备的设备主要是增氧机。介导鱼礁水体微电解自动消毒技术已进入试验示范阶段，它的发明对集约化水产品养殖业健康发展至关重要。

四、我国施设农业存在的问题及发展建议

(一)存在的问题

1. 政府部门多头管理，缺乏统一的标准

设施农业涉及园艺、畜牧、水产等多个部门，存在多头管理情况，这从体制上制约了设施农

业的协调有序发展；扶持资金投入不足，各省虽然都出台了各项优惠政策，但是扶持资金的投入仍显不足；设施农业标准化程度低，目前在全国范围内，还没有出台统一的设施农业标准；另外，很多企业只重视温室主体结构和配套设备的性能指标和质量，而忽视了温室的整体性及其配套产品的标准化。

2. 设施农业科研投入不足，技术创新不够

在温室设计和制造等关键环节，我国拥有自主知识产权的技术和创新技术很少；设施农业装备发展滞后，设备比较简易，环境控制能力差，机械化自动化程度低；专业设施农业技术人员缺乏，农户技术水平低，整体素质、服务水平与设施农业发展的要求不相适应；农产品的质量安全形势严峻，农药、化肥超标使用导致果蔬品质下降，动物养殖防疫、消毒设施落后，危及消费者的健康。

3. 设施农业的龙头企业少，辐射带动能力较差

在开拓国际市场方面，外贸型龙头企业少，规模化花卉、果蔬类产品出口量少。广大农户规模小，设施农业产业化水平低；农户对市场的认知度不够，市场信息不灵通，生产中存在一定的盲目性，造成收益不稳定，抗风险能力不强；设施农业专业化组织作用相对较弱，大多数专业协会管理分散，主体地位不明确，市场竞争能力较弱；经营方式仍以个体农户为主，小农经济的生产和经营与大市场、大流通的矛盾仍然比较突出。

（二）未来发展设施农业的建议

1. 建立健全设施农业管理组织机构

特别是健全设施农业技术推广队伍建设，形成稳定、统一的设施农业发展规划，制定设施农业建设标准；各地根据实际情况，制定适合当地发展的产业政策；引导厂商企业、外资企业投资设施农业，推进产业化进程；积极争取设施农业技术装备、特别是覆盖材料进入政府补贴目录和鼓励科技发展目录；围绕设施农业生产的产前、产中、产后环节，汇集社会资金，为农户提供小额贷款等，扶持设施农业发展。建立果蔬产量评估机制和产销平衡机制，避免丰产滞销的现象出现。鼓励设施覆盖材料的研制向优化作物生长环境因子方向努力，做出能够调节温度、优化太阳光光波的高端覆盖材料，以保障我国设施农业尽快达到国际领先的水平。

2. 研发推广适合于我国国情的温室（棚）结构及其配套设施

通过提高机械化作业水平，加大对环境污染清理和控制装备、农产品冷藏保鲜设备的推广应用。各地按照当地实际情况开展包括技术培训和法律知识、职业道德培训等多种形式的教育培训；完善监测系统，加强对设施园艺生产作业过程的监测和对设施养殖室（棚）环境建设的监督检查，加大对设施农产品的卫生质量监测，保证食品质量安全。

近年来，国家组织相关部门及人员，投入大量资金，加大对设施农业技术的研究力度，取得了一些可喜的成就：国产温室大棚膜技术已经达到国外流滴消雾持效期 3 年以上的水平；优化太阳光波的温室膜已经试验成功；针对内陆地区雾霾较重研制的防尘抗污膜达到世界先进水平；屏蔽病虫菌可视光抑制病虫害繁衍的技术研制成功；还研制出光催化杀菌养殖专用膜和夏季降温膜。这些技术将推动我国设施农业技术更快达到国际先进水平。光温环境因子的优化加快了光合作用进程，设施内二氧化碳就不够用了，农技推广技术人员研究用秸秆、落叶生成

二氧化碳，以弥补设施内二氧化碳不足。

3. 打造品牌战略和特色农产品战略

在引导设施农业经济合作组织有序发展的同时，扶持一批有优势、有特色的龙头企业和生产大户，带动农副产品加工业、饲料生产企业、营销企业和中介服务组织的发展，引导民间资本和吸引外资来开发设施农业，提高设施农业工业化水平；建立“国家—省—县”三级设施农业信息网络，加强设施农业产销信息的研究和利用；积极培育产地交易市场和社会中介组织，促进产销的流畅和衔接，积极向外界发布销售信息，解决农产品的销售难题。

实训 1 当地生态农业技术类型及模式的设计

一、实训目的

学习对农业生态系统构建组分的确定以及组分量比关系设计，附以一系列配套技术的设计，讨论其可行性，掌握生态农业模式的设计方法。

二、方法原理

生态农业模式是指在生态农业实践中经常使用的相对稳定的农业生态系统结构形式。利用生态系统的结构和功能理论构建生态农业模式。其中包括生物与生物的关系，生物与环境的关系，也包括其间的量比关系。

三、材料与工具

调查资料、海拔仪、调查表、铅笔、橡皮、照相机、计算器等。

四、内容与步骤

(一)设计步骤

生态农业的模式确定分两个步骤：第一步，定性设计农业生态系统的组分及其相互关系；第二步，定量设计组分间的比例关系。在设计当地生态农业模式时，可参考图 3-5。

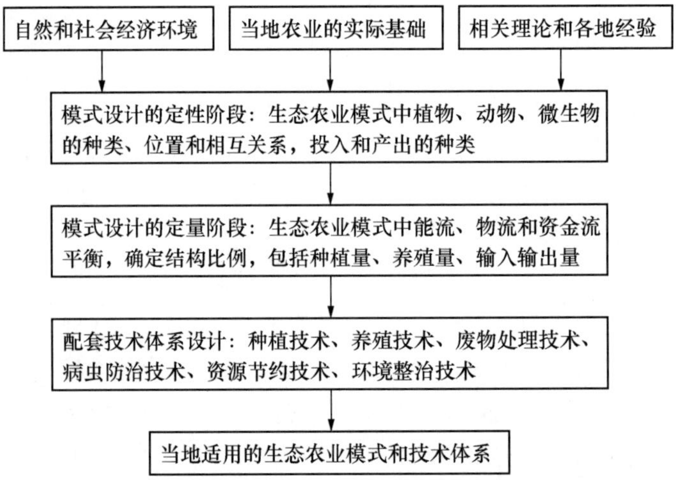

图 3-5 生态农业模式及其配套技术体系的设计示意图

(二)具体实施

通过查阅相关资料,对当地居民进行调查,了解当地农业基础,具体内容如下。

1.自然资源和社会环境调查

(1)地形、地貌、土壤类型和特征。

(2)灌溉水来源、排水方法和通道。

(3)温度、降水、台风和其他灾害性天气。

(4)自然植被和野生动物情况。

(5)离中心城市的距离、交通状况、离主要地方市场的距离。

(6)人口数量、人口密度、人均耕地。

(7)当地的经济发展总体水平和人均收入水平。

2.农业结构的调查与设计

(1)作物结构。确定作物种类及其相互关系,并确定主要作物种及其与搭配种的比例关系。

(2)畜牧业结构。通过食物链关系,与作物形成的量比关系,确定最终农产品的输出类型。

(3)渔业结构。如桑基鱼塘、稻田养鱼、稻田养蟹等农渔相结合的农业生产结构,确定其量比关系及产品的输出。

(4)林业结构。林业树种、树龄等设计,以及林农、林牧、农林牧等之间相结合的复合农业体系。

(5)农产品加工业和其他生产结构。

(三)生态农业模式组分及其相互关系的确定

1.生产投入

(1)确定生态农业模式中应用到的种子或种苗种类及数量关系。

(2)幼畜、幼禽的种类及数量,以及与农作物之间的量比关系。

(3)农作物栽培过程中排灌水系统的设计。

(4)农膜、化肥、农药、农业机械辅助能的投入。

(5)农用电力和其他燃料作为取暖、照明及温控等辅助能投入。

(6)资金投入。

(7)农作物病虫草的控制。

(8)农业生态系统中畜、禽等饲料关系和食物链关系。

2.生产产出

(1)目标性输出。农产品,如乳、肉、蛋、奶、鱼、农作物等。

(2)非目标性输出。农副产品、废物、土壤流失、农药污染、肥料流失等。

五、作业

1.对设计出的生态农业技术模型进行可行性分析并分组讨论,经修改完善后写出可行性报告。

2.将本组设计的生态农业技术模型绘出简易图解。

实训2 水培牧草管理及监测技术

一、实训准备

(1)教师提前下达实训任务，提示学生自学相关理论知识。

水培牧草(图 3-6)是采用水培技术，将禾谷类作物转化为高品质、茂盛、无病害的草、根组合，作为多用途、密集型水培单元生产的动物饲料。水培牧草的培养周期较短，一般是 7～10 d，亩产可达到 1 t 以上，可为缺乏牧草地区提供解决方案。

图 3-6 实验室培养的牧草(小麦)

(2)安排学生分组准备实训材料与工具。

二、实训条件

实验室或温室内，要求温度 20 ℃以上，小麦(或大麦)种子 2 kg，尿素 0.5 kg。准备发芽盒或底部打孔的培养盒若干个。

三、实训操作步骤

(1)种子消毒。用 3%的次氯酸钠或 0.5%高锰酸钾进行种子消毒 10～15 min。

(2)浸种。用自来水浸种 5～24 h，将种子捞出沥干，在培养盒底部铺一层滤纸或纱布(滤纸或纱布需要提前用紫外光照射消毒 20 min 或用高锰酸钾、酒精消毒)。

(3)播种。将小麦种子平铺在发芽器皿中，播种量为 2.5～3 kg/亩。注意种子要铺设均匀，不要出现“孤岛”或重叠太厚，以防霉变。

(4)管理。用喷壶在种子表面喷水，根据气温，大致每 2～3 h 喷水一次，表面覆盖一层透气纱布，保持湿润，注意底部不能有积水。第四天后开始加营养液(表 3-1)，每天加 1～2 次，观察根系生长状况，每天记录根长度。

表 3-1 水培牧草营养液配方 %

名称	总 N	P_2O_5	K_2O
含量	0.009	0.003	0.023 5

(5)监测样品制备。每个培养盒中随机选取五个样方，每个样方 0.1 m^2，随机采集约

300 g样品，剪碎混匀，先在105 ℃烘箱中烘15 min，使新鲜样品中的各种酶失活后，在烘箱中65 ℃烘干12 h，在室内自然条件下冷却回潮24 h后称重，重复烘干、称重至恒重。

(6)监测方法。干物质含量(DM)：用重量法监测，先称重出烘干前的质量 m_1，再称重出烘干后的质量 m_2，然后用下式计算。

$$\mathrm{DM}=\left[1-\left(\frac{m_1-m_2}{m_1}\right)\right]\times 100\%$$

高度：用直尺(或米尺)测量，包含底部白根。

鲜物质产量：每天清晨浇水之前用天平秤重(精确到1 g)。增重比按下式计算。

$$增重比=\frac{收获时鲜重(\mathrm{g})}{种子用量(\mathrm{g})}$$

四、考核评价

见表3-2。

表3-2　水培牧草技术操作考核评价

序号	评价要素	考核内容和标准	标准分值	得分
1	消毒与浸种(20分)	消毒液配制正确，操作规范、熟练，处理方法正确	11～20	
		操作基本规范、熟练，处理方法基本正确	6～10	
		操作不规范、熟练，处理方法不正确	0—5	
2	播种(30分)	操作规范、熟练，处理方法正确，播种量计算结果准确	21～30	
		操作基本规范、熟练，处理方法基本正确，播种量计算结果较为准确	10～20	
		操作不规范、熟练，处理方法不正确，播种量计算结果错误	0～9	
3	管理(20分)	能够及时浇水，做到保湿但底部不积水，正确施营养液	16～20	
		能够按时浇水，做到保湿但底部不积水，较为正确施营养液	10～15	
		浇水和施营养液不够及时，管理不规范	0～9	
4	监测(20分)	能够熟练使用烘箱、干燥器、天平等，称重计算干物质含量、增重比等，数据准确	16～20	
		烘箱、干燥器、天平使用较熟练，计算数据基本正确	10～15	
		不能正确、熟练使用以上设备或计算结果错误	0～9	
5	团队协作(10分)	协作能力强，分工合理，具备较强的职业责任心、团队协作能力	6～10	
		协作能力一般，分工较合理，具备一定的职业责任心、团队协作能力	3～5	
		缺少协作分工意识，无职业责任心、团队协作能力	0～2	
组别		小组成员：	合计得分	

知识拓展

生态渔业模式及配套技术

该模式是遵循生态学原理，采用现代生物技术和工程技术，按生态规律进行生产，保持和改善生产区域的生态平衡，保证水体不受污染，保持各种水生生物种群的动态平衡和食物网结构合理的一种模式。其包括以下几种模式及配套技术。

一、池塘混养模式及配套技术

池塘混养是将同类不同种或异类异种生物在人工池塘中进行多品种综合养殖的方式。其原理是利用生物之间互相依存、竞争的规则，根据养殖生物食性的垂直分布，合理搭配养殖品种与数量，合理利用水域、饲料资源，使养殖生物在同一水域中协调生存，确保生物的多样性。

二、鱼池塘混养模式及配套技术

1. 常规鱼类多品种混养模式

常规鱼类指草鱼、鲢鱼、鳙鱼、青鱼、鲤鱼、罗非鱼等。主要利用草鱼为草食性、链(鳙)鱼为滤食性、青鱼为肉食性、罗非鱼与鲤鱼为杂食性的食性不同；草鱼、链鱼、鳙鱼在上层，鲤鱼在中层，青鱼、罗非鱼在中下层的垂直分布不同，合理搭配品种进行养殖。本模式适宜池塘、网箱养殖，由于所养殖的鱼类是大宗品种，经济效益相对较低。

2. 常规鱼与名特优水产品种综合养殖模式

本养殖模式一般以名特优水产品种为主，以常规品种为辅，采用营养全、效价高的人工配合饲料进行养殖。其特点是技术含量较高，经济效益好。

核心技术：①斑点叉尾鮰池塘混养技术；②加州鲈、条纹鲈池塘混养技术；③美国红鱼池塘混养技术；④鳜鱼池塘混养技术；⑤胭脂鱼池塘混养技术；⑥蓝鲨池塘混养技术。

三、其他水产与鱼池塘混养模式及配套技术

1. 鱼与鳖混养技术

如罗非鱼与鳖混养模式主要利用罗非鱼和鳖生长温度、食性相似及底栖等的生物学特点，将两者进行混养。在这一养殖模式中利用罗非鱼的清洁功能，主养鳖，比单一养殖鳖经济效益高。

2. 鱼与虾混养技术

主要有淡水鱼虾、海水鱼虾混养两种类型。淡水鱼虾混养多为常规或名特优淡水鱼类与青虾、罗氏沼虾混合养殖；海水鱼虾混养多为海水鱼类与对虾混合养殖模式。淡水混养中的“鱼青混养”，一般以鱼类为主，青虾为辅；“鱼罗混养”，以罗氏沼虾为主。在海水鱼类与对虾混养中以虾类为主。特别是中国对虾与河豚、鲈鱼混养值得一提，在养殖过程中以中国对虾为主，同时放入少量的肉食性鱼类，河豚、鲈鱼摄食体质较弱、行动缓慢的病虾，防止带病毒对虾死亡后释放病原体于水中，从而阻断了病毒的传播途径。

3. 鱼与贝混养技术

一般包括淡水鱼类与三角帆蚌、海水鱼类与贝类(缢蛏、泥蚶)混养模式。在三角帆蚌育珠生产中，配以少量的上层鱼类如鲢鱼、鳙鱼和底栖鱼类罗非鱼，可以清洁水域环境，减少杂物附着，提高各层养殖质量；在缢蛏、泥蚶等贝类养殖池塘中放入少量的鲈鱼、大黄鱼进行混养，由于鲈鱼、大黄鱼的残饵与排泄物可以起到肥水作用，促进浮游生物的生长，同时摄食体质较弱的贝类，肥水后增加的浮游生物又被滤食性的贝类所利用，从而达到生态平衡。

4. 鱼与蟹混养技术

通常指梭子蟹与鲈鱼、鲷鱼或对虾混养。梭子蟹为底栖生物，以动物饵料为食，适合在透明度为 30 cm 的水中生长，鲈鱼、鲷鱼的残饵与排泄物可以起到肥水、促进浮游生物生长的作用，为梭子蟹生长提供适宜的环境。应注意的是，鲈鱼、鲷鱼为凶猛的肉食性鱼类，为避免其捕食蜕(换)壳蟹，散养时应投喂足够的饵料或采用小网箱套养。

模块小结

本模块介绍了生态农业的八种技术类型和六种常见模式，通过案例详细地分析了每一种技术类型和模式的生态效益和经济效益，阐述了其各自在利用上的优缺点及适应范围。同时说明了有效利用生态学原理，充分发挥生态农业的优势，必须因地制宜，并在已有技术模式的基础上不断改进，才既能使农业生产增收、增益，又能使自然界中的物质、能量处于良性循环的状态中，实现农业的可持续发展。

学练结合

一、名词解释

1. 立体种植　2. 立体养殖　3. 农渔复合模式　4. 种养加复合模式　5. 设施农业　6. 环境控制

模块三
学练结合参考答案

二、填空

1. 生态农业技术类型包括________、________、________、________、________、________、________。

2. 庭院生态类型包括________、________、________、________。

3. 多功能的农副工联合生态系统包括________、________、________、________ 4 个子系统。

4. 农、林、牧、渔、加复合生态农业模式主要包括________、________、________、________ 4 个基本类型。

5. 种、养、加复合模式主要有________、________、________、________、________、________等类型。

6. 观光生态农业模式主要包括________、________、________、________ 4 种模式。

7. 设施清洁栽培模式包括________、________、________ 3 种模式。

8. 设施立体生态栽培模式主要有 3 种形式，即________、________、________。

9. 草地生态恢复与持续利用模式包括________、________、________、________、________。

10. 丘陵山区综合治理利用模式有________、________、________、________。

11. 按照设施农业技术划分法，可将其划分为________、________、________和________ 4 种类型。

三、简答题

1. 农业中的立体种植具有哪些优点？

2. 什么是设施生态栽培模式？

3. 生态畜牧业生产模式具有哪些特点？

4. 实施沙漠化土地综合防治模式，应具有哪些配套技术？

5. 温室环境控制系统由哪些部分组成？

6. 设施农业的兴起将会对传统的生态农业带来哪些变化？

四、分析思考题

1. 结合自己的生活环境，谈谈你所了解的生态农业技术。

2. 结合实际谈谈畜牧业生产中，在保护生态环境方面存在哪些问题，并提出相应的解决措施。

3. 谈谈你对观光生态与休闲农业的理解与看法。

4. 试述设施农业的特点。

5. 什么是温室大棚的“五角、四度、三材料”？

推荐阅读

1. 农牧光互补型生态循环农业技术模式。

2. 农业部重点推广的十大生态农业模式及配套技术。

模块三　推荐阅读

模块四

生态农业实用技术

学习目标

【知识目标】

1. 了解立体种养技术的优点、种类及其主要技术要点。
2. 了解农作物病虫害常见的生物防治技术及其关键要点。
3. 掌握测土配方施肥的操作流程及关键技术。
4. 了解节水灌溉的优点，掌握水肥一体化技术的实施要点。
5. 了解农作物秸秆循环高值利用的技术类型。

【能力目标】

1. 能够结合当地的实际情况，设计合理的立体栽培、立体养殖模式。
2. 在农业生产上，能够根据不同作物的病虫害类型，采取对应的生物防治技术。
3. 能简单地安装滴灌设备(输水管、毛管、滴管、三通接头等)。

【素质目标】

1. 培养学生的立体农业思想意识，高效率地利用生态位空间。
2. 教育学生树立病虫害生态防治的理念，少用化学防治，多采取生物防治。
3. 通过参与配方施肥工作，了解化肥的零增长计划，减少农业污染，为实现乡村振兴奠定好生态基础。
4. 树立节水、节肥意识，让学生融入农村、农业及广大农民，以实际行动助力乡村振兴。

模块导读

生态农业的生产实用技术很多，本模块重点选择了五种在农业生产上常用的技术，即立体种养技术、农作物病虫害生物防治技术、测土配方施肥技术、节水灌溉与水肥一体化技术以及农作物秸秆的循环高值利用技术。每一项技术都是按照工学结合的模式实施，即以工作任务为载体，以行动为导向，按照理论学习—实施—考核评价等环节实施。旨在训练学生的实际操作能力，培养学生分析与解决农业生产问题的能力。

知识导图

- 模块四　生态农业实用技术
  - 学习情境1　立体种养技术
    - 立体种植技术
    - 立体养殖技术
    - 立体种养技术模式
  - 学习情境2　农作物病虫害生物防治技术
    - 生物防治的含义
    - 以虫治虫
    - 以菌治虫
    - 以菌治病
    - 其他生物防治技术
  - 学习情境3　测土配方施肥技术
    - 测土配方施肥的概念及作用
    - 测土配方施肥的基本方法
    - 测土配方施肥的工作内容
    - 测土配方施肥的效益
  - 学习情境4　节水灌溉与水肥一体化技术
    - 节水灌溉技术
    - 水肥一体化技术
  - 学习情境5　农作物秸秆的循环高值利用技术
    - 秸秆沼气高效生产技术
    - 秸秆在食用菌栽培中的循环利用技术
    - 秸秆青贮及氨化技术
    - 秸秆气化与压缩成型技术
    - 秸秆直接还田技术
    - 秸秆发电技术

学习情境 1　立体种养技术

一、立体种植技术

模块四　学习情境 1
课程 PPT

立体种植是指在同一田地上，两种或两种以上的作物从空间、时间上多层次利用资源的种植方式。凡是立体种植，都有多物种、多层次地立体利用资源的特点。立体种植既是间、混、套作的统称，也包括山地、丘陵、河谷地带的不同作物沿垂直高度形成的梯度分层带状组合。

(一)果园间套地膜马铃薯

1. 种植方式

以 1～3 年幼园为宜，水、旱地均可。2 月初开始下种，麦收前 10 d 始收。种植规格：以行距 3 m 的果园为例，当年建园的每行起垄 3 条，翌年园内起两条垄，垄距 72 cm、垄高 16 cm、垄底宽 56 cm，垄要起的平而直。起垄后，用锨轻抹垄顶。每垄开沟两行，行距 16～20 cm，株距 23～26 cm。将提前混合好的肥料施入沟内，下种后和沟复垄。有墒的随种随覆盖，无墒的可先下种覆膜，有条件的灌一次透水，覆膜要压严、拉紧、不漏风。

2. 茬口安排

前茬最好是小麦，后茬可以是大豆、白菜、甘蓝为主，以利于在行间用地膜套种马铃薯。

3. 播前准备

每亩施有机肥 2 500～5 000 kg、磷酸氢二铵 30 kg、硫酸钾 40 kg，每亩用 5 kg 左右的地膜。

4. 切薯拌种

先用 100 g 以上的无病种薯，切成具有一个芽眼的约为 50 g 的薯块，并用多菌灵拌种备用。播后 30 d 左右，及时查苗放苗，并封好放苗口。苗齐后喷一次高美施(叶面肥)，打去三叶以下的侧芽，每窝留一株壮苗。以后再每周喷一次生长促进剂。花前要灌一次透水，花后不灌或少灌水。

(二)温室葡萄与蔬菜间作

1. 葡萄的栽培及管理

(1)栽植方式。葡萄于 3 月 10 日前后定植在甘蓝或番茄行间，留双蔓，南北行，行距 2 m，株距 0.5 m，比露地生长期长 1 个月，10 月下旬覆棚膜，11 月中旬修剪后盖草帘保温越冬。

(2)整枝方式与修剪。单株留双蔓整枝，新梢上的副梢留一片叶摘心，二次副梢留一片叶摘心，新梢长到 1.5 cm 时进行摘心。立秋前不管新梢多长都要摘心。当年新蔓用竹竿领蔓，本架则形成“V”形架，与相邻架形成拱形棚架。当年冬剪时应剪留 1.2～1.3 m 蔓长合适。

(3)田间管理。翌年 1 月 15 日前后温室开始揭帘升温。2 月 15 日前后冬芽开始萌动，把蔓绑在事先搭好的竹竿上，注意早春温室增温后不要急于上架。4 月初进行抹芽和疏枝，每个蔓留 4～5 个新梢，留 3～4 个果枝，每个果枝留一个花穗。6 月 20 日前后开始上市，8 月初采收结束；在葡萄种植当年的 9 月下旬至 10 月上旬，在葡萄一侧距根系 30 cm 以外开沟施基肥，每公顷施有机肥$(3～5)\times10^4$ kg。按“5 肥 5 水”的方案实施。花前、花后、果实膨大、着色前、采收后进行追肥，距根 30 cm 以外或地面随水追肥，每次每株 50 g 左右，葡萄落花后 10 d 左右，用吡效隆浸或喷果穗，以增大果粒，另外，如每千克药水加 1 g 异菌脲可防治幼果期病害，蘸完药后套袋，防病效果好，其他病虫害防治按常规法防治。在 11 月上旬覆膜准备越冬，严霜过后，葡萄叶落完后开始冬剪。

2. 间作蔬菜的栽植与管理

可与葡萄间作的蔬菜有两种(甘蓝、番茄)，1 月末至 2 月初定植甘蓝和番茄，2 月 20 日番茄已经开花，间作的甘蓝已缓苗，并长出 2 片新叶。甘蓝于 4 月 20 日左右罢园，番茄于 5 月 20 日左右拔秧。

3. 经济效益分析

葡萄平均产值为 22.1 元/m^2，若与甘蓝间作，主作和间作的产值共 30.1 元/m^2，每亩产值 20 076.7 元，若与番茄间作，则主作和间作的产值共 37.6 元/m^2，每亩产值 25 079.2 元，经济效益显著。

(三)大蒜、黄瓜、菜豆间套栽培技术

山东省兰陵县连续两年进行三种三收的高产高效栽培，即在地膜覆盖的大蒜行套种秋黄瓜，收获大蒜后再种植菜豆，获得了较好的经济效益。

1. 种植方式

施足基肥后，整地做畦，畦高 8～10 cm，畦沟宽 30 cm。大蒜的播期在 10 月上旬寒露前后，播种行距 17 cm、株距 7 cm，平均每亩栽植 33 000 株。开沟播种，沟深 10 cm，播种深 6～7 cm，待蒜头收获后，将处理好的黄瓜种点播于畦上，每畦 2 行，行距 70 cm、穴距 25 cm，每穴 3～4 粒种子，每亩留苗 3 500 株；6 月下旬于黄瓜行间做垄直播菜豆，行距 30 cm、穴距 20 cm，每穴播 2～3 粒。

2. 栽培技术要点

(1)科学选地。选择地势平坦、土层深厚、耕层松软、土壤肥力较高、有机质丰富以及保肥、保水能力较强的地块。

(2)田间管理。一是早大蒜出苗时可人工破膜，小雪之后浇一次越冬水，翌春 3 月底入薹，瓣分化期应根据墒情浇水。蒜薹生长期中，露尾、露苞等生育阶段要适期浇水，保持田间湿润，露苞前后及时揭膜。采薹前 5 d 停止浇水，采薹后随即浇水 1 次，过 5～6 d 再浇水 1～2 次。临近收获蒜头时，应在大蒜行间保墒，将有机肥施入畦沟，然后用土拌匀，以备播种秋黄瓜。二是黄瓜苗有 3～4 片真叶时，每穴留苗 1 株，定苗后浅中耨 1 次，并每亩施入硫酸铵 10 kg 以促苗早发。定苗浇水，随即插架，结合绑蔓进行整枝，根据长势情况，适时对主蔓摘心。三是菜豆定苗后浇 1 次水，然后插架。结荚期需追肥 2～3 次，每次施硫酸铵 15 kg/亩。

(3)病害防治。秋黄瓜主要病害有霜霉病、炭疽病、白粉病、疫病、角斑病等。可用 25%甲霜灵 500 倍液、50%疫霜锰锌 600 倍液、75%百菌清 600 倍液、64%杀毒矾 400 倍液、75%可杀得 500 倍液等杀菌剂防治；菜豆的主要病害有黑腐病、锈病、叶烧病，可用 20%粉锈宁乳油 2 000 倍液、40%五氯硝基苯与 50%福美双 1∶1 配成混合剂、大蒜素 8 000 倍液喷洒防治。

3. 经济效益与适用地区

该模式在兰陵县长城镇前王庄村实施，平均每亩收获蒜薹 560.4 kg、大蒜头 618.5 kg，其中大蒜头出口商品率高达 75%，蒜头、蒜薹平均收入 2 581 元；秋黄瓜 2 850 kg，平均收入 1 710 元；菜豆 1 625 kg，平均收入 1 300 元。3 种菜共计收入 5 591 元，一年三种三收比单作或两种两收增产 30.6%～46.2%。

(四)新蒜、春黄瓜、秋黄瓜温室栽培技术

1.坐床、施足底肥

在生产蒜苗前，细致整地，每亩一次性施入优质农家肥 2 m^3，然后坐床，苗床长、宽依据温室大小而定，床做好后，在床面上平铺 10 cm 厚的肥土，上面再铺约 3 cm 厚的细河沙。

2.蒜苗生产

针对蒜苗春节旺销的情况，于 12 月 20—25 日，选优质牙蒜，浸泡 24 h 后去掉茎盘，蒜芽一律朝上种在苗床上。苗床温度 17～20 ℃，白天室温在 25 ℃左右，整个生长期浇 3～4 次水，当蒜苗高度达 33 cm 左右，即可收割，收割前 3～4 d 将室温降到 20 ℃左右。

3.春黄瓜生产

定植前做好准备，即在蒜苗生长期间，1 月 10 日就开始育黄瓜苗，采用塑料袋育苗，55 d 后蒜苗基本收割完毕，将苗床重新整理好，于 3 月 5 日定植黄瓜。

定植后加强管理，即在黄瓜定植后注意提高地温，促使快速缓苗。白天室温保持在 30 ℃左右。定植后半个月左右搭架，定植 20 d 后追施硫酸铵 3 kg/亩，方法是在离植株 10 cm 的一侧挖一个 5～6 cm 深的小坑，施入后随即覆土。在黄瓜整个生长期随水冲施 4 次人粪尿，灌 3 次清水，及时打掉植株底部老叶、杈。黄瓜成熟后，要及时收获。

4.秋黄瓜生产

7 月 15 日育苗，8 月 25 日定植；植株长至 5～6 片叶以后，主蔓生长，及时绑蔓。根瓜坐住后开始追肥，每亩追复合肥 20 kg，追肥后灌水。灌水后，在土壤干湿适合时松土，同时消灭杂草；随着外界温度下降，注意防寒保暖。室内温度低于 15 ℃时停止放风。白天适宜温度 25～30 ℃，若超过 30 ℃要放风。夜间室温降至 10 ℃时开始覆盖草苫，外界温度降到 0 ℃以下时，开始覆盖棉被保暖。从根瓜采收开始，每天早上采收一次。

(五)旱地玉米间作马铃薯的立体种植技术

1.种植方式

采用 65 cm＋145 cm 的带幅(1 垄玉米＋4 行马铃薯)。玉米覆膜撮种，撮距 65 cm，撮内株距 17～20 cm，每撮 5 株，保苗 3.75 万株/hm^2；马铃薯行距 35 cm，株距 25 cm，保苗约 3 万株/hm^2。玉米用籽量 15.0～22.5 kg/hm^2，马铃薯用块茎量 1 500 kg/hm^2。

2.栽培技术要点

(1)选地、整地。选择地势平坦、肥力中上的水平梯田，前茬为小麦或荞麦(切忌重茬或茄科连作茬)。在往年深耕的基础上，播种时必须精细整地，使土壤疏松，无明显的土坷垃。

(2)选用良种、适时播种。玉米选用中晚熟高产的品种，马铃薯选用抗病丰产品种。玉米适宜播期为 4 月 10—20 日，最好用整薯播种，如果采用切块播种，每切块上必须留 2 个芽眼，切到病薯时，用 75%的酒精进行切刀、切板消毒，避免病菌传染。

(3)科学施肥。玉米于早春土地解冻时挖窝埋肥。每公顷用农家肥 45 t(分 3 次施，50%基施，20%拔节期追肥，30%大喇叭口期追肥)，过磷酸钙 375～450 kg，锌肥 15 kg，除做追肥的尿素外，其余肥料全部与土混匀，埋于 0.037 m^2 的坑内。马铃薯每公顷施农家肥 3.00 万 kg，尿素 187.5 kg(60%作基肥，40%现蕾前追肥)，过磷酸钙 300 kg，除作追肥的尿素外，其余肥料全部混匀作基肥一次施入。

(4)田间管理。玉米出苗后，要及时打孔放苗，到3～4叶期间苗，5～6叶期定苗；大喇叭口期每公顷用氰戊菊酯颗粒剂15 kg灌心防治玉米螟；待抽雄初期，每公顷喷施玉米健壮素15支，使植株矮而健壮、不倒伏，增加物质积累；马铃薯出苗后要松土除草，当株高12～15 cm时（现蕾前）结合施肥进行培土，到开花前后，即株高24～30 cm时，再进行培土，以利于匍匐茎多结薯、结好薯。始花期每公顷用1.5～2.25 kg磷酸二氢钾、6.0 kg尿素兑水300～375 kg进行叶面喷施追肥，在整个生育期内应注意用退菌特或代森锰锌等防晚疫病。玉米苞叶发白时收获；马铃薯在早霜来临时及时收获。

3. 经济效益及适用地区

旱地玉米间马铃薯近两年在甘肃省静宁县大面积示范种植，累计推广旱地地膜撮苗玉米间作马铃薯171.13 hm^2，平均每公顷玉米产量为3 522.0 kg，马铃薯为16 147.0 kg。

（六）麦套春棉地膜覆盖立体栽培技术

1. 种植方式

采用麦棉套种的“3＋1”模式，即年前秋播3行小麦，行距20 cm，占地40％；预留棉行60 cm，占地60％；麦棉间距30 cm。春棉的播期为4月5—15日，可先播后覆膜，也可先盖膜后播种，穴距14 cm，每穴3～4粒，密度不少于$(6.75\sim7.5)\times10^4$ 株/hm^2。

2. 栽培技术要点

(1)培肥地力。麦播前结合整地每公顷施厩肥30～45 t、磷肥375～450 kg；棉花播前结合整地，每公顷施厩肥1.5 t、饼肥600～750 kg，增加土壤有机质含量，改善土壤结构。

(2)种子处理。选好的种子择晴天每天晒5～6 h，连晒3～5 d，晒到棉籽咬时有响声为止；播前1 d用1％～2％的缩节胺浸种8～10 h，播前将棉种用冷水浸湿后，晾至半干，将40％棉花复方壮苗一拌灵50 g加1～2 g细干土充分混合，与棉种拌匀，即可播种。

(3)田间管理。主要任务是在共生期间要保全苗，促壮苗早发。花铃期以促为主，重用肥水，防止早衰。在麦苗共生期，棉花移栽后，切勿在寒流大风时放苗，放苗后及时用土封严膜孔。苗齐后及时间苗，每穴留一株健壮苗。麦收前浇水不要过大，严防淹棉苗、淤地膜、降低地温。

在小麦生长后期，麦熟后要快收、快运，及早中耕灭茬，追肥浇水、治虫，促进棉苗发棵增蕾。春棉进入盛蕾-初花期时，应及早揭膜，随即追肥浇水，培土护根，促进侧根生长、下扎。

在棉花的花铃期，以促为主，重追肥、浇透水。7月中旬结合浇水每公顷追施尿素225 kg。在初花期、结铃期喷施棉花高效肥液，同时在花铃期要保持田间通风透光，搞好病虫害防治，后期及时采摘烂桃。

（七）麦套花生粮油型立体种植技术

麦垄套种花生种植模式在豫北地区发展迅猛，已成为该地区花生栽培的主体模式。该模式可以提高复种指数，充分利用地、光、热、水资源。

1. 种植方式

(1)小麦大背垄套种花生。用30 cm宽的两腿耧播种小麦，实行两耧紧靠，耧与耧间距为10 cm，小麦呈宽窄行种植，大行距30 cm，小行距10 cm。大行于翌年5月中旬点种一行花生，相当于行距40 cm，穴距19～21 cm，$(12.00\sim12.75)\times10^4$ 穴/hm^2，每穴双粒。这种种植方式能使小麦充分发挥边行优势，提高产量。背垄宽，便于花生实时早点种，保证其种植密度和点种质量，可在行间实施开沟施肥、小水润浇、培土迎针等操作管理，争取花生高产。此方式适合水肥条件好的高产区。

(2)小麦套种花生。用 40 cm 宽的三腿耧常规播种小麦，第二年 5 月中、下旬每隔两行小麦，点种一行花生，行距 40 cm，穴距 18～20 cm，$(12.75\sim12.75)\times10^4$ 穴/hm^2，每穴双粒。这种方式便于小麦播种，能合理搭配行株距，花生行宽田间操作方便。适合高、中等肥力水平的产区。

(3)宽窄行套种。用 40 cm 宽的三腿耧常规播种小麦，第二年 5 月中、下旬点种花生，每隔一行背，点两行背垄，花生宽行距 40 cm，穴距 20～22 cm，$(15.0\sim16.5)\times10^4$ 穴/hm^2，每穴双粒，该方式能在保证小麦面积的前提下，以宽行间操作管理花生，适合中、下等肥力水平地区。

2. 栽培技术要点

(1)早施肥料、一肥两用。早春结合麦苗中耕，施入腐熟农家肥 30 000 kg/hm^2，尿素 150～225 kg/hm^2，过磷酸钙 300 kg/hm^2，开沟条施或穴施于准备套种花生的麦垄间，既作为小麦返青拔节肥，也为花生底肥。

(2)品种选择。小麦应选用矮秆、紧凑、早熟、高产品种。花生选用直立型、结果集中、饱果率高、增产潜力大的品种。

(3)花生田间管理。苗期管理以培育壮苗为重点，苗壮而不旺。小麦收后应及时中耕灭茬，松土保墒，除草；花荚期管理以控棵保稳长为重点。一是看苗追肥，针对苗情，有选择地施肥。二是盛花期适追石膏，增加花生生长所需的钙、硫。三是培土迎果针，使果针尽早入土结果。四是浇好花果水，以增花增果；饱果期管理的重点是最大限度地保护功能叶，维持茎枝顶叶活力，以防早衰烂果，提高饱果率。

花生的虫害主要有蚜虫、红蜘蛛、蛴螬，可根据虫害发生的程度分别喷洒不同浓度的吡虫啉、三氯杀螨醇。花生的主要病害有花生茎腐病、花生叶斑病和花生黄化症等。

二、立体养殖技术

(一)鱼鸭混养生态养殖模式

1. 模式与技术

池塘鱼鸭混养技术，鸭粪及鸭的残饵既保证了池塘有充足的肥源，又可被鱼类直接利用，既节约了饲料、肥料，又改善了水质，降低了养殖的成本，提高了产量。

(1)池塘条件。选择交通便利、水质清新、水深 1.5 m 左右的田间池塘进行鱼鸭混养。鱼池的一面要有鸭活动的场地，场地其他三面用网或竹栅围住，使鸭不致外逃，活动场地面积大小按每平方米容纳鸭 2～3 羽计算。鸭栏建造在池埂上或塘边田中，面积 150 m^2 左右，便于鸭吃配合饲料、产蛋。池塘水源充足、水质良好、无污染，切成东西走向，池深 2.5 m，水深 1.5～2.0 m，池底淤泥厚 15 cm 左右，池坡度为 1∶(1.5～2.0)，池间埂宽 2.0～2.5 m。每个池塘都配备排灌设备和增氧设备。池塘在放鱼种前 10 d，用生石灰按每亩用量 120 kg，浅水清池，1 周后灌注新水。

(2)鸭舍建造。鸭舍建在地势略高而又平坦的池塘埂上，坐北向南，冬暖夏凉，光照充分，不漏水且防潮。被圈养的鱼塘水面连接塘边的鸭舍，使水面鱼塘边坡地(鸭的活动场所和取食场所)以及鸭舍连成一体。鸭舍面积按每平方米5只鸭规划，并且每4只母鸭配备一个40 cm×40 cm×40 cm的产蛋箱，放置在光线较暗的沿墙周围。在鸭舍前面按每只鸭占水面1 m^2、占旱地0.5 m^2的标准用网或树枝围起高0.5 m的栅栏，作为鸭的活动场所。

2. 鱼种、母鸭放养

鱼、鸭混养比例，粗养鱼塘每亩放鲢、鳙肥水鱼占60%左右，早春投放14 cm以上大规模鱼种400～600尾。单产在200 kg以下的配养蛋鸭80～100羽，每亩可提高产量150～250 kg。

鱼、鸭混养好处是鱼池为鸭生活、生长提供了良好的场所，鸭子的活动增加了池中溶氧量，鸭子吃掉了池中对鱼类有害的生物，鸭粪又能肥水，鱼鸭共存、相互有利，但应注意放养的鱼种规格要大，以免被鸭子吃掉。

要求采用规格一致的13 cm以上的鱼种，其中鲢、鳙占45%，草、鲂鱼占5%，鲤、鲫、罗非鱼占50%。

每亩配建25 m^2鸭舍，配养120只母鸭。鱼种在投放前，要用4%食盐水和10 mg/L漂白粉溶液浸洗10 min。鸭舍、鸭场用20 mg/L的漂白粉溶液泼洒消毒。

3. 饲养管理

(1)饲料投放。鱼塘可以不投任何饵料，也不施任何肥料，全部依靠鸭粪和鸭的残饵养鱼。鱼鸭混养，1只鸭每天可排粪150 g。每10.6 kg鸭粪可转化为1 kg鱼；按此推算，每养1只鸭，可获得鸭、鱼净产量5.29 kg。

根据鱼的品种，也可以投喂饲料。其中罗非鱼在5—7月时，颗粒饵料粗蛋白含量为30%～40%，8—10月，粗蛋白含量为25%～30%，每条鱼日投喂饲料量2～5 g，每天投喂4次，可视鱼摄食情况进行调整。鸭料每天平均120 g/只，分3次投喂，产蛋峰期可适当补饲。日常注意早晚巡塘，观察鱼、鸭的活动和生长情况以及水质变化的情况，发现问题及时处理。

(2)调节水质。通过鸭的活动调节或必要时开增氧机，池水溶解氧保持在5 mg/L以上，透明度30～40 cm，pH为7.8～9.0。6—9月及时冲注新水，一般每7 d冲水1次，每次加水10 cm。

(3)鸭粪入池。每天定时清扫鸭舍、鸭场，将鸭粪堆积发酵，视池水肥瘦情况投入池塘。残饵直接入池，供鱼摄食。由于鸭粪和残饵下塘，鱼塘肥度高，在夏秋之际水质易恶化，应经常灌注新水，降低水的肥度，并坚持每月撒两次石灰，每次每亩撒10 kg，使塘水的透明度保持在15～25 cm，水呈弱碱性。

4. 疾病防治

每15 d全池泼洒25 mg/L的生石灰水1次，鸭舍、鸭场旱地每15 d用20 mg/L的漂白粉溶液消毒1次，可起到预防疾病的作用。对于出现水霉病，可全池泼洒1 mg/L的漂白粉溶液，对草鱼的烂鳃病，每亩水面水深1 m用硫酸庆大霉素200 mL加水全池泼洒。

(二)经济效益分析

鱼鸭混养池每亩净产值9 216.74元，比单纯养鱼池亩产鱼量、净产值分别增加24.4%和300%，且池塘为母鸭提供了水上牧场，产蛋量明显增加，蛋均重达70.3 g，母鸭成活率达到 94%。

三、立体种养技术模式

(一)"农作物秸秆养牛、牛粪肥田"的农牧结合模式

1. 模式与技术

"秸秆养牛、牛粪施田"的形式多种多样。目前普遍实施的有四种:其一是利用秸秆粉碎后喂养淘汰役用牛,这种方式就地取材,成本低,但牛生长慢,牛肉质量差,经济效益低。其二是自繁自养,一户喂养一两头母牛,平均每年繁殖一头多仔牛,根据市场行情出售架子牛或成品牛,这种方式成本低、灵活性强,但经济效益低,竞争性差。其三是饲养架子牛,在市场购买架子牛,经 3~8 个月催肥卖出。这种方式有一定灵活性,可根据经济效益决定饲养与否,但不稳定,竞争性差。以上三种形式均有其不足之处,更值得提倡的是第四种,即分散饲养、集中育肥模式。该模式是以养牛户为基础建立牛肉生产联合体。联合体内实行"四统一,三集中",即统一牛源,由联合体负责供给养牛户统一的杂交肉犊牛;统一搞秸秆青贮、氨化,养牛户必须建立统一的青贮窖、氨化池;统一饲养管理方法,对饲养技术、饲养配方有统一的要求;统一防疫,由技术人员承包防疫。集中育肥,牛分散饲养到一定程度,集中短期催肥,达到高标准要求;集中屠宰,根据条件和市场要求进行牛肉产品深加工;集中销售,牛肉、牛皮等产品集中销售,便于打开销路,占领市场。

2. 效益分析

(1)可节约粮食。1 kg 氨化秸秆相当于约 0.5 个饲料单位,大量实验表明,用氨化秸秆喂牛平均每头牛每天可以节约 1.5~2 kg 粮食,我国现存栏 1 亿多头牛,若有一半饲喂氨化秸秆,年可节粮食 2 700 万~3 600 万 t。

(2)可改良土壤,提高肥力。秸秆养牛,过腹还田,可以增加土壤有机质含量,使土壤肥力大幅度提高。同时,由于粪肥的增加,减少了化肥用量,使农业生产成本下降。据测算,平均每头存栏黄牛年产粪尿 8 000 kg,约相当于 155 kg 硫酸铵、73 kg 过磷酸钙和 27 kg 硫酸钾。据统计,2023 年全国存栏牛约 10 500 万头,其产生的大量粪尿具有巨大的利用潜力。

(3)可充分利用秸秆资源,减轻环境污染,促进农业生产良性循环。以前由于忽视秸秆的合理利用,大量的秸秆被焚烧或抛弃,不仅浪费了资源、污染了环境,还造成土壤有机质含量下降。据在石家庄市的一些养殖场调查,利用秸秆养牛,出栏一头肉牛可盈利 500 余元,催肥一头架子牛可盈利 300 元,被当地农民形象地誉为"赶着黄牛奔小康"。

(二)粮、经、饲三元种植结构,以农养牧、以牧促农的农牧结合模式

1. 模式与技术

(1)改水田双季稻三熟制为水旱轮作或间作套种三熟制,如改麦—稻—稻为大麦(油菜、绿肥)—稻—玉米,使粮、饲、经作物三者种植面积的比例大体保持在 55∶25∶20。

(2)改水田两熟制为水旱三熟制,如改早中稻或早晚稻为大麦—早(中)稻—再生稻或大麦—早(中)稻—青饲料。

(3)改麦田两熟粮食作物为麦田两熟粮食、饲料作物。

2. 效益分析

(1)有利于良种繁育和推广使用,粮、饲分开育种。选择容易实现高产、优质的品种。如紧

凑型玉米亩产 500 kg,比普通玉米高 230 kg,大面积推广两年后可增产粮食 1 900 万 t。饲料大麦(西引 2 号),生长期短(110 d 左右),成熟早,是早中稻的良好前茬,产量高(每亩产 400～600 kg),蛋白含量高,适口性好,是高产优质饲料作物。

(2)有利于提高粮食产量。在次潜育化稻田,种双季稻每亩产量仅 400～500 kg,采取水旱轮作(大麦—早稻—玉米)每亩可收大麦 250～350 kg,杂交稻 500～600 kg,玉米 300～400 kg,合计收粮 1 050～2 500 kg,比小麦—双季稻模式增产 20%～50%。

(3)有利于改良土壤、培肥地力,促进农牧业持续、稳定、协调发展。旱地引草入田可以改良土壤、增加肥力。水田水旱轮作可降低地下水位,改进土壤透气性能,增加土壤有机质含量,使稻田潜育化现象减轻或消失。湖南省 93 个县的 2 万个示范户应用此模式,实现了每亩耕地产粮 1 000 kg,转化产值达 1 000 元的目标。

(4)有利于农牧业规模化生产和新技术的推广应用,有利于农业生产基地的建设和商品经济的发展。此外,还可以缓解畜牧业饲料不足的矛盾,缓解北料(饲料)南调运力紧张的压力。

(三)利用冬闲田种草,发展草食家禽的农牧结合模式

在北方一些地区,棉花、春薯、花生等春季作物,9 月末至 10 月初收获完毕后,到翌年 5 月中旬才开始播种,土地闲置长达 7 个多月。虽然冬季寒冷,绝大部分作物不能生长,但秋末冬初这两段时间,一般作物都能生长。特别是牧草耐寒性强,返青早,相对来说,生长期较长、物质能量积累较多。所以种植牧草能较好地利用这类冬闲田。

1. 模式与技术

北方旱地一般是一年一季,采用寒冷季增种一茬牧草,10 月初种冬牧 70 黑麦草或翌年 3 月播种箭子、田菁等豆科牧草,5 月中旬种棉花(花生)前收草喂畜,草根、茬翻压入地。5 月中旬收割牧草,种营养钵棉花,6 月上旬棉花旺长前收割小麦。南方水田采用大麦—早中稻—牧草模式,10 月上旬收稻种草,12 月上旬收割稻草。

2. 效益分析

(1)可充分利用耕地,提高复种指数,增加产草量。北方有可利用冬闲田 433 万 hm^2,近期具备开发利用条件的有 240 万 hm^2,以亩产鲜草 850 kg 计,可总产鲜草 3 060 万 t。南方有可利用冬闲田 367 万 hm^2(不包括 267 万 hm^2 的绿肥面积),近期可开发 293 万 hm^2,以亩产鲜草 1 500 kg 计,可总产鲜草 6 600 万 t。

(2)可大力发展草食家畜,以每只羊年需要青草 2 t 计,可发展草食家畜 4 830 万个羊单位,仅以每个羊单位年产 15 kg 肉、1.5 kg 毛计算,可产肉 72.4 万 t、产毛 7.2 万 t。

(3)可改良土壤、培肥地力。牧草的根茬能增加土壤中的有机质,豆科牧草的根瘤菌能固氮,畜肥能肥田等。

(四)草田轮作,以草养畜,治理盐碱沙荒地的农牧结合模式

1. 模式与技术

在一个耕作单元内,开始完全播种紫花苜蓿,3 年后分区轮作,每隔 2 年用 1/3 耕地面积种粮(也可种些经济作物如棉花),种过 2 年粮食的耕地再轮作牧草,以保持和进一步提高土壤肥力。同时,根据产草量及市场需求适当发展牛、羊、兔等草食家畜。如果畜产品需要量大、市场条件好,一般 4 446 m^2 草田轮作可饲养 120～150 个羊单位;倘若市场条件不好或条件不具备,可少养畜,以卖草为主。种草时,可在盐碱地种植紫花苜蓿、草木樨,在沙荒地则以沙打旺、

红豆草为主；种农作物时，在盐碱地以小麦、玉米、棉花为主，沙荒地以小麦、薯类、花生为主。

2. 效益分析

据河北省武邑县、南皮县，河南省兰考县等地试验，试行草田轮作三年后，草田年平均亩产干草 750 kg，粮田亩产粮 400 kg(其中玉米 250 kg，小麦 150 kg)，梯田亩产皮棉 85 kg。我国约有盐碱荒地 267 万 hm^2，其中，近期能够治理的约 233 万 hm^2；沙漠化土地约 1 533 万 hm^2，其中，近期能够治理的约 187 万 hm^2，完全治理后，可增加饲草 2 800 万 t，增产粮食 750 万 t。

(五)种养复合式农牧结合模式

1. 模式与技术

根据资源、环境和社会需求，以确定模式循环系统内物种投入量和产品生产量。一般采取山(丘陵)后种草、山上养鸡、山前养猪、山脚有鱼塘、塘边为稻田的模式。粮食喂鸡、鸡粪和青草(加适量饲料)喂猪、猪粪直接冲入鱼塘、塘泥取出肥田，形成了多种动、植物互为依存的生物链。

2. 效益分析

种养复合模式利用动、植物之间互为依存的食物链，使有限的土地资源生产出的粮食、牧草通过多次转化，为人类提供较多的农、畜、水产品，不仅提高了粮食利用率，而且降低了农牧业生产成本。其经济效益、社会效益和生态效益远高于“粮—猪”“粮—鸡”“粮—鱼”的简单循环生产模式。据测算，应用该模式经济效益可提高 50%～80%。如湖南省衡东县农民利用贷款，建鱼塘 4 669 m^2、养猪 30 头、养鸡 500 只、开荒种草 16 675 m^2、稻田 90 m^2，出栏肥猪 30 头，生产鸡蛋 6 250 kg、鲜鱼 1 750 kg，粮食 7 200 kg，年产值 55 100 元，扣除成本及固定资产折旧费 22 600 元，获纯利 32 500 元。

(六)北方“养猪、养鸡、种菜、种果”庭院生产模式

1. 模式条件

适合于种植业比较发达、燃料相对缺乏的农业区。该类地区基本上是一家一个庭院，面积为 333.5～667 m^2。充分利用家庭院落发展庭院经济，一可美化环境，二可解决能源问题，三可获取经济收入。

2. 模式技术

一般一个农户建一口年产气量 300 m^3 的沼气池。沼气池建在地下，地上养猪 5～20 头，占地 10～20 m^2，猪圈上方架鸡笼，养鸡 20～50 只。每户经营蔬菜(或果树)80～100 m^2。

3. 效益分析

据对辽宁省朝阳市调查，每平方米种植蔬菜可盈利 15 元，每头猪盈利 200 元，每只鸡盈利 15 元。一般每个庭院可创利 2 500～5 000 元。此外还可解决一户的燃料、照明等能源问题。

(七)莲田养鱼模式

1. 技术要点

(1)田块选择。凡是旱涝保收的莲田都可以栽种莲用种、藕用种等，并在田中养成鱼或鱼苗。水源充足、排灌方便、土质肥且没有冷泉水流入的更佳。

(2)养鱼莲田的建设。养鱼莲田应事先开挖鱼溜、鱼沟。每个鱼溜约 2 m×2 m，水深 1.5 m 左右，在进出水口处开挖。鱼沟宽 0.6～0.8 m，深 0.6 m，在田中开挖，呈“井”字形或“十”字形。挖沟中泥堆于沟的两边，堆成小土埂。

(3)鱼种放养种类和比例。莲田的特点是荷叶覆盖着大部分水面，遮阴面积大，池水溶氧

量不高，浮游生物种类数量少，但水质清，水温稳定，底栖动物、水生杂草较多，有一定量水生昆虫。因此，放养鱼类应以耐低氧、杂食性的团头鲂、草鱼、鲤鱼等为主，为避免大草鱼危害莲藕生长，注意控制草鱼规格，在7—8月放少量夏花草鱼，于年底将养成的冬片鱼出池。适量投放饲料，每亩产100 kg，一般放鲫鱼、团头鲂占60%～80%，鲤鱼、草鱼、黄颡鱼、鲢、鳙各占5%左右，每亩放夏花鱼1 000尾或冬片鱼200尾左右。水浅、泥较厚可主养黄鳝、泥鳅，每亩放1 500～3 000尾。

(4)饲养管理。主要包括施肥、投饲、灌水等。平时注意观察鱼类活动，防止进、排水口逃鱼，定时加注新水，搞好鱼病防治。值得注意的是，莲田养鱼因莲叶遮光，田间光合作用弱，不宜大量放养鲢、鳙等滤食性鱼，总的来说，莲田天然饵料生物的产鱼潜力不高，据估计，单靠自身饵料总产鱼潜力每亩约为10.4 kg，其中鲢、鳙等滤食性鱼约3.5 kg、草食性鱼类5.4 kg、肉食性鱼1.5 kg。要增加鱼的产量必须补充人工饲料，这样才能更好地利用水体，提高经济效益。

2.效益分析

鱼—藕莲结合养殖，藕田为鱼类提供了良好的栖息场所，鱼类的粪便和残饵成了藕田的肥料，鱼类清除了田间不断生长的杂草，还能松田土、灭害虫，形成相互利用、物质良性循环的系统。例如，石城、宁都和广昌进行莲田养鱼，每亩平均产鱼66 kg，通心白莲每亩增产2.06 kg，每亩藕田一年可获莲藕2 000～3 000 kg，产鲜鱼50～100 kg，产值可达3 000～4 000元。除莲田养鱼外，类似的还有菱、菰田等也可以养鱼。

实训1　小麦套种玉米栽培技术

一、实训准备

(1)教师提前下达实训任务，安排学生自学相关理论知识。

(2)安排学生分组准备实训材料(小麦、玉米种子)与工具。

二、实训条件

平整好的土地约1亩，小麦种子15 kg、玉米种子25 kg，三料磷肥(重过磷酸钙)20～25 kg、尿素3～5 kg，拖拉机或播种机1台。

三、实训操作步骤

(1)播小麦种子。在平整好的土地上，用播种机将小麦种子播种在土壤中，播种量为15 kg/亩。注意播种深度，做到一播全苗。

(2)播玉米种子。在小麦拔节期，使用宽轮高架套播机，把牵引拖拉机的前后轮加高，轮距缩短为120 cm，把玉米高架播种机的行距调整为宽窄行，在小麦沟植沟播内地按120 cm、60 cm、60 cm、60 cm、120 cm的不等行距。采用宽窄行播种，播种量为25 kg/亩。宽行120 cm，窄行60 cm，平均行距为72 cm，株距18 cm，每亩保苗5 140株，达到玉米单种的保苗株数。

(3)收割小麦。小麦、玉米共生30 d左右，小麦成熟，及时收割，供玉米正常生长。

(4)玉米田间管理。麦收后及时清除小麦秸秆，玉米田中耕除草、间苗定苗、施肥浇水等工作要求麦收后7～10 d完成；每亩追尿素15～20 kg。一般麦收后一次追肥，有条件的可实行2次追肥，可采用机械开沟施肥。套种玉米定苗后，其他田间管理措施按照常规玉米田进行。

四、考核评价

见表 4-1。

表 4-1　小麦套种玉米栽培技术操作考核评价

序号	评价要素	考核内容和标准	标准分值	得分
1	播种小麦（20 分）	操作规范、熟练，处理方法正确，播种量计算结果准确	11～20	
		操作基本规范、熟练，处理方法基本正确，播种量计算结果较为准确	6～10	
		操作不规范、熟练，处理方法不正确，播种量计算结果错误	0～5	
2	播种玉米种子（30 分）	能够合理调整播种机的行距、播种量计算结果准确，按照技术规程播玉米种子	20～30	
		基本能够合理调整播种机的行距、播种量计算结果比较准确，基本能够按照技术规程播玉米种子	10～19	
		不能合理调整播种机的行距、播种量计算结果错误，不能按照技术规程播玉米种子	0～9	
3	收割小麦（20 分）	能够按相关技术要求收割小麦，不影响玉米生长，并及时清除小麦秸秆	15～20	
		基本能够按要求及时收割小麦，不影响玉米生长，并清除小麦秸秆	10～14	
		不能按要求及时收割小麦，影响玉米生长，清除小麦秸秆不及时	0～9	
4	玉米田间管理（20 分）	能够对玉米及时中耕除草、间苗定苗、施肥、浇水	15～20	
		对玉米按照规程中耕除草、间苗定苗、施肥、灌水	10～14	
		不能按照规程对玉米除草、间苗定苗、施肥、灌水	0～9	
5	团队协作（10 分）	协作能力强，分工合理，具备较强的职业责任心、团队协作能力	6～10	
		协作能力一般，分工较合理，具备一定的职业责任心、团队协作能力	3～5	
		缺少协作分工意识、职业责任心、团队协作能力	0～2	
组别		小组成员：	合计得分	

实训 2　鸡—猪—鱼立体养殖技术

一、实训准备

(1)教师提前下达实训任务，安排学生自学相关理论知识。

(2)提示学生分组准备实训材料（鸡圈、猪舍、鱼塘）与饲料、工具。

二、实训条件

鱼塘 1 个，鸡笼、猪圈各 1 座，8 m^3 的沼气池一口。

三、实训操作步骤

(1)养鸡。在饲养5~8头猪的猪圈上方,架设一个鸡笼,用鸡饲料喂鸡,一般养鸡30~50只。

(2)鸡粪喂猪。将上方鸡笼的鸡粪投入猪圈内供猪采食,一般养猪5~8头。

(3)猪粪入沼气池发酵。将猪粪投入圈下的沼气池,发酵2个月后,取出上部的沼液作为饲料添加剂加入猪饲料中喂猪。一般每头猪每天加入沼液2~3 kg。

(4)发酵后的沼渣喂鱼。将沼气池底部的沉渣(沼渣)用抽渣机抽取出来,投入鱼塘中喂鱼,一般每亩鱼塘每一次撒沼渣300~500 kg。

(5)塘泥作农田肥料。待成鱼全部出塘后,将水抽干,挖出塘泥用作农田肥料。

四、考核评价

见表4-2。

表4-2 鸡—猪—鱼立体养殖技术操作考核评价表

序号	评价要素	考核内容和标准	标准分值	得分
1	养鸡与喂猪(20分)	能按有关要求饲养鸡和猪,采食规范,安排合理	11~20	
		能基本按有关要求饲养鸡和猪,采食较规范,安排合理	6~10	
		不能按有关要求饲养鸡和猪,采食不规范,安排不合理	0~5	
2	沼气池发酵(30分)	能够按照技术要求将粪便投入沼气池发酵,产气效果好	20~30	
		能基本上按照技术要求将粪便投入沼气池发酵,产气效果较好,沼液质量较好	10~19	
		不能按照技术要求将粪便投入沼气池发酵,产气效果较差,沼液质量较差	0~9	
3	沼渣喂鱼(30分)	能够按要求抽取沼渣,沼渣喂鱼操作规范,效果好	20~30	
		能基本按要求抽取沼渣,沼渣喂鱼操作规范,效果较好	10~19	
		不能够按要求抽取沼渣,沼渣喂鱼操作不规范,效果差	0~9	
4	团队协作(10分)	协作能力强,分工合理,具备较强的职业责任心、团队协作能力	6~10	
		协作能力一般,分工较合理,具备一定的职业责任心、团队协作能力	3~5	
		缺少协作分工意识、职业责任心,团队协作能力差	0~2	
组别		小组成员:	合计得分	

实训3 稻—萍—鱼立体种养技术

一、实训准备

(1)教师提前下达实训任务,安排学生自学相关理论知识。

(2)安排学生分组准备实训材料与工具(鱼苗、打鱼网等)。

二、实训条件

在学院周边选择一块肥力中等、排水方便的稻田,面积约3亩。

三、实训操作步骤

(1)基础建设。应事先开挖鱼溜、鱼沟。每个鱼溜约 2 m×2 m,水深 1.5 m 左右,开挖在进出水口处。鱼沟宽 0.6～0.8 m、深 0.6 m,开挖在田中,呈“井”字形或“十”字形。挖沟中泥于沟的两边堆成小土埂。

(2)配套的稻作技术。推行宽窄行畦栽,整平田后待泥浆沉实再按畦宽 1.2 m、沟宽 0.3 m、深 0.3 m 整畦,畦上按宽窄 3 对 6 行插秧;插足基本苗,每亩插 1.8 万～2.0 万丛。

(3)养萍。选好适宜萍种,主要有细绿萍、卡洲萍、小叶萍、红萍;选择多萍种混养,使鱼在大田饲养期间有较均衡的萍饵料供应;注意大田萍生长量,要及时捞萍捣萍。

(4)投放鱼苗。选择食植物性和杂食性强的鱼类,如草鱼、罗非鱼、鲢鱼、鲫鱼和鲤鱼等;投放足够鱼种,于整田完成后(3 月中旬)或插秧返青后(4 月 20 日左右)投放鱼苗。按照每亩稻田投放 12～20 cm 长草鱼种 60～80 尾、5～10 cm 长鲤鱼种 100 尾或罗非鱼种 150 尾的比例向稻田投放鱼苗。

(5)田间及鱼种消毒。溶田时每亩稻田用石灰 25 kg 加水化开后,撒施田面和沟坑进行消毒,待毒性消除后再投放鱼种,鱼种投放前要用 2%食盐水在田头浸泡 3～5 min,待鱼体消毒处理后再放入水田。

四、考核评价

见表 4-3。

表 4-3 稻—萍—鱼立体种养技术操作考核评价表

序号	评价要素	考核内容和标准	标准分值	得分
1	基础建设(20 分)	能按照技术要求开挖鱼溜、鱼沟,质量符合要求	11～20	
		能基本按照技术要求开挖鱼溜、鱼沟,质量符合要求	6～10	
		不能按照技术要求开挖鱼溜、鱼沟,质量不符合要求	0～5	
2	插秧与养萍(20 分)	能够按照技术要求在稻田插秧、养萍质量好,成活率高	11～20	
		能基本上按照技术要求在稻田插秧、养萍质量较好,成活率较高	6～10	
		不能够按照技术要求在稻田插秧、养萍质量较差,成活率较低	0～5	
3	消毒与投放鱼苗(50 分)	能严格按比例加入石灰消毒,投放鱼苗操作规范,鱼、萍成活率高	21～50	
		能基本上按比例加入石灰消毒,投放鱼苗操作较规范,鱼、萍成活率较高	9～20	
		不能严格按比例加入石灰消毒,投放鱼苗操作不规范,鱼、萍成活率低	0～8	
4	团队协作(10 分)	协作能力强,分工合理,具备较强的职业责任心、团队协作能力	6～10	
		协作能力一般,分工较合理,具备一定的职业责任心、团队协作能力	3～5	
		缺少协作分工意识、职业责任心,团队协作能力差	0～2	
组别		小组成员:	合计得分	

学习情境 2　农作物病虫害生物防治技术

模块四　学习情境 2
课程 PPT

一、生物防治的含义

生物防治是指利用有益生物及其代谢产物控制或消灭病、虫的方法。它包括以天敌昆虫防治害虫、以微生物防治病虫，以及利用其他天敌防治病虫等。

生物防治有两种不同的理解：广义的生物防治把用以控制有害生物的“生物”理解成生物体及其产物。“产物”的含义非常广泛，例如，抗害性、杀生性植物，昆虫的不育性激素及外激素、抗生素的利用等均可认为是生物防治。狭义的生物防治只包括利用天敌控制有害生物。由于防治对象的专门化，生物防治也随之分化成植病生防、害虫生防、杂草生防和害鼠生防等。

二、以虫治虫

利用天敌昆虫防治害虫的方法称为以虫治虫。以虫治虫是一种安全、经济、效果好、无残毒的方法，也是较理想、发展前景广阔的生物防治方法。

(一)自然界中天敌昆虫的种类

天敌昆虫分为捕食性天敌昆虫和寄生性天敌昆虫两类(表 4-4)。捕食性天敌昆虫分属于 18 个目的近 200 个科。其中防治效果好，常利用的有瓢虫、草蛉、食蚜蝇、食虫蝽、步行虫、虎甲、泥蜂、蚂蚁等。寄生性天敌昆虫分属于 5 个目的近 90 个科。大多数种类均为膜翅目、双翅目的寄生蜂、寄生蝇。

表 4-4　寄生性昆虫与捕食性昆虫的区别

项目	寄生性昆虫	捕食性昆虫
形态	1. 体形一般较寄主小 2. 幼虫期适应寄生生活，足和眼都有不同程度的退化	1. 体形一般较猎物大 2. 为适应捕食需要，成虫和幼虫的足和眼都较发达，并常有特殊的捕捉功能
习性与行为	1. 在 1 头寄主上能完成发育 2. 成虫和幼虫食性不同，通常只是幼虫为肉食性 3. 杀死寄主速度慢 4. 幼虫与寄主关系密切，不能离开寄主独立生活 5. 通常有一定寄主范围，对寄主的依赖程度高 6. 成虫搜索寄主主要为了产卵或补充营养，一般不杀死寄主	1. 需捕食多头猎物才能完成发育 2. 成虫和幼虫常同为肉食性，甚至捕食同种猎物 3. 杀死猎物速度快 4. 与猎物关系不很密切，往往吃完就离开，在猎物体外活动 5. 通常为多食性，对某一种猎物的依赖程度低 6. 成虫和幼虫搜索猎物的目的就是取食

1. 捕食性天敌

捕食性天敌种类很多，最常见的有蜻蜓、螳螂、猎蝽、刺蝽、花蝽、草蛉、瓢虫、步行虫、食虫虻、食蚜蝇、胡蜂、泥蜂、蜘蛛以及捕食螨类等。这些天敌一般捕食虫量大，在其生长发育过程中，必须取食几头、几十头甚至数千头的虫体后，才能完成它的生长发育。根据其捕食的习性来控制害虫的种群数量，可以有效地防治害虫。在捕食性天敌中，又按其取食方式可为咀嚼式和刺吸式捕食性天敌。前者如瓢虫、草蛉等可捕食蚜虫、介壳虫、螨类和多种害虫的卵、幼虫，直接吞食虫体的一部分或全部。后者则以刺吸式口器刺入害虫体内吸食体液，使害虫死亡。如食虫蝽、捕食螨等正在广泛研究和应用。

2. 寄生性天敌

寄生性天敌是寄生于害虫体内，以害虫体液或内部器官为食，使害虫致死，最重要的是寄生蜂和寄生蝇类。

(1)寄生蜂类。大多数种类是属于膜翅目的姬蜂总科和小蜂总种昆虫，种类很多，有人估计全世界约有 50 万种之多。目前，生产上利用最多的是赤眼蜂，利用赤眼蜂来防治松毛虫、玉米螟、棉铃虫、烟夜蛾、大豆食心虫、稻纵卷叶螟、稻苞虫、甘蔗螟、豆荚螟等 20 多种害虫，已取得不同程度的成功。寄生蜂寄生害虫的某一虫态或几个虫态。被寄生的有卵、幼虫、蛹、成虫各虫态及龄期；有内寄生也有外寄生；寄主范围因寄生蜂种类而异，有些仅寄生一种昆虫，有的寄生几个近似种，也有些甚至能寄生上百种。寄生昆虫本身也可能被另一种寄生蜂寄生，这种现象称为“重寄生”。

(2)寄生蝇类。属双翅目寄蝇总科的昆虫，它们大多寄生于蝶蛾类的幼虫和蛹内，以其体内营养为食，使其死亡。作物害虫中，真正危害极大，常年造成经济损失，需要经常进行防治的昆虫也不过占总数的 1%，而每一种害虫都有几种，甚至几十种、上百种的天敌在控制着它们，例如，我国水稻害虫天敌有 1 303 种、玉米害虫天敌 960 种、小麦害虫天敌 218 种、棉花害虫天敌有 840 种、蔬菜害虫天敌 781 种。就一种害虫的天敌种数来讲，水稻飞虱、叶蝉的天敌有 200 多种，三化螟天敌 40 多种，由此可见，天敌昆虫利用潜力之大。

(二)以虫治虫实例

1. 防治蚜虫

(1)瓢虫。属于鞘翅目瓢甲科，是捕食性天敌昆虫，主要是捕食蚜虫能力较强的七星瓢虫、多异瓢虫、龟纹瓢虫等。除了捕食蚜虫以外，还能捕食介壳虫、粉虱、红蜘蛛等。

利用七星瓢虫治蚜，要通过人工助迁或释放瓢虫才能完成。因为春季蚜虫虫口密度呈直线上升时，瓢虫数量却很少，待蚜虫虫口密度已下降时，瓢虫的虫口密度才猛增。人工助迁一般在瓢虫幼虫数量大量上升，在麦穗上活动并有成虫出现时，在早晨或傍晚进行网捕，于傍晚释放到棉田。人工释放瓢虫，应选择傍晚，因为傍晚时气温较低，光线暗，释放的瓢虫在棉田中虫情稳定，不易迁飞。释放瓢虫的数量根据田间已有瓢虫与蚜虫的比例而定，要求在补充瓢虫后，田内瓢虫与蚜虫的比例达 1∶(150～200)，就可控制蚜虫为害。释放瓢虫的方法：在棉花苗期，释放七星瓢虫二龄幼虫。将瓢虫幼虫混于切碎的碎草里，在有蚜棉株基部地面上，堆放有瓢虫幼虫的碎草，让幼虫爬到有蚜的棉株上即可。释放瓢虫的棉田，2 d 内不宜中耕和进行大型农事操作。

(2)草蛉。属于脉翅目草蛉科，也是捕食性天敌昆虫，其幼虫称为“蚜狮”，具有相当强的灭蚜能力，成、幼虫对蚜虫、棉铃虫、红蜘蛛均有防治效果。

草蛉的利用，主要是人工饲养，大量释放。田间释放时，成虫、卵、幼虫均可。实验表明，释放成虫、幼虫，见效快，但成本高，释放时草蛉易受伤害；释放卵成本低，但见效慢，卵易被蚂蚁吃掉。因此，目前是以释放将孵化的“黑卵”为主，适当搭配一定数量的雄成虫和初孵化的幼虫。释放时间，防治棉铃虫时，应在其产卵初盛期。防治蚜虫时，应在棉花单株三叶蚜量20～30头时。释放量可根据害虫虫口密度及田间自然草蛉虫口密度而定。一般成虫3×10^4头/hm^2，或1～2龄幼虫$(4.5\sim6)\times10^4$头/hm^2，或黑卵1.5×10^4粒/hm^2以上时释放。

(3)日光蜂。又名苹果棉蚜小蜂，属于膜翅目、蚜小蜂科，是寄生苹果棉蚜的内寄生蜂，专一性强，也是我国苹果棉蚜的优势种天敌，在苹果棉蚜的所有天敌中，该寄生蜂对苹果棉蚜的制约作用最大。苹果棉蚜属同翅目蚜总科，是重要检疫害虫之一，在较短的时间内，便可造成树势减弱，输导组织破坏，使果品产量大幅度降低，品质下降，严重时可造成整株枯死，绝收，直至毁园。

防治方法：冬季剪取部分带有被日光蜂寄生的苹果棉蚜的枝条，放于0～5 ℃的冷库中贮存，待第二年苹果棉蚜大量繁殖前，将枝条由冷库取出分挂于果园内，待寄生蜂羽化后寄生棉蚜，可控制苹果棉蚜的发生。

(4)烟蚜茧蜂。其是麦二叉蚜、麦长管蚜、桃蚜、棉蚜及大豆蚜等的寄生性天敌，能够将作物上的蚜虫控制在较低水平。设施蔬菜上，一般初见蚜虫时开始放僵蚜，每4 d 1次，共放7次。放蜂45 d内，甜椒有蚜率控制在3%～15%，有效控制期为52 d；黄瓜有蚜率控制在4%以内，有效控制期为42 d。

2. 赤眼蜂防治棉铃虫、苹果蠹蛾和玉米螟

赤眼蜂属于膜翅目小蜂总科，是微小型昆虫。赤眼蜂将卵产在害虫的卵中而杀灭害虫，为卵寄生蜂。赤眼蜂需室内饲养，田间释放。其每年的需要量根据虫情而定。放蜂的时间是害虫产卵初期。每公顷放蜂量不少于15万头。释放的虫态是卵，以“卵卡”形式释放。释放赤眼蜂应该注意，放蜂要均匀，还要准确掌握放蜂时间，另外，放蜂后禁止使用农药。

(1)棉铃虫。防治棉田二代棉铃虫以放蜂量$(6\sim8)\times10^4$头/亩，放蜂点以3～6个为宜。

(2)苹果蠹蛾。以果园二代苹果蠹蛾为对象，在7月下旬至8月上旬，在害虫高峰期放蜂2～3次，蜂卡挂在果树中部位置，放蜂点间距控制在2～8 m，若果树树冠较大，田间放蜂点间隔距离8 m为宜。

(3)玉米螟。目前提供的蜂种有两种包装形式：①纸卡式包装：赤眼蜂寄生卵发育到一定时期后，将其用胶均匀地粘在一定规格的纸上，制成赤眼蜂寄生卵卡；②袋式包装：利用特制的带有小孔的包装袋，将一定量的赤眼蜂寄生卵放入其中，供释放时使用。使用纸卡式包装的蜂卡放蜂时，将大张蜂卡按点次放蜂量撕成小片，然后将植株叶片卷成一个小圆筒，把小片蜂卡固定在其中即可。由于叶片是有生命力的，叶片圆筒内可以保持湿润，有利于赤眼蜂的羽化。另外，圆筒也可以防风避雨，抵御不良气候对赤眼蜂的伤害。使用袋式包装蜂袋放蜂时，将其挂在折断的玉米叶主脉上即可，赤眼蜂羽化后即可从袋上的小孔处飞向田间。

防治玉米螟一般在玉米螟产卵初期放第1次蜂。放蜂次数：一般每个世代放蜂2～3次。放蜂间隔时间：放2次间隔期为7 d，放3次间隔期为5 d。放蜂数量根据玉米螟发生程度来确定，一般年份每亩放1.5×10^4头，轻发生年每亩放1×10^4头即可。放2次蜂时，蜂量比例为2∶3；放3次蜂时则1∶2∶2较好。为保证放蜂效果，提倡每亩设2～3个放蜂点。放蜂方法：选地块上风头第10垄(垄宽60 cm)为第1个放蜂垄，距地头5步为第1个放蜂点，然后每40步为1个放蜂点。如果每亩设2点，则每28垄为1个放蜂垄；设3点时每20垄为1个放蜂垄。

3. 丽蚜小蜂防治温室粉虱

蔬菜粉虱俗称小白蛾，属昆虫纲同翅目粉虱科，主要包括温室白粉虱和烟粉虱，是温室、大棚、露地蔬菜上的重要害虫。在蔬菜生产上，温室白粉虱和烟粉虱常常混合发生，因其世代重叠、繁殖累积可导致暴发成灾，引起蔬菜减产甚至绝收。丽蚜小蜂是烟粉虱和温室白粉虱的寄生性天敌，对目前猖獗为害的烟粉虱具有很好的防治效果，寄生率分别可达 80%和 90%以上。白粉虱的若虫和蛹体被寄生后，虫体发黑、死亡。

一般采用蜂卡放蜂的形式进行防治。放蜂时间：在粉虱发生初期，粉虱虫口密度较低时释放。释放时间上要求不甚严格，但以上午 9 时后温室温度开始提升时较适宜。放蜂数量：标准面积的温室中，设置 8 个放蜂点，放蜂量为 1×10^4 头/棚，放蜂量越大，防治温室白粉虱的效果越好。

制作蜂卡的流程：培育室培育白粉虱敏感植株清洁苗→接种粉虱→粉虱培育→成虫→产卵(2 周)→若虫→小蜂接种→小蜂黑蛹→粉虱和黑蛹分离→采收黑蛹叶片→室内阴干→制卡→包装→贮存或应用。

4. 防治叶螨

(1)智利小植绥螨防治二斑叶螨。二斑叶螨是广布世界各地的著名害虫，食性很广，为害多种蔬菜，如茄子、辣椒、番茄、豆类、瓜类及果树、农作物、花卉等。若螨和成螨群聚在叶背吸取汁液，使叶片呈灰白色或枯黄色细斑，严重时叶片变色枯干脱落。智利小植绥螨是专食叶螨的植绥螨，一生以叶螨为食料。该螨有很高的生殖和控制害螨的能力。荷兰、英国利用该螨在温室黄瓜上用来防治二斑叶螨取得成功。目前，荷兰有 60%的温室使用该螨防治黄瓜上的二斑叶螨，英国、芬兰、瑞典、丹麦使用面积占温室总面积的 70%～75%。1980 年，我国农业科学院生物防治研究室从澳大利亚引进智利小植绥螨。实验表明，防治盆栽花卉上的二斑叶螨，按 1∶(20～30)的益、害比释放智利小植绥螨，经 7～9 d 后均能控制虫害。

(2)西方盲走螨防治山楂叶螨、李始叶螨。李始叶螨是苹果、梨等果树的主要害螨，吸食叶片及幼嫩芽的汁液。叶片严重受害后，先是出现很多失绿小斑点，随后扩大连成片，严重时全叶变为焦黄而脱落，严重抑制了果树生长，影响当年花芽的形成和次年的产量。

西方盲走螨于 1981 年由美国加利福尼亚引入我国，是植绥螨科中与智利小植绥螨同样利用广泛的螨类。在兰州所做的田间试验表明，5 月下旬到 6 月中旬，根据苹果树的不同树龄和叶螨的虫口基数，以 1∶(36～64)的益、害比，每株释放西方盲走螨雌成螨 350～2 750 头，经过 45～60 d，释放树上李始叶螨的种群数量发展缓慢，渐趋衰亡，达到完全控制。释放西方盲走螨不仅能当年控制李始叶螨为害，可减少用药 3～4 次，其效果还可持续两年。

5. 孟氏隐唇瓢防治粉蚧

我国利用孟氏隐唇瓢虫防治重阳木粉蚧、石栗粉蚧、可可粉蚧都取得了显著的效果。北京室外的盆栽君子兰上释放孟氏隐唇瓢虫 2～3 龄幼虫防治康氏粉蚧，每盆 2 个月内连续释放共 63 头，防治效果良好，与对照相比蚧虫数减少 87.9%，卵囊减少 75%，“蚧堆”减少 91.2%。对于入侵我国的检疫害虫湿地松粉蚧，孟氏隐唇瓢虫也有着很好的防治效果，在林间散放，不仅能通过捕食湿地松粉蚧完成发育，有效地控制粉蚧种群，同时还能在一定程度上建立自身种群。

(三)天敌昆虫的人工饲养工艺

1. 七星瓢虫人工饲养

目前,利用人工饲料饲养七星瓢虫尚存在幼虫发育不良、成虫繁殖力低等一系列尚未解决的问题。在此情况下,利用天然饵料较为理想,即在温室和网室内,种植蚜虫宜食的植物,繁殖蚜虫,待蚜虫达到一定密度后,在其上饲养瓢虫,人工养蚜繁殖瓢虫,待其在蚜虫寄主上产出大量瓢虫卵,及时收集瓢虫卵放于较低温度下,延续其发育,使不同时期的瓢虫卵人为地达到发育基本一致,适时进行孵化,二龄幼虫放入田间。其饲养流程如图 4-1 所示。

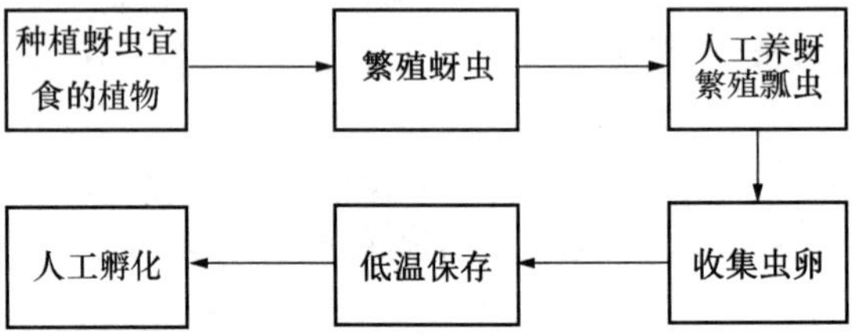

图 4-1 七星瓢虫人工饲养流程

2. 松毛虫赤眼蜂工厂化生产

其工厂化生产流程如图 4-2 所示。

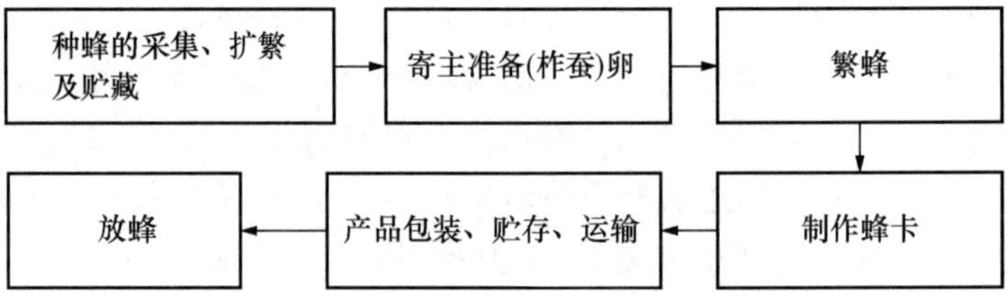

图 4-2 松毛虫赤眼蜂工厂化生产流程

三、以菌治虫

利用微生物及其代谢产物防治农作物病虫害的方法叫以菌治虫。利用害虫的病原微生物防治病虫害,对人、畜、作物和水生动物安全,无残毒,不污染环境。微生物农药制剂使用方便,并能与化学农药混合使用。目前,在生产上应用的昆虫病原微生物包括真菌、细菌和病毒。

(一)用于防治病虫害的昆虫病原微生物种类

1. 真菌

寄生于昆虫的真菌中,有可能作为杀虫剂的主要是半知菌和鞭毛菌,主要类群有:白僵菌、绿僵菌、野村菌、拟青霉、莱氏野村霉、粉虱赤座霉、葡萄状小团孢、蜡蚧头孢霉等。当病原真菌的孢子接触昆虫后,孢子萌发产生芽管、侵入、生长发育,直至菌丝体充满虫体,导致害虫死亡。如果缺乏适当的温、湿度,尤其是湿度,就会影响这一发病过程的发生和发展。

(1)白僵菌。为虫生真菌,是昆虫的主要病原真菌。常见白僵菌共有 3 种:球孢白僵菌、小球孢白僵菌、卵孢白僵菌。

白僵菌制剂可防治鳞翅目、半翅目、鞘翅目、同翅目、直翅目、膜翅目等 200 多种害虫的幼虫。主要是通过昆虫体壁感染,分生胞子黏附在虫体上,当条件适宜时,能分泌一种几丁质酶和白僵菌素，不仅能把虫体的表皮溶解，便于芽管侵入虫体内，而且对昆虫有毒杀作用。昆虫发病初期，表现为行为呆滞，食欲减退，静止时，头胸俯伏或全身倾侧，皮肤上出现黑色的小点或斑点，以后口吐黄水或排泄软粪，3～7 d死亡。刚死时虫体柔软，经2～3 h后，开始变硬，常呈粉红色。再过1～2 d开始长出白色棉毛状菌丝，一般经3～4 d可布满全身。

白僵菌的发育温度范围较大，在10～30 ℃均可发育，最适温度为20～28 ℃，在5 ℃以下或34 ℃以上，孢子萌发即受到抑制。白僵菌的分生孢子萌发要求的湿度较高。相对湿度70%以下，孢子不能萌发，75%～80%时孢子虽然能萌发，但不能生长发育，以90%～100%的相对湿度最为适宜。

(2)绿僵菌。绿僵菌是一种经典的昆虫病原真菌，资源丰富，具有易培养、易储存、持效期长、对非靶标动物安全、对环境及人类友好等优点。绿僵菌的寄主范围广，可寄生直翅目、鞘翅目、鳞翅目等8个目42个科中的200多种昆虫，还可寄生线虫和螨类，尤其对蛴螬等地下害虫有特殊防效。

绿僵菌可通过体壁、气门、消化道、伤口等多种途径侵染寄主，其中体壁侵染是主要方式。绿僵菌侵染蛴螬主要通过与蛴螬体壁接触，经气孔、节间膜侵入到寄主体内。在侵染过程中，绿僵菌会大量吸收消耗寄主的营养物质，破坏各组织和器官，同时分泌毒素，最终导致寄主死亡。

绿僵菌生长的最适温度为20～30 ℃，25 ℃时孢子萌发率、菌落生长速率和产孢量都达到最大值；温度为10～20 ℃时，孢子萌发时间推迟，发病的潜伏期也延长；高于30 ℃时，侵染活动受到限制。

(3)葡萄状小团孢。又称红僵菌，能寄生于鳞翅目幼虫，特别是夜蛾科中的各种地老虎、棉铃虫以及象甲、金龟子、金针虫等害虫。引起的疾病与前几种僵病不同。受侵染的虫体表面没有菌丝体。虫体先为乳白色，以后变为淡红，柔软易曲，并不僵化，体内含有鲜乳白色胶状成堆的菌体，最后体躯干缩，呈细长囊状，易破裂，为病菌的休眠孢子组成的砖红色粉末所充满。厚壁的休眠孢子可再侵染，萌发成纤细分隔的产生椭圆形分生孢子的菌丝体。

(4)拟青霉。此类病原真菌能引起多种昆虫的不同色泽的僵病。玫烟色拟青霉又称粉红僵菌，能引起地蛆、黄地老虎、警纹夜蛾、草地螟及甜菜象甲等的粉红僵病。被感染虫体表面有茸毛状菌丝层，呈淡红褐色。粉质拟青霉能引起黄僵病，常侵染鳞翅目、鞘翅目、同翅目、半翅目、膜翅目、双翅目等昆虫，在欧美各国颇受重视。

(5)汤氏多毛菌。多毛菌中有些种可寄生于介壳虫、叶蝉、飞虱，以及鳞翅目、鞘翅目害虫等。感病昆虫深黄色或白色，后变浅灰色。浙江黄岩曾用汤氏多毛菌防治橘蛾，效果较好。

2. 细菌

在已知的昆虫病原细菌中，作为微生物杀虫剂在农业生产中使用的有苏云金杆菌、球形芽孢杆菌、日本金龟子芽孢杆菌等。被昆虫病原细菌侵染致死的害虫，虫体软化，有臭味。

(1)苏云金杆菌。也称为“424”“Bt”。当害虫食用后，呈现中毒症状：厌食，呕吐，腹泻，行动迟缓，身体萎缩或卷曲。一般对作物不再造成危害，经一段发病过程，害虫肠壁破损，毒素进入血液，引起败血症，同时芽孢在消化道内迅速繁殖，加速害虫的死亡。死亡幼虫身体瘫软，呈黑色。Bt是目前世界上产量最大的微生物杀虫剂，含活性孢子100亿～300亿个/g，可以喷雾、喷粉、泼浇或制成毒土和颗粒剂。

(2)球形芽孢杆菌。一种严格需氧的微生物，体内含有2类杀虫毒素：一类是二元毒素

(Bin 毒素)，另一类是杀蚊毒素(Mtx 毒素)，在环境中持效期长，并有可能在环境中再循环，适用于防治污水中的蚊虫。中国是世界上球形芽孢杆菌生产量最大、应用最广、应用效果最佳的国家。2001 年，我国第一个利用球形芽孢杆菌 C41 研制的杀蚊商品制剂——康宝，获批准生产和应用。

(3)日本金龟子芽孢杆菌。主要通过芽孢感染和传播，在幼虫消化道内萌发成杆状营养细胞，营养细胞通过吞噬作用进入中肠细胞。目前，日本金龟子芽孢杆菌孢子粉只能通过活体金龟子幼虫进行繁殖，目前仅有 2 家美国公司生产和出售日本金龟子芽孢杆菌制剂。

(4)其他杀虫芽孢杆菌。青虫菌和杀螟杆菌都是好气性蜡状芽孢杆菌。青虫菌属低毒杀虫剂，对害虫有胃毒作用，而对蜜蜂和昆虫天敌无害，能够对蔬菜、水稻等害虫进行有效防治。杀螟杆菌主要防治水稻、玉米、蔬菜、茶叶等作物的鳞翅目害虫。森田芽孢杆菌制剂，主要用于卫生害虫的防治，将其拌入鸡饲料中，可抑制 96%～99%的家蝇成虫羽化。

3. 病毒

已发现的昆虫病原病毒主要是核多角体病毒(NPV)、质型颗粒体病毒(CPV)和颗粒体病毒(GV)。被昆虫病原病毒侵染致死的害虫，一般食欲减退，行动迟缓，往往以腹足或臀足黏附在植株上，体躯呈“一”字形或“V”形下垂，虫体变软，组织液化，胸部膨大，体壁破裂后流出白色或褐色的黏液，无臭味。昆虫病毒只能在寄主活体上培养，不能用人工培养基培养。一般在从田间捕捉的活虫或在室内饲养的活虫上接种病毒，当害虫发生时，喷洒经过粉碎的感病害虫稀释液。也可将带病毒昆虫释放于害虫的自然种群中传播病毒。

(1)核多角体病毒(NPV)。该病毒经口进入虫体的病毒被胃液消化，病毒粒子通过中肠上皮细胞进入体腔，侵入细胞，在细胞核内增殖，之后再侵入健康细胞，直到昆虫致死(图 4-3)。病毒可通过病虫粪便和死虫传染其他昆虫，使病毒在害虫种群中流行，也可通过卵传到昆虫子代。研究较多的有茶尺蠖核型多角体病毒、苜蓿银纹夜蛾核型多角体病毒、美国白蛾核型多角体病毒、斜纹夜蛾核型多角体病毒、双线盗毒蛾核型多角体病毒、棉铃虫核型多角体病毒、甜菜夜蛾核型多角体病毒、枣尺蠖核型多角体病毒、油桐尺蠖核型多角体病毒等。

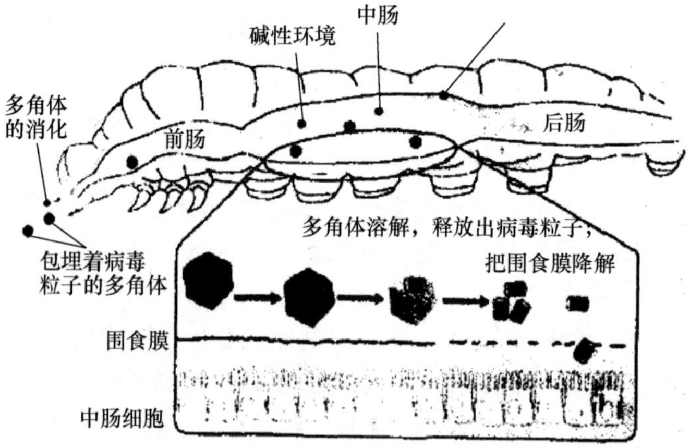

图 4-3　核多角体病毒感染昆虫寄主示意图

(2)质型多角体病毒(CPV)。我国对昆虫质型多角体病毒的研究从家蚕病害的研究开始，感染病毒的昆虫死亡周期较缓慢，一般为 3～18 d 乃至更长。马尾松毛虫质型多角体病毒(DpCPV)是松毛虫的重要病原病毒。该病毒的特异性高，昆虫对其抗性低，对人畜及天敌十分安全，在环境中没有残留。对低龄幼虫具有较高的死亡率，能通过感病幼虫的排泄物和虫尸进行水平扩散，同时也能通过成虫产卵进行垂直传播，使它在目标害虫种群中稳定地保存下来，适合于相对稳定的森林生态系统。

(3)颗粒体病毒(GV)。颗粒体病毒一种寄生在昆虫中的一种杆状病毒，包括苹果蠹蛾颗粒体病毒、小菜蛾颗粒体病毒、美洲黏虫颗粒体病毒。

苹果蠹蛾颗粒体病毒，2001 年美国开始使用该病毒防治苹果蠹蛾，2003 年以后在欧美推广使用。小菜蛾颗粒体病毒用于防治小菜蛾，效果非常显著。病毒体对自然环境有较高的抵抗力，可以通过小菜蛾幼虫活体增殖大量获得。经过适当的制剂加工，生产出小菜蛾颗粒体病毒杀虫剂，用于田间小菜蛾的防治。美洲黏虫颗粒体病毒作为增效剂，能提高核型多角体病毒对黏虫的感染率和致死率，可以显著提高苏云金杆菌对鳞翅目害虫的毒力。常用病毒农药见表 4-5。

表 4-5　常用病毒农药

杀虫剂种类	防治对象	使用方法
棉铃虫核型多角体病毒	棉铃虫、斜纹夜蛾、烟青虫、菜青虫等	棉铃虫产卵盛期到卵孵化盛期，用 10 亿 PIB/g 可湿性粉剂 100～150 g，兑水 80 kg 喷雾
苜蓿银纹夜蛾核型多角体病毒	斜纹夜蛾、甜菜夜蛾、棉铃虫、菜青虫等	在害虫卵孵化盛期至低龄幼虫期，用 10 亿 PIB/mL 悬浮剂 100～150 mL，兑水 40～50 kg 喷雾
甜菜夜蛾核型多角体病毒	斜纹夜蛾、甜菜夜蛾、菜青虫、小菜蛾等	在低龄幼虫发生高峰期，用 300 亿 PIB/g 水分散粒剂 2～5 g，兑水 40～50 kg 喷雾
小菜蛾颗粒体病毒	小菜蛾	在小菜蛾低龄幼虫期，用 30 亿 PIB/mL 水分散粒剂 25～30 mL，兑水 40～50 kg 喷雾
菜青虫颗粒体病毒	菜青虫、小菜蛾、斜纹夜蛾、甜菜夜蛾、棉铃虫、红铃虫等	防治菜青虫，在卵孵化高峰期至低龄幼虫期，每亩用 1 万 PIB/mg 菜青虫颗粒体病毒可湿性粉剂 50～75 g，兑水喷雾

(二)以菌治虫实例

1. 白僵菌防桃小食心虫

在果园桃小食心虫越冬幼虫出土和脱果初期，树下地面喷洒白僵菌粉 8 g/m^2 与 25%辛硫磷微胶囊剂 0.3 mL/m^2 混合液，防治效果明显。用白僵菌高效菌株 B-66 处理地面，可使桃小食心虫出土幼虫大量感病死亡，幼虫僵死率达 85.6%，并显著降低蛾、卵数量。

2. 绿僵菌防治蝗虫

中国农科院生物防治中心所应用绿僵菌防治草原蝗虫，室内试验处理后第 3 天发现死虫，第 7 天死亡率超过 50%，第 10 天死亡率达 100%。甘肃在绿僵菌蝗虫试验地就绿僵菌的 2 种剂型对草原蝗虫的持续控制效果进行了调查，绿僵菌油剂试验区的蝗虫平均虫口密度 12 头/m^2，绿僵菌饵剂试验区的蝗虫平均虫口密度 8 头/m^2。从调查结果看，试验区绿僵菌油剂和饵剂对草原蝗虫的持续控制效果在施药后第 2 年分别达到了 72.6%和 81.6%。因此，绿僵菌作为防治草原蝗虫的专性生物制剂，可以持续有效地控制草原蝗虫种群密度在经济受害水平以下，对其他草地昆虫无害，无二次中毒，不污染环境，具有推广价值。

3. 核多角体病毒防治棉铃虫

我国用棉铃虫核型多角体病毒、斜纹夜蛾核型多角体病毒进行田间试验，均取得了很好的效果。饲养健康的幼虫至3龄末时，用带病毒的饲料喂食使其感染，3 d后幼虫开始死亡。将死虫收集在棕色瓶里，即制成毒剂，贮存备用。湖北荆州用棉铃虫核型多角体病毒进行田间试验，用多角体悬浮液喷洒，6 d后棉铃虫一龄幼虫死亡85%，8 d后二龄幼虫死亡80%，3～4龄幼虫则需较高的浓度才行。在广州蔬菜区，用斜纹夜蛾核型多角体病毒进行田间试验，每公顷用300～450头病死的大龄幼虫捣烂，兑水750 kg并加入0.1%洗衣粉制成悬浮液喷雾，7 d后防治效果可达90%以上。

4. 苏云金杆菌防治桃蛀螟、刺蛾和卷叶蛾

选择有露水的早晨或空气湿度较大的傍晚，用含活性孢子数为100亿个/g的菌粉300～500倍液喷雾，使用时加0.1%的洗衣粉或豆面作黏着剂，可提高防治效果。菌粉应放在干燥阴凉处保存，避免水湿、暴晒，对家蚕有毒，严禁在桑园使用。因杀虫速度比化学农药慢，施药期应稍加提前。

5. 农杆菌素MI 15菌剂防治葡萄根癌病

MI 15菌株能产生农杆菌素，抑制根癌病菌的生长和防癌。葡萄苗木等繁殖体，在病情较轻时，将肿瘤彻底切除，并将肿瘤周围切去部分健康组织，再在病患部及时涂上生防菌剂2次，中间相隔1 d，最好在傍晚或早上涂，防治效果较好。用菌剂处理后，菌株很快占领伤口，并产生农杆菌素，可有效地保护植株免受病菌侵染致病。MI 15菌株能在土壤中存活定植，对葡萄有持久的保护作用，一次防治可多年受益。

6. 乳状芽孢杆菌防治蛴螬

在成虫交尾时期，用雌虫性激素诱杀雄虫；用乳状芽孢杆菌，孢子含量100亿/g，每公顷用菌粉1.5 kg，均匀撒入土中，使蛴螬感病致死。

四、以菌治病

利用有益微生物的代谢产物来防治病害的方法称为以菌治病。不同微生物之间存在着相互斗争或排斥的现象，称为抗生现象。这种相互斗争的相斥作用，叫作拮抗作用。凡是对植物病原有拮抗作用的菌类，都叫作抗生菌。抗生菌所分泌的某种特殊物质可以抑制、杀伤，甚至溶化其他有害微生物，这种物质叫作抗生素。

(一)有益微生物的代谢产物种类

1. 生防细菌

细菌具有种类多、繁殖力高、代谢活动复杂且产物多、对病原菌的作用方式多样、生活周期短、易于人工培养等特点，在自然发生的生物防治和人类应用生物防治的活动中，拮抗细菌及其代谢产物都起到了重要作用。

(1)芽孢杆菌。芽孢杆菌能够产生耐热、耐旱、抗紫外线和有机溶剂的内生孢子，并且对许多病原物及它们引起的病害具有抑制作用或防治效果，因此，它是理想的生防菌筛选对象。芽孢杆菌通过成功定植于植物根际、体表或体内，同病原菌竞争植物周围的营养，分泌抗菌物质抑制病原菌生长，同时诱导植物防御系统抵御病原菌入侵，从而达到生防的目的。

(2)假单胞菌。假单胞菌广泛存在于植物根周围，具有突出的防病增产作用，是植物病害生物防治的一个重要类群，尤其是防治植物根部病害。假单胞菌属细菌具有生长速度快、易培养、易遗传改良、容易产生大量次生代谢产物的优点。

(3)巴氏杆菌。巴氏杆菌易于附着在线虫体壁和侵染线虫，寄生后又可产生大量的孢子，

再次实现侵染并且性能稳定。

2. 生防真菌

(1)木霉菌。木霉菌是应用非常普遍的生防真菌，至少对 18 个属 20 余种病原真菌和多种病原细菌有拮抗作用。木霉菌不仅能防病，还具有促进植物生长、提高营养利用效率、增强植物抗逆性和修复被农化污染的环境等功能。目前，世界上有 60 多个国家使用 100 多种含有木霉菌成分的生物制剂产品。

(2)毛壳属真菌。能预防谷物秧苗的枯萎病、甘蔗猝倒病，能够降低番茄枯萎病、苹果斑点病的发病率，对立枯丝核菌、甘蓝链格孢属、毛蕊孢属、葡糖孢属以及交链孢属的病原菌也有一定的抑制作用。

(3)淡紫拟青霉菌。针对土壤中植物寄生线虫的一种兼性寄生真菌。淡紫拟青霉菌对南方根结线虫、孢囊线虫、白色球胞囊线虫等有很强的寄生能力，可用于多种作物线虫的防治。

3. 生防放线菌

放线菌是土壤中一类重要的微生物，也是人们研究最早并广泛应用于农业生产的生防微生物。放线菌在生长过程中可以产生多种次生代谢物，在已经发现的近万种微生物来源的生物活性物质中，大约有 2/3 是由放线菌的各种次生代谢过程产生的，目前已筛选出 10 多种最具有生防价值的链霉菌。这些种类在植物病害的生物防治中起了巨大的作用，井冈霉素、农抗 120、多种抗霉素、生菌素、宁南霉素等杀菌剂的使用已经取得了巨大的社会效益、经济效益和生态效益。

4. 植物内生菌

植物内生菌是指能定植在植物细胞内或细胞间隙，与寄主植物共生的一类微生物。内生菌可以防治植物细菌、真菌引起的病害，通过产生抗菌物质、与病原菌竞争营养、诱导植物抗病性等达到抗病作用。内生细菌产生的抗菌物质产生于植物体内，可以在体内运转，对入侵的病原菌有直接抑制作用。

(二)以菌治病实例

目前，我国生产使用的品种主要有井冈霉素、春雷霉素、农用链霉素、多抗霉素、内疗素、放线酮、庆大霉素、灭瘟素等。

1. 春雷霉素

春雷霉素是一种放线菌的代谢产物。对人、畜、植物、水生动物均无毒害，可以安全使用。春雷霉素还耐雨水冲刷，在降雨前 2～3 h 喷施，仍能有效。春雷霉素用来防治稻瘟病。其使用方法、使用时间与化学农药相同，使用浓度为 40 mg/kg。春雷霉素药效期长，不能与碱性药剂混用。

2. 井冈霉素

井冈霉素是一种吸水链霉菌的变种的代谢产物，对人、畜几乎无毒，对作物安全，有内吸治疗作用，耐雨水冲刷，可与多种杀虫剂混用。井冈霉素对茄科作物立枯病有较好的防治效果。一般使用浓度为 30～40 mg/kg。

3. 内疗素

内疗素是一种放线菌的代谢产物。内吸性强，对人、畜低毒，在碱性条件下易分解。内疗素对甘薯黑斑病、禾谷类黑穗病、苹果树腐烂病均有较好的防治效果，但对多数细菌性病害无效。防治甘薯黑斑病时，在育苗或栽插前用 50～100 mg/kg 的药液浸种薯、秧苗 3～5 min。

防治苹果树腐烂病时，用 100～300 mg/kg 药液涂抹病部。防治禾谷类作物黑粉病时，用 40 mg/kg 的药液 1 kg 拌种 10 kg。

4.120 农用抗生素

120 农用抗生素也称抗霉菌素 120，是一种链霉菌的代谢产物，对人、畜低毒，碱性条件下易分解。抗霉菌素 120 是一种广谱性抗生素，对多种植物病原菌有强烈的抑制作用。对瓜类、苹果、葡萄、小麦、甜菜、花卉的白粉病，小麦锈病，棉花枯萎病、黄萎病均有较好的防治效果。

常见生物源杀菌剂防治对象及使用方法见表 4-6。

表 4-6 常见生物源杀菌剂防治对象及使用方法

<table>
<tr><th>杀菌剂种类</th><th colspan="2">防治对象</th><th>使用方法</th></tr>
<tr><td rowspan="3">枯草芽孢杆菌</td><td colspan="2">水稻稻瘟病</td><td>用 1 000 个活芽孢/g 可湿性粉剂 90～120 g/亩喷雾</td></tr>
<tr><td colspan="2">草莓白粉病、灰霉病</td><td>用 1 000 个活芽孢/g 可湿性粉剂 40～60 g/亩喷雾</td></tr>
<tr><td colspan="2">棉花黄萎病、番茄青枯病</td><td>用 10 亿个活芽孢/g 可湿性粉剂 1∶(10～15)拌种；苗期用 10 亿活芽孢/g 可湿性粉剂 75～100 g/亩喷雾</td></tr>
<tr><td rowspan="2">地衣芽孢杆菌</td><td colspan="2">黄瓜霜霉病</td><td>用 80 亿个活芽孢/mL 地衣芽孢杆菌水剂 130～260 mL/亩喷雾，每 7～15 d 重喷一次</td></tr>
<tr><td colspan="2">西瓜枯萎病</td><td>用 1 000 单位/mL 地衣芽孢杆菌水剂 250～500 倍液喷雾或灌根</td></tr>
<tr><td rowspan="2">荧光芽孢杆菌</td><td colspan="2">番茄青枯病</td><td>用 3 000 个活芽孢/g 可湿性粉剂 438～550 g/亩后期灌根</td></tr>
<tr><td colspan="2">小麦全蚀病</td><td>用 15 亿个活芽孢/g 水分散剂 10～15 g/kg 拌种，或 100～150 g/亩灌根 2 次</td></tr>
<tr><td rowspan="2">蜡质芽孢杆菌</td><td colspan="2">茄子青枯病</td><td>20 亿活孢子/g 蜡质芽孢杆菌可湿性粉剂 100～300 倍液灌根</td></tr>
<tr><td colspan="2">姜瘟病</td><td>8 亿活孢子/g 蜡质芽孢杆菌可湿性粉剂 2.4～3.2 g/kg 浸泡种姜 30 min；400～800 g/亩顺垄灌根</td></tr>
<tr><td rowspan="4">木霉菌</td><td colspan="2">黄瓜、番茄灰霉病</td><td>2 亿活孢子/g 木霉菌可湿性粉剂 125～250 g/亩喷雾</td></tr>
<tr><td rowspan="3">土传病害</td><td>土壤处理</td><td>1.5 亿孢子/g 木霉菌粉剂和育苗基质 1∶500 充分混合直接播种；1∶10 与基质混匀，撒入苗床(10～15 m²/kg)</td></tr>
<tr><td>浸种或拌种</td><td>将 1.5 亿孢子/g 木霉菌粉剂稀释 100 倍，浸种 2 h 后播种，或拌种直播</td></tr>
<tr><td>灌根或浸根</td><td>将 1 亿孢子/g 木霉菌粉剂 500 倍液浸根 30 min 后定植，或移栽后灌根</td></tr>
</table>

五、其他生物防治技术

(一)利用昆虫激素防治害虫

1.外激素

昆虫的外激素具有很强的引诱能力，只要空气中有微量的外激素存在，就能引诱异性昆虫飞来。在害虫的防治和测报上有很大的应用价值，目前已有 20 余种昆虫外激素可以人工合成。我国已合成利用的有梨小食心虫、苹果小卷叶蛾、棉铃虫、玉米螟等的性外激素。使用的方法有：

(1)诱杀法。把性诱剂与粘胶、毒药、诱虫灯或高压电网灯配合使用，诱杀雄虫。

(2)迷向法。在农田、果园等处，喷洒性诱剂，使雄虫失去定向寻找配偶的能力，不能找到雌虫交配，无法繁殖。

(3)绝育法。把性诱剂与绝育剂结合使用，被诱来的雄虫因接触绝育剂而失去生殖能力，不能进行正常繁殖。

2. 内激素

用保幼激素处理害虫的卵、蛹或成虫，分别有阻止胚胎发育、不能羽化和不孕的作用。蜕皮激素则可干扰昆虫体内激素平衡，使昆虫产生生理障碍或发育不全而死亡。例如，幼虫提前蜕皮而死亡或提前化蛹并羽化出畸形成虫而死亡。

内激素防治害虫用量极微，针对性强，但生产成本高，稳定性差，特别是只能在害虫发育的某些敏感阶段使用。内激素对人、畜的影响尚不明确。

(二)以其他有益生物治虫

1. 蜘蛛、螨类

农田中蜘蛛的种类和数量都很多，其繁殖快，适应性强，迁移性小，只捕食活的昆虫，不为害作物，是一类重要的天敌。一般农田中蜘蛛数量较多，因此不需要人工饲养繁殖，只需要注意保护、利用就可以了。

农田中还有一些捕食性螨类，如植绥螨、长须螨等。这些捕食性螨类可以捕食果树、棉花、豆类、蔬菜等多种作物上的植食性害螨。

2. 蛙类

两栖类中的蛙类、蟾蜍等，主要以昆虫及其他小动物为食。在其捕食的昆虫中，绝大多数是农业害虫。蛙类的食量很大，如泽蛙 1 d 能捕食叶蝉 260 头。为发挥蛙类治虫的作用，除严禁捕杀蛙类外，还应加强人工繁殖和放养蛙类，保护蛙类的卵和蝌蚪。

3. 鸟类

在我国约有一半的鸟类是以昆虫为食的。利用益鸟来防治害虫是一种十分重要的生物防治措施。为了发挥益鸟治虫的作用，我们要认真做好保护、招引食虫益鸟的工作。严禁打鸟、捣窝、掏蛋。爱护林木并大量植树造林，给鸟类创造适宜的栖息场所。防止环境污染，严禁使用有残毒的农药。在树干上悬挂鸟巢箱，招引益鸟栖息。

实训 4　利用赤眼蜂防治玉米螟

一、实训准备

(1)教师提前下达实训任务，安排学生自学相关理论知识。

(2)提示学生分组准备实训材料(如蜂卡、记录表等)与用具。

二、实训条件

选定一块 30 亩的玉米田作为实训基地。

三、实训操作步骤

(1)确定防治时间。询问当地植保部门，一般在玉米大喇叭口时期或每百株玉米发现有

1片虫卵时即可防治，以虫卵孵化为准。

(2)蜂卡选择。选择松毛虫赤眼蜂一级蜂卡。

(3)运输蜂卡。赤眼蜂卵在低温下贮藏(3～5 ℃)，可用冰箱或保温箱保存，蜂卡在低温下运输。

(4)确定放蜂量、放蜂点、放蜂次数。放蜂量3万～5万头/亩，放蜂3～4次，放蜂点3～6个/亩，每次放蜂间隔3～5 d。

(5)别蜂卡。将赤眼蜂卵片别在叶片的背面主脉上，防止赤眼蜂卵片脱落、死亡，同时起到防雨、防晒(高温会使赤眼蜂卵脱水死亡)的作用。

(6)放蜂后管理。使用赤眼蜂防治玉米螟期间禁止使用杀虫剂，以免在防治其他虫害时杀死赤眼蜂。

四、考核评价

见表4-7。

表4-7 赤眼蜂防治玉米螟操作考核评价

序号	评价要素	考核内容和标准	标准分值	得分
1	确定防治时间(20分)	能通过田间调查准确判断玉米螟防治时间	11～20	
		通过咨询准确确定玉米螟防治时间	6～10	
		不能准确判断玉米螟防治时间	0～5	
2	蜂卡选择与运输(20分)	能够按照技术要求选择蜂卡的类型和数量并按要求运输蜂卡	11～20	
		能够按照技术要求选择蜂卡的类型并按要求运输蜂卡，但数量不符合要求	6～10	
		不能够按照技术要求选择蜂卡的类型和数量并按要求运输蜂卡	0～5	
3	田间放蜂(50分)	能够按要求在田间布置放蜂点，并按技术要求放置蜂卡，位置正确	21～50	
		能够按要求在田间布置放蜂点，但放置蜂卡不太符合要求，位置基本正确	9～20	
		不能够按要求在田间布置放蜂点、放置蜂卡	0～8	
4	团队协作(10分)	协作能力强，分工合理，具备较强的职业责任心、团队协作能力	6～10	
		协作能力一般，分工较合理，具备一定的职业责任心、团队协作能力	3～5	
		缺少协作分工意识、职业责任心，团队协作能力差	0～2	
组别		小组成员：	合计得分	

实训5 利用核型多角体病毒防治棉铃虫

一、实训准备

(1)教师提前下达实训任务，安排学生自学相关理论知识。

(2)提示学生分组准备实训材料与用具(机动弥雾机、量筒、水桶、胶皮手套、记录本等；生物农药:600 亿/g 棉铃虫核型多角体病毒水分散剂)。

二、实训条件

学院内或周边实训基地棉田一块,面积约 3 亩。

三、实训操作步骤

(1)确定防治时间。棉铃虫卵孵化高峰期。

(2)配药。采用二次稀释法配药,先用少量水与所需用量的药剂制成母液,再加水配制成相应的浓度。用药剂量:30 g/hm^2;稀释倍数:10 000～15 000 倍(即每克农药兑水 10～15 kg)。

(3)田间喷药。选择阴天或太阳落山后施药,避免阳光直射。作物的新生部分及叶片背面等害虫喜欢咬食的部位应重点喷洒。

(4)防效调查与统计。采用对角线 5 点取样。每点标定有棉铃虫卵、虫或有虫有卵的棉株 10 株,每小区标定 50 株,于药前调查标定株全株卵量及虫口基数,用药后第 1 天、第 4 天、第 7 天、第 10 天调查残虫数量。计算虫口减退率和校正防效。

$$\text{虫口减退率}=\frac{\text{药前虫口基数}-\text{药后活虫数}}{\text{药前虫口基数}}\times 100\%$$

$$\text{校正防效}=\frac{\text{处理区虫口减退率}-\text{对照区虫口减退率}}{1-\text{对照区虫口减退率}}\times 100\%$$

四、注意事项

(1)认真阅读农药使用说明书中的使用方法和注意事项,进行农药的稀释、配制和田间施药。

(2)首次施药 7 d 后再施 1 次,使田间始终保持高浓度的昆虫病毒。

(3)当虫口密度大、世代重叠严重时,宜酌情加大用药量及用药次数。

五、考核评价

见表 4-8。

表 4-8　核多角体病毒防治棉铃虫操作考核评价

序号	评价要素	考核内容和标准	标准分值	得分
1	确定防治时间(20 分)	能通过田间调查准确确定棉铃虫盛卵期	11～20	
		通过咨询准确确定铃虫盛卵期	6～10	
		不能准确确定防治时间	0～5	
2	配药(30 分)	能够按照农药二次配药技术要求配药,配药准确无误	16～30	
		不能按照农药二次配药技术要求配药,配药不准确	6～15	
		不能按照农药二次配药技术要求配药,配药失败	0～5	
3	田间喷药(30 分)	能够按机动弥雾机使用要求,在阴天或太阳落山后施药,喷药均匀周到	20～30	
		能够按机动弥雾机使用要求,喷药基本均匀	9～19	
		不能按机动弥雾机使用要求,喷药不均匀	0～8	

续表4-8

序号	评价要素	考核内容和标准	标准分值	得分
4	防效调查与统计(10分)	能够正确取点、标记,准确识别棉铃虫卵并记录	11～20	
		能够正确取点、标记,不能准确识别棉铃虫卵并记录	6～10	
		不能正确取点、标记,不能准确识别棉铃虫卵并记录	0～5	
5	团队协作(10分)	协作能力强,分工合理,具备较强的职业责任心、团队协作能力强	5～10	
		协作能力一般,分工较合理,具备一定的职业责任心、团队协作能力	3～5	
		缺少协作分工意识、职业责任心,团队协作能力差	0～2	
组别		小组成员:	合计得分	

知识拓展

植保无人机飞防

一、植保无人机施药的技术优势

植保无人机具有作业高度低,飘移少,可空中悬停,无须专用起降机场,旋翼产生的向下气流有助于增加雾流对作物的穿透性,防治效果高,远距离遥控操作,喷洒作业人员避免了暴露于农药的危险,提高了喷洒作业安全性等诸多优点。

植保无人机可用于低空农情监测、植保、作物制种辅助授粉等。携带摄像头的植保无人机可以多次飞行进行农田巡查,帮助农户更准确地了解粮食生长情况,从而更有针对性地施用农药,防治害虫或是清除杂草。其效率比人工打药快百倍,还能避免人工打药的中毒危险。

喷药植保无人机旋翼产生向下的气流,扰动了作物叶片,药液更容易渗入,可以减少20%以上的农药用量,达到最佳喷药效果,理想的飞行高度低于3 m,飞行速度小于10 m/s。喷药植保无人机大大提高作业效率的同时,也更加有效地实现了杀虫目的。而传统的喷药技术速度慢、效率低,很容易发生故障,还可能导致农作物不能提早上市。

植保无人机喷药服务一亩地的价格只需要20元,用时也仅仅只有1 min左右,和以往的传统喷药技术相比,节约了成本、节省了人力和时间。

二、植保无人机发展的政策支持

2017年3月,农业部在全国农业机械化工作会议上,首次提及将植保无人机纳入试点进行农机补贴。2017年9月,农业部、财政部、民航局联合印发《关于开展农机购置补贴引导植保无人飞机规范应用试点工作的通知》,紧接着12月工信部印发《关于促进和规范民用无人机制造业发展的指导意见》。2018年3月,农业部、财政部联合印发了《关于做好2018—2020年农机新产品购置补贴试点工作的通知》,明确表示要鼓励无人机在植保领域的发展创新,推动植保无人机行业的发展。

此前,进入补贴试点的已有浙江、安徽、江西、湖南、广东、重庆、吉林、福建、甘肃、江苏等省市。在整体试点资金安排上,基本为千万元量级。政策支持下,植保无人机市场在全国已经进入快速发展期。

三、植保无人机的选用

植保无人机有大有小、有机动有手动、有喷雾有喷粉等不同类型。只有正确选用才能达到经济、理想的防治效果。因此,应根据以下几个方面选择适当类型的植保无人机开展飞防作业。

(1)根据防治对象的特点及施药方法和要求。根据病、虫在植物上发生或为害的部位,药剂的剂型、物理性状及用量,喷洒作业方式(喷粉、雾、烟等),喷雾是常量、低量或超低量等,选择适宜的植保药械类型。

(2)根据防治对象的田间自然条件及所选植保药械的适应性。根据田块的平整及规划情况,是平原还是丘陵,旱作还是水田,果树的大小、株行距及树间空隙,并考虑所选药械在田间作业及运行的适应性,以及在果树间的通过性能。

(3)根据作物的栽培及生长情况。例如,作物的株高及密度,喷药是在苗期还是中、后期,要求药剂覆盖的部位及密度、果树树冠的高度及大小、所选遥控植保药械的喷洒(撒)部件的性能是否能满足防治要求等。

四、植保无人机飞防作业流程

1. 确定防治任务

首先,需要确定农作物类型、作业面积、地形、病虫害情况、防治周期、使用药剂类型以及是否有其他特殊要求。

应勘察地形是否适合飞防、测量作业面积、确定农田中不适宜作业的区域(障碍物过多可能会有炸机隐患),与农户沟通,掌握农田病虫害情况,确定防治任务是采用飞防队携带药剂还是农户自己提供的药剂。需要注意的是,农户的药剂一般为自主采购或者由地方植保站等机构提供,药剂种类较杂且有大量的粉剂类农药。由于粉剂类农药需要大量的水去稀释,而植保无人机要比人工节省90%的水量,所以不能够完全稀释粉剂,容易造成植保无人机喷洒系统堵塞,影响作业效率及防治效果。因此,需要和农户提前沟通,让其购买非粉剂农药,比如水剂、悬浮剂、乳油等等。另外,植保无人机作业效率根据地形为200~600亩/d,所以需要提前配制充足药量,或者由飞防服务团队自行准备飞防专用药剂,从而节省配药时间,提高作业效率。

2. 确定飞防队伍

根据农作物类型、面积、地形、病虫害情况、防治周期和单台植保无人机的作业效率,来确定飞防人员、植保无人机数量以及运输车辆。一般农作物都有一定的防治周期,在这个周期内如果没有及时将任务完成,将达不到预期的防治效果。对于飞防服务队伍而言,首先应该做到的是保证防治效果,其次才是如何提升效率。需要注意的是,考虑到病虫害的时效性及无人机在农田相对恶劣的环境下可能会遇到突发问题等因素,飞防作业一般可采取“2飞1备”的原则,以保障防治效率。

3. 环境天气勘测及相关物资准备

首先,进行植保飞防作业时,应提前查知作业区域近几日的天气情况(温度及是否有伴随大风或者雨水)。恶劣天气会对作业造成困扰,提前确定这些数据,更方便确定飞防作业时间及其他安排。其次,进行物资准备。如电动多旋翼需要动力电池(一般在5~10组)、相关的充电器，以及当地作业地点不方便充电时可能要随车携带发电设备。单旋翼油动直升机则要考虑汽油的问题，因为国家对散装汽油的管控，所以要提前加好所需汽油或者掌握作业地加油条件，或到当地派出所申请农业散装用油证明备案。最后，相关配套设施，如农药配制和运输需要的药壶或水桶、飞手和助手协调沟通的对讲机，以及相关作业防护用品(眼镜、口罩、工作服、遮阳帽等)。如果防治任务是包工包药的方式，就需要飞防团队核对药剂类型与需要防治的作物病虫害是否符合、数量是否正确。一切准备就绪，天气适中，近期无雨水或者大风(一般超过3级风将会使农药产生大的飘移)，即可出发前往目的地开始飞防任务。

4. 开展飞防作业

首先，飞防团队应提前到达作业地块，熟悉地形、检查飞行航线路径有无障碍物、确定飞机起降点及完成作业航线基本规划。随后，进行农药配制，一般需根据植保无人机作业量提前配半天到一天所需药量。最后，植保无人机起飞前检查，相关设施测试确定(如对讲机频率、喷洒流量等)，然后报点员就位，飞手操控植保无人机进行喷洒服务。在保证作业效果效率(如航线直线度、横移宽度、飞行高度、是否漏喷重喷)的同时，飞机与人或障碍物的安全距离也非常重要。飞行器突发事故时对人的危险性较高，作业过程必须时刻远离人群，助手及相关人员要及时进行疏散作业区域人群，保证飞防作业安全。用药时应使用高效、低毒、检测无残留的生物农药，以避免在喷洒过程中对周围的动植物产生不良影响，甚至引起纠纷。当气温高于35 ℃时，应停止施药，高温对药效有一定影响。一天作业任务完毕，应记录作业结束点，方便第2天继续进行喷洒。然后是清洗保养，对植保无人机系统进行检查，检查各项物资消耗(农药、汽油、电池等)，记录当天作业亩数和飞行架次、当日用药量与总作业亩数是否吻合等，从而为第2天的作业做好准备。

学习情境3 测土配方施肥技术

模块四 学习情境3
课程PPT

一、测土配方施肥的概念及作用

(一)测土配方施肥的概念

测土配方施肥是根据土壤测试结果、田间试验、作物需肥规律、农业生产要求等，在合理施用有机肥的基础上，提出氮、磷、钾、微量元素等肥料数量与配比，并在适宜时间，采用适宜方法施用，达到高产、优质、增收目的。科学施肥方法，也是防止偏施某一种肥料尤其是氮肥所带来的肥料利用率低、经济效益下降、污染环境等问题的有力措施。

(二)测土配方施肥的作用

(1)提高产量。在测土配肥的基础上科学施肥，促进作物养分吸收，可增加产量5%～20%或更高。

(2)节约成本，减少损失，保护环境。根据作物品种、种类，在测土配肥基础上，结合土壤供肥状况，确定施肥量和施肥时期，避免盲目施肥，减少资源浪费，节约成本，减少化肥对环境的污染。

(3)改善品质。根据作物种类，选定化肥品种、比例，避免氮过剩引起西瓜品质下降、苹果产生果锈、农作物倒伏；棉花缺钾引起红叶茎枯病。

(4)培肥地力。不合理施肥在一些地方主要表现为过量施用氮肥、偏施磷肥、不施或少施钾肥,使土壤养分失调、局部地区盐渍化程度加重、土壤环境恶化。测土配肥、按需施肥,能使土壤养分平衡,土壤综合肥力逐步提高。

二、测土配方施肥的基本方法

当前所推广的测土配方施肥技术主要使用的是目标产量配方法。

目标产量配方法是根据作物产量的构成,由土壤和肥料两个方面供给养分原理来计算施肥量。其基本思想是由著名的土壤学家曲劳和斯坦福提出的,用公式表达为:

$$\text{某种肥料计划施用量}=\frac{\text{一季植物的吸收养分总量}-\text{土壤供肥量}}{\text{肥料中有效养分含量}\times\text{肥料当季利用率}}$$

目标产量配方法由植物目标产量、植物需肥量、土壤供肥量、肥料利用率和肥料中的有效养分含量等五大参数构成。依据土壤供肥量计算方法的差异,目标产量配方法又分为养分平衡法和地力差减法两种。

(一)养分平衡法

根据植物需肥量和土壤供肥量之差来计算实现目标产量所需的施肥量,其中,土壤供肥量是通过土壤养分测定值进行计算的。应用养分平衡法必须求出下列参数:

(1)植物目标产量。配方施肥的核心是为实现一定产量指标施用适量的肥料。因此,施肥必须要有产量标准,以此为基础,才能做到按计划用肥。土壤肥力是决定产量高低的基础,某一种植物的计划产量要依据当地的综合因素而确定,不可盲目指定。确定计划产量的方法很多,根据我国多年来各地的试验研究和生产实践,可从“以地定产”“以水定产”“以土壤有机质定产”三方面入手。其中,“以地定产”较为常用。一般是在不同土壤条件下,通过多点田间试验,根据不施肥区的空白产量和施肥区获得的最高产量,求得函数关系,来确定植物目标产量。但在实际推广应用中,常常不易预先获得空白产量,常用的方法是以当地前三年植物的平均产量为基础,再增加10%～15%的产量作为计划产量。

(2)植物目标产量所需养分量。常以下述公式来推算:

$$\begin{matrix}\text{植物目标产量}\\\text{所需某种养分量}\end{matrix}=\frac{\text{目标产量}}{100}\times 100\ \text{kg 产量所需养分量}$$

式中,100 kg 产量所需养分量是指形成 100 kg 植物产品时,该植物必须吸收的养分量,可通过对正常成熟的植物全株养分化学分析来获得。

(3)土壤供肥量。指一季植物在生长期中从土壤中吸收的养分。土壤供肥量通过土壤养分测定值来换算,其公式为:

$$\text{土壤供肥量}=\text{土壤养分测定值}\times 2.25\times\text{校正系数}$$

式中,2.25 是换算系数,即将 1 mg/kg 养分折算成每公顷土壤养分。校正系数是植物实际吸收养分量占土壤养分测定值的比值,常通过田间空白试验及用下列公式求得:

$$\text{校正系数}=\frac{(\text{空白产量}/100)\times 100\ \text{kg 产量所需养分量}}{\text{土壤养分测定值}\times 2.25}$$

(4)肥料利用率。指当季植物从所施肥料中吸收的养分占施入肥料养分总量的百分数。实验表明,肥料利用率不是一个恒定值,它因植物种类、土壤肥力、气候条件和农艺措施的差异而不同,在很大程度上取决于肥料施用量、施用方式和施用时期。其测定方法有两种:同位素肥料示踪法和田间差减法,前者难于广泛应用于生产,故现有肥料利用率的测定大多用田间差减法,其计算公式为:

$$\text{肥料利用率}=\frac{\text{施肥区植物吸收养分量}-\text{无肥区植物吸收养分量}}{\text{肥料施用量}\times\text{肥料中养分含量}}\times 100\%$$

(5)有机肥料与无机肥料的换算。在施用有机肥料情况下,计算无机肥料施用量,必须从植物需肥量中减去有机肥料能利用的部分。常有三种换算方法。

①同效当量法。鉴于有机肥和无机肥的当季利用率不同,通过试验,先计算出某有机肥所含的养分相当于几个单位的化肥所含养分的肥效,这个系数称为“同效当量”。例如,有机肥氮的同效当量为:

$$\text{同效当量}=\frac{\text{有机肥氮处理产量}-\text{无氮处理产量}}{\text{化学氮肥处理产量}-\text{无氮处理产量}}$$

②产量差减法。先通过试验,取得某一种有机肥料单位施用量增产量,然后从目标产量中减去有机肥增产部分,所得的产量是应施化肥才能得到的产量。

③养分差减法。在掌握有机肥养分含量和有机肥料利用率(主要氮素利用率)情况下可用此法。

$$\text{有机肥料养分供应量}=\text{有机肥料用量}\times\text{有机肥料养分含量}\times\text{有机肥料当季利用率}$$

然后从植物需肥量中减去有机肥能利用的部分,即可求化肥的施用量。

得到了上述各项数据后,可用斯坦福公式计算各种肥料的施用量,即

$$\text{肥料用量}=\frac{\text{目标产量所需养分总量}-\text{土壤养分测定值}\times 2.25\times\text{校正系数}}{\text{肥料中有效养分含量}\times\text{肥料当季利用率}}$$

这一方法的优点是概念清楚、容易掌握。缺点是土壤具有缓冲性能,土壤养分处于动态平衡,因此,测定值是一个相对量,不能直接计算出“土壤供肥量”,通常要通过田间试验,取得“校正系数”加以调整,而校正系数变异大,且不易搞准确。

(二)地力差减法

地力差减法则是通过空白田产量来计算土壤供肥量。植物在不施任何肥料的情况下所得的产量称空白田产量,它所吸收的养分,全部取自土壤,能够代表土壤提供的养分数量。所以,目标产量吸收养分量与空白田产量吸收养分量的差值,就是需要通过施肥补充的养分量。其肥料用量计算公式表述为:

$$\text{肥料用量}=\frac{\left(\dfrac{\text{目标产量}-\text{空白田产量}}{100}\right)\times\text{每 100 kg 植物产量吸收养分量}}{\text{肥料中有效养分含量}\times\text{肥料当季利用率}}$$

这一方法的优点是不需要进行土壤测试,计算较简便,避免了养分平衡法的缺点。但开展

肥料要素试验所需时间长，同时试验代表性也有限，给推广工作带来一定困难。另外，空白田产量是构成产量诸因素的综合反映，无法代表某种营养元素的丰缺情况，只能以植物吸收量来计算需肥量。当土壤肥力越高，植物对土壤的依赖率越大(即植物吸自土壤的养分越多)时，需要由肥料供应的养分就越少，可能出现剥削地力的情况而不能及时察觉，必须引起注意。

三、测土配方施肥的工作内容

测土配方施肥技术包括“测土、配方、配肥、供应、施肥指导”五个核心环节的九项重点内容。

(1)田间试验。田间试验是获得各种作物最佳施肥量、施肥时期、施肥方法的根本途径，也是筛选、验证土壤养分测试技术、建立施肥指标体系的基本环节。通过田间试验，掌握各个施肥单元不同作物优化施肥量，基、追肥分配比例，施肥时期和施肥方法；摸清土壤养分校正系数、土壤供肥量、农作物需肥参数和肥料利用率等基本参数；构建作物施肥模型，为施肥分区和肥料配方提供依据。

(2)土壤测试。测土是制定肥料配方的重要依据之一，随着我国种植业结构不断调整，高产作物品种不断涌现，施肥结构和数量发生了很大的变化，土壤养分库也发生了明显改变。可通过开展土壤氮、磷、钾及中、微量元素养分测试，了解土壤供肥能力状况。

(3)配方设计。肥料配方设计是测土配方施肥工作的核心。通过总结田间试验结果、土壤养分数据等，划分不同区域施肥分区；同时，根据区域间气候、地貌、土壤、耕作制度等的相似性和差异性，结合专家经验，提出不同作物的施肥配方。

(4)校正试验。为保证肥料配方的准确性，最大限度地减少配方肥料批量生产和大面积应用的风险，在每个施肥分区单元，设置配方施肥、农户习惯施肥、空白施肥三个处理，以当地主要作物及其主栽品种为研究对象，对比配方施肥的增产效果，校验施肥参数，验证并完善肥料施配方，改进测土配方施肥技术参数。

(5)配方加工。配方落实到农户田间是提高和普及测土配方施肥技术的关键环节。目前，不同地区有不同的模式，其中最主要的也是最具有市场前景的运作模式就是市场化运作、工厂化生产、网络化经营。这种模式适应我国农村农民科技素质相对较低、土地经营规模小、技物分离的现状。

(6)示范推广。为促进测土配方施肥技术落实到田间地头，既要解决测土配方施肥技术市场化运作的难题，又要让广大农民亲眼看到实际效果，这是限制测土配方施肥技术推广的“瓶颈”。建立测土配方施肥示范区，为农民创建窗口，树立样板，全面展示测土配方施肥技术效果。推广“一袋子肥”模式，将测土配方施肥技术物化成产品，打破技术推广的“坚冰”。

(7)宣传培训。测土配方施肥技术宣传培训是提高农民科学施肥意识、普及技术的重要手段。农民是测土配方施肥技术的最终使用者，迫切需要向农民传授科学施肥方法和模式；同时还要加强对各级技术人员、肥料生产企业、肥料经销商的系统培训，逐步建立技术人员和肥料商持证上岗制度。

(8)效果评价。农民是测土配方施肥技术的最终执行者和落实者，也是最终的受益者。检验测土配方施肥的实际效果，应及时获得农民的反馈信息，才能不断完善管理体系、技术体系和服务体系。同时，为科学地评价测土配方施肥的实际效果，必须对一定的区域进行动态调查。

(9)技术研发。技术研发是保证测土配方施肥工作长效性的科技支撑。应重点开展田间试验方法、土壤养分测试技术、肥料配制方法、数据处理方法等方面的研发工作，不断提升测土配方施肥技术水平。

四、测土配方施肥的效益

测土配方施肥是我国农业生产上的一次重大变革，它克服了广大农民长期以来凭主观经验而盲目施肥的缺点，既节约了肥料，提高了肥料的利用率，又减少了化肥对农业环境的污染，符合国家倡导的化肥零增长方针，具有一定的生态效益及经济效益。

截至 2022 年，我国推广测土配方施肥技术的总面积达 12 亿亩以上，占总耕地面积的 67%，惠及全国 2/3 的农户。据对农户抽样调查，应用测土配方施肥技术的田块，小麦、水稻、玉米亩均增产 3.7%、3.8%、5.9%，增收 30 元以上；蔬菜、果树等作物亩均增收达 100 元以上。截至 2021 年，通过实施测土配方施肥，全国累计减少不合理施肥 1 400 多万 t，据专家推算，相当于节约燃煤 3 640 万 t，减少二氧化碳排放 9 460 万 t。

实训 6　玉米测土配方施肥技术

一、实训准备

(1)教师提前下达实训任务，安排学生自学相关理论知识。

(2)提示学生分组准备实训材料(如计算器或电脑，尿素等化肥)与用具(电子秤、铁锹、塑料桶或盆等)。

二、实训条件

在学院内试验田或周边实训基地选定一块 30 亩的玉米田。

三、实训操作步骤

(1)土壤样品的采集与制备。采用对角线法采集土样，至少采集 20 个点，以“四分法”将土样减到 2 kg，拿到实验室风干后磨碎过筛，装瓶。

(2)土壤速效 N 含量的测定。按照操作规程操作(详见 DB13/T 843—2007)，在土壤化验室进行实训操作。

(3)土壤速效 P 含量的测定。按照操作规程操作(详见 LY/T 1232—2015)，在土壤化验室进行实训操作。

(4)土壤速效 K 含量的测定。按照操作规程操作(详见 NY/T 889—2004)，在土壤化验室进行实训操作。

(5)目标产量的确定。根据前三年的产量计算今年玉米的目标产量。

(6)施肥量的计算。按照教材中所列的公式，分别计算出尿素、三料磷肥及硫酸钾的每亩施用量。

(7)指导施肥。根据计算结果，在学院周边实训基地或玉米试验田指导施肥。

四、考核评价

见表 4-9。

表 4-9　玉米测土配方施肥操作考核评价

序号	评价要素	考核内容和标准	标准分值	得分
1	土壤采集与养分化验（50 分）	能正确采集与制备土样，速效 N、P、K 的测定操作规范、计算结果正确可行	25～50	
		采集与制备土样基本正确，速效 N、P、K 的测定操作较为规范、计算结果基本正确可行	10～24	
		采集与制备土样不规范，速效 N、P、K 的测定操作不规范、计算结果不正确	0～9	
2	施肥量的计算（20 分）	目标产量可行，施肥量的计算公式及结果正确无误	11～20	
		目标产量基本可行，施肥量的计算公式及结果基本正确	6～10	
		目标产量不可行，施肥量计算数据不准确	0～5	
3	田间施肥指导（20 分）	能够按计算结果在田间指导施肥，并按要求实施	11～20	
		能够按计算结果在田间指导施肥，但施肥不符合要求	6～10	
		不能够按要求在田间指导、实施配方施肥工作	0～5	
4	团队协作（10 分）	协作能力强，分工合理，具备较强的职业责任心、团队协作能力	6～10	
		协作能力一般，分工较合理，具备一定的职业责任心、团队协作能力	3～5	
		缺少协作分工意识、职业责任心，团队协作能力差	0～2	
组别		小组成员：	合计得分	

学习情境 4　节水灌溉与水肥一体化技术

模块四　学习情境 4
课程 PPT

一、节水灌溉技术

（一）节水灌溉的概念及意义

节水灌溉是指以最低限度的用水量获得最大的产量或收益，也就是最大限度地提高单位灌溉水量的农作物产量和产值的灌溉措施。

节水灌溉的目的是指以较少的灌溉水量取得较好的生产效益和经济效益。节水灌溉的基本要求就是要采取最有效的技术措施，使有限的灌溉水量创造最佳的生产效益和经济效益。

（二）节水灌溉技术措施

目前，节水灌溉技术在生产中涉及作物种类越来越多，发挥着越来越重要的作用。

1. 渠道防渗技术

渠道防渗是减少渠道输水渗漏损失的工程措施。不仅能节约灌溉用水，而且能降低地下水位，防止土壤次生盐碱化；防止渠道的冲淤和坍塌，加快流速，提高输水能力，减小渠道断面和建筑物尺寸；节约用地，减少工程费用和维修管理费用等。

2. 地下灌溉技术

地下灌溉技术是把灌溉水输入地下铺设的透水管道或采取工程措施抬高地下水位,借土壤毛管作用湿润作物根层土壤的灌水方法。

优点是减少地表蒸发,水分利用率高。灌水质量好,少占耕地,不影响机械耕作,灌溉作业还可与其他田间作业同时进行。

3. 低压管道灌溉技术

低压管道灌溉简称管道输水灌溉,在田间灌水技术上,仍属于地面灌溉类,它是以管道代替明渠输水灌溉系统的一种工程形式。灌水时使用较低的压力，通过压力管道系统，把水输送到田间沟、畦,灌溉农田。

低压管道灌溉主要特点:低压管道灌溉是在低压条件下运用的。目前主要用于输配水系统层次少(一级或二级)的小型灌区(特别是井灌区),)也可用于输配水系统层次多的大型灌区的田间配水系统。其工作压力相对于喷灌、微喷灌等较低。

4. 喷灌技术

喷灌是把由水泵加压或自然落差形成的有压水通过压力管道送到田间,再经喷头喷射到空中,形成细小水滴,均匀地洒落在农田,达到灌溉的目的。一般来说,其明显的优点是灌水均匀,少占耕地,节省人力,对地形的适应性强。主要缺点是受风影响大,设备投资高。目前,在我国推广的喷灌型式主要有轻小型喷灌机、固定式喷灌、移动管道式喷灌、卷盘式喷灌机、大型喷灌机等。喷灌系统的形式很多,其优缺点也就有很大差别。

5. 滴灌技术

滴灌是将具有一定压力的水,过滤后经管网和出水管道(滴灌带)或滴头以水滴的形式缓慢而均匀地滴入植物根部附近土壤的一种灌水方法。与其他灌水技术相比较,滴灌具有许多不同的特点。其系统组成和其他灌水方法也不同。

滴灌系统由水源工程、首部枢纽(包括水泵、动力机、过滤器、肥液注入装置、测量控制仪表等)、各级输配水管道和滴头等四部分组成。

滴灌技术的优、缺点:

①水的有效利用率高。在滴灌条件下,灌溉水湿润部分土壤表面,可有效减少土壤水分的无效蒸发。同时,由于滴灌仅湿润作物根部附近土壤,其他区域土壤水分含量较低,因此,可防止杂草的生长。滴灌系统不产生地面径流,且易掌握精确的施水深度,非常省水。

②环境湿度低。滴灌灌水后,土壤根系通透条件良好,通过注入水中的肥料,可以提供足够的水分和养分,使土壤水分处于能满足作物要求的稳定和较低吸力状态,灌水区域地面蒸发量也小,这样可以有效控制保护地内的湿度,使保护地中作物的病虫害的发生频率大大降低,也降低了农药的施用量。

③提高作物产品品质。由于滴灌能够及时适量供水、供肥,它可以在提高农作物产量的同时,提高和改善农产品的品质,使保护地的农产品商品率大大提高,经济效益高。

④滴灌对地形和土壤的适应能力较强。由于滴头能够在较大的工作压力范围内工作,且滴头的出流均匀,所以滴灌适宜于地形有起伏的地块和不同种类的土壤。同时,滴灌还可减少中耕除草,也不会造成地面土壤板结。

⑤省水省工,增产增收。因为灌溉时,水不在空中运动,不打湿叶面,也没有有效湿润面积以外的土壤表面蒸发,故直接损耗于蒸发的水量最少;容易控制水量,不致产生地面径流和土

壤深层渗漏。故可以比喷灌节省水 35%～75%。对水源少和缺水的山区实现水利化开辟了新途径。由于株间未供应充足的水分，杂草不易生长，作物与杂草争夺养分的干扰大为减轻，减少了除草用工。作物根区能够保持着最佳供水状态和供肥状态，故能增产。

⑥滴灌系统造价较高，杂质、矿物质沉淀会使毛管滴头堵塞，滴灌的均匀度也不易保证。这些都是大面积推广滴灌技术的障碍。

6. 膜下滴灌技术

这是一种结合了以色列滴灌技术和国内覆膜技术优点的新型节水技术，即在滴灌带或滴灌毛管上覆盖一层地膜。这种技术是通过可控管道系统供水，将加压的水经过过滤设施滤"清"后，和水溶性肥料充分融合，形成肥水溶液，进入输水干管—支管—毛管(铺设在地膜下方的灌溉带)，再由毛管上的滴水器一滴一滴地均匀、定时、定量浸润作物根系发育区，供根系吸收。

7. 微灌技术

微灌技术能将水和肥料浇在作物的根部，它比喷灌更省水、省肥。当前在我国推广的主要类型有微喷灌、滴灌、膜下滴灌和渗灌等。膜下滴灌具有增加地温、防止蒸发和滴灌节水的双重优点，节水效果最好，近几年在我国西部得到迅速推广。

8. 植物调亏灌溉技术

在作物生长发育某些阶段(主要是营养生长阶段)主动施加一定的水分胁迫，促使作物光合产物的分配向人们需要的组织器官倾斜，以提高其经济产量的节水灌溉技术。

从生物生理角度考虑，水分胁迫并不总是表现为负面效应，适时适量的水分胁迫对作物的生长、产量及品质有一定的积极作用。

调亏灌溉技术应用范围：果树、蔬菜、冬小麦、玉米和棉花等主要农作物。与充分灌溉相比，调亏灌溉具有节水增产作用。

9. 集雨节灌技术

近几年来，西北地区群众将当地解决人畜饮水的集雨技术和节水灌溉技术结合起来，通过修建集雨场，将雨水集中到小水窖、小水池等小、微型水利工程，再利用滴灌、膜下滴灌等高效节水技术进行灌溉。集雨节灌工程可以使干旱缺水地区群众同平原地区一样发展"二高一优"农业，走上脱贫致富之路。集雨节灌技术已在西北(降水量一般要大于 250 mm)和西南地区得到了推广。

二、水肥一体化技术

(一)水肥一体化的概念及意义

1. 水肥一体化的概念

水肥一体化技术是将灌溉与施肥融为一体、水肥同步滴入作物根系的农业新技术，其设备由水源、灌溉首部、输配系统及滴水器(滴头)四部分组成(图 4-4)。水肥一体化是借助压力系统或地形自然落差，将可溶性固体或液体肥料，按土壤养分含量和作物的需肥规律和特点，配兑成肥液与灌溉水一起，通过可控管道系统供水、供肥，水肥相融后，通过管道和滴头形成滴灌，均匀、定时、定量浸润作物根系生长区域，主要根系土壤能始终保持疏松和适宜的含水量，同时根据不同蔬菜的需肥特点、土壤环境和养分含量状况、蔬菜不同生长期情况进行不同生育期的需求设计，把水分、养分定时定量按比例直接提供给作物。这项技术的优点是灌溉施肥的肥效快，养分利用率提高，可以避免肥料施在较干的表土层易引起的挥发损失、溶解慢，最终肥效发挥慢的问题；尤其避免了铵态氮肥和尿素施在地表易挥发损失的问题，既节约氮肥又有利于环境保护。水肥一体化技术使肥料的利用率大幅度提高。由于水肥一体化技术通过人为定量调控，满足作物在关键生育期“吃饱喝足”的需要，杜绝了任何缺素症状，在生产上可达到作物的产量和品质均良好的目标。

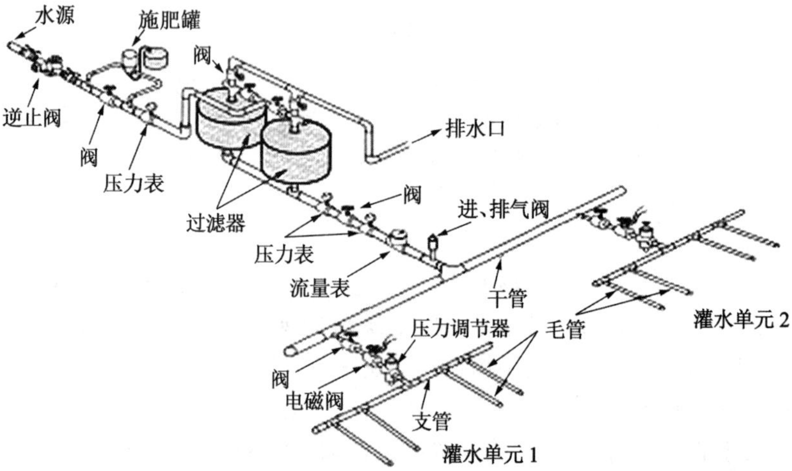

图 4-4 水肥一体化系统示意图

2. 水肥一体化的意义

水肥一体化实现了水与肥的同步供应，既提高了水资源的利用率，又提高了化肥的利用率，还节省了大量的人工。

2018 年中央一号文件提出，实施国家农业节水行动，建设一批重大高效节水灌溉工程。2022 年中央一号文件再次提出，大力普及喷灌、滴灌等节水灌溉技术，加大水肥一体化等农艺节水推广力度。水肥一体化是国内外公认的一项高效灌溉和高效施肥技术。水肥直接滴入作物根部附近的土壤，在根区形成一个椭球形或球形湿润体，然而氮磷钾养分在土壤中的运移距离和速度不同，尿素容易随水分运移；磷肥容易被土壤吸附固定，移动性较弱；钾素的移动性相对氮素而言较弱，而较磷素强。在相同的运移时间和灌溉量下，不同的运移速度往往造成氮、磷、钾分布区和根系分布不一致，不利于氮、磷、钾的吸收，抑制了水肥效率的提高和作物增产。

农业农村部提出，到 2020 年，我国农业要实现“控制农业用水总量，减少化肥、农药使用量，化肥、农药用量实现零增长”。该目标已经顺利实现，但我国仍然将面临以占世界 7%的耕地养活了占世界 22%的人口的问题。以新疆地区为例，新疆地处欧亚大陆腹地，总面积 $166.04\times10^4\ km^2$，占中国陆地总面积的 1/6；拥有耕地面积 $411.42\times10^4\ hm^2$，占全国耕地总面积的 3.38%，有 $1\ 614.18\times10^4\ hm^2$ 的后备土地资源，农业发展潜力巨大。水肥一直是作物增产的主要技术手段，但井渠灌溉缺乏统一安排和调控、田间出水桩出水量与田间滴头出水量不统一、施肥系统滞后、滴灌肥配方不科学、氮磷钾运移速度不同但同时进入系统等问题制约着新疆滴灌施肥中水分效率的提高。因此，通过加强水肥一体化技术培训、改进作物株行配置和田间毛管布置方式、优化滴头流量和灌溉量、升级施肥系统和施肥时间、建立水肥产业联盟等方式，构建作物水肥高效利用技术体系及相适应的水肥调控模式，从而提高肥料利用率并减轻对环境的压力，保障粮食安全、保护生态环境具有极其重要的意义。

截至 2022 年，我国推广应用水肥一体化技术的农作物面积达 7 000 多万亩，对象从棉花、蔬菜等经济作物扩展到小麦、玉米等粮食作物，今后也将逐步在荒山绿化、沙漠治理等领域推广应用。

(二)水肥一体化的作用及效果

1. 水肥均衡

传统的浇水和追肥方式，作物“饿”几天再“撑”几天，不能均匀地“吃喝”。而采用滴灌，可以根据作物需水需肥规律随时供给，保证作物“吃得舒服，喝得痛快”。

2. 省工省时

水肥一体化技术的机制是依靠压力差来自动进行灌水施肥，这样可以免去人工开沟灌水，也可以大大减少人工施肥的时间。传统的灌溉技术会使田间地头产生大量的水资源浪费，而该技术不仅节约了水，而且保证田间的干燥，进而控制了杂草生长，无须花费大量的人力去清除杂草，节约了工作时间。病虫害的减少也使喷药和通风过程人工投入大大减少。传统的沟灌、施肥费工费时，非常麻烦，而使用滴灌，只需打开阀门，合上电闸，几乎不用工。

3. 节水省肥

相对于传统的灌溉技术，水肥一体化技术在节水方面相当的高效。传统的浇灌技术一般采取的是畦灌或大水漫灌，水常在运输途中被浪费，而水肥一体化技术，可以帮助水肥融合在一起，采用的是可控管道，方式是滴状浸润作物的根系，这样可以减少水分的下渗和蒸发，使水分得到充分地利用，通常可节水 30%以上。传统的肥料利用都是通过撒施的方式，这样施肥不仅不能保证所有肥料充分被利用，而且会对工作人员造成一定的危害。水肥一体化技术在施肥时采取定时、定量和定向的方式，不仅可以减少肥料的挥发和流失，还能提高土壤对养分的固定，这样可以实现集中施肥，达到平衡施肥，而且在同等的耕种条件下，可节约 30%肥料。

4. 减轻病害

大棚内作物很多病害是土传病害，随流水传播。如辣椒疫病、番茄枯萎病等，采用滴灌可以有效控制土传病害的发生。滴灌能降低棚内的湿度，减轻病害的发生。在蔬菜棚内，如果采取水肥一体化技术，可以使棚内的湿度降低 8.5%左右，降低湿度后会一定程度上抑制棚内病虫害的发生。除此之外，如果湿度减低，棚内的通风次数也可以相应减少，这样会使温度提高，有利于作物健壮生长，增强植物抵抗病虫害的能力，从而减少了农药的用量。

5. 控温调湿

冬季使用滴灌能控制浇水量，降低湿度，提高地温。传统沟灌会造成土壤板结、通透性差，作物根系处于缺氧状态，造成沤根现象，而使用滴灌则避免了因浇水过大而引起的作物沤根、黄叶等问题。

6. 增加产量，改善品质，提高经济效益

水肥一体化技术大大改善了植物的生长条件，使作物得到了满足生理需要的水肥，这种浇灌技术下的作物果实饱满，个头大，普遍可增产 10%以上。此外，该技术可以减少病虫害，从而大大减少腐烂果和畸形果的数量，使果实的品质得到改善。

7. 改善微生态环境

保护地栽培采用水肥一体化技术，一是明显降低了棚内空气湿度。滴灌施肥与常规畦灌施肥相比，空气相对湿度可降低 8.5～15 个百分点。二是保持棚内温度。滴灌施肥比常规畦灌施 肥减少了通风降湿而降低棚内温度的次数，棚内温度一般高 2～4 ℃，有利于作物生长。三是增强微生物活性。滴灌施肥与常规畦灌施肥技术相比地温可提高 2.7 ℃，有利于增强土壤微生物活性，促进作物对养分的吸收。四是有利于改善土壤物理性质。滴灌施肥克服了因灌溉造成的土壤板结，土壤容重降低，孔隙度增加。五是减少土壤养分淋失，减少对地下水的污染。

(三)水肥一体化技术应用

1. 肥料罐法

这是目前新疆地区最常用的方法，是把肥料加入到施肥罐中，通过水溶解后，再随着灌溉水一起进入农田中的作物根下。其优点是成本低、占地少，易于操作，缺点是罐内压力较大，容易出现炸罐的危险，存在安全隐患。

根系是吸收水肥的主要器官，肥料必须溶于水才能被根系吸收，但由于氮、磷、钾养分在土壤中的运移距离和速度不同，往往出现磷区、钾区、氮区不统一，养分分布区与根系、水分分布区不重叠，造成肥料利用率低等问题；结合作物根系时空分布特征、作物水肥盐运移规律，解决滴灌水肥一体化过程中作物地下部根系分布区域、灌溉水分分布区域、高养分(氮磷钾)分布区、淡盐区分布、良好微生物分布区域的五者不重叠问题，构建滴灌作物根水肥盐微生物区(或者根水氮磷钾盐菌)协同调控关键技术模式。具体内容如下：

(1)南疆滴灌林果淡盐区构建关键技术研究；

(2)滴灌作物根系对水肥盐运筹的响应研究；

(3)滴灌作物根区氮磷钾运移机制及调控方法研究；

(4)滴灌作物根区水肥盐协同调控技术研究及产品开发；

(5)南疆滴灌林果、棉花及北疆滴灌棉花、玉米良好根区综合构建技术集成及应用。

2. 肥料泵法

这是近年来我国华南地区推广使用的一种方法。该法可以任意扩大施肥面积，肥料池可根据滴灌施肥的规模面积大小来确定体积。另外，还可安装搅拌器，以提高肥料的溶解度。

该法的优点是可满足大规模、大面积农田的滴灌施肥的要求，不存在安全隐患，还能提高水温。但也有缺点：一是占地多，需要在滴灌首部挖一个地下水池或在地上砌垒一个水池；二是需要再增加一个搅拌器和一个水泵(抽取肥料池中的肥水溶液)，这样会增加投资成本。但它毕竟是将来滴灌施肥的发展趋势，必将取代目前常用的肥料罐法。

滴灌技术在新疆已推广了 333 万 hm^2，其中约有 80%采用滴灌随水施肥技术，取得了很好的经济与生态效益。在新时期，随着农业产业高质量发展，水肥一体化技术发展将迎来新的机遇，但是水肥(氮、磷、钾)和盐不同步等现象仍制约着水肥一体化技术的革新。

3. 文丘里法

该法是利用文丘里管将肥料加入到滴灌带中，再滴入到作物根下部。这种方法不常用，只有小面积的试验与示范，但效果较好。

实训7　滴灌设备安装技术

一、实训准备

(1)教师提前下达实训任务,安排学生自学相关理论知识,查找相关资料。

(2)学生分组准备相应的实训工具。

二、实训条件

(1)喷灌设备与安装相应工具。

(2)有专业技术人员指导。

三、实训操作步骤

(1)设计安装方案。根据系统完整性要求,了解温室现有条件,经过实地勘测后,绘出安装设计图,经技术人员鉴定和改进后选择最佳的设计方案。

(2)滴灌设备的准备。具体达标要求为:水质无毒无污染,水源可以是井水、渠水、河水、窖集天然降水等。供水设备要保证灌溉水的输送和滴出,因此进入滴灌管道的水必须具有一定压力。施肥设备包括肥料混合罐和肥料注入器。控制设备包括流量和压力调节器。温室内管网系统一般仅用支管,单向接头,毛管、堵头及相关控制用的球阀等设备。

(3)供水方式的选择与确定。具体方法为:①用水泵直接将水供应到管网系统;②水塔供水;③简易贮水罐。

(4)安装思路。一般将滴灌带(管)直接安装在支管上,将供水装置的水引向滴灌区的支管。输水管道上需要安装过滤器,以防铁锈和泥沙堵塞。过滤器采用纱网过滤,同时要安装压力表阀门和肥料混合罐(容积 0.5～1 m^3)。进入温室后的管道一般置于温室前或通道前的地面上。滴水部分的滴灌带采用黑色或蓝色聚乙烯塑料薄膜滴灌带,厚度 0.8～1.2 mm,直径 16 mm 规格。

(5)安装方法。滴水软带与支管的连接有两种方法:一种是用 32 mm×16 mm 的异径三通连接,其中 16 mm 的一端套上滴水软带后用绳索或铁丝扎紧,滴水软带的另一端也要扎紧。然后用内径 32 mm 的黑色半软塑料管,按一定距离将异径三通的两端连接,温室两头的连接管用塑料堵塞紧。另一种是将输水支管按软带的布设位置打孔,在孔上安装旁通,将滴水软带接在旁通的出水口上并扎紧。

(6)滴灌检验。将安装好的喷灌系统调试使用,观察喷灌的压力、出水量和均匀度等,确定喷灌的效果,发现问题及时改进。

四、考核评价

见表 4-10。

表 4-10 滴灌设备安装考核评价

序号	评价要素	考核内容和标准	标准分值	得分
1	查找资料（15 分）	与滴灌相关的动力学、栽培学、环境控制等知识资料收集齐全	10～15	
		与滴灌相关的动力学、栽培学、环境控制等知识资料收集不全	0～9	
2	安装方案设计（15 分）	滴灌安装方案设计合理，符合栽培要求	10～15	
		滴灌安装方案设计基本合理，符合栽培要求	5～9	
		与正确设计出入很大	0～4	
3	安装思路和方法（30 分）	根据温室的具体情况，安装思路与方法基本正确	15～30	
		根据温室的具体情况，安装思路与方法与实际要求差异大	0～14	
4	滴灌效果（20 分）	喷灌系统安装结束后调试使用，喷灌效果符合标准	10～20	
		喷灌系统安装结束后调试使用，喷灌效果差	0～9	
5	团结协作（20 分）	协作能力强，分工合理，具备较强的职业责任心、团队协作能力	15～20	
		协作能力一般，分工较合理，具备一定的职业责任心、团队协作能力	8～14	
		缺少协作分工意识、职业责任心，团队协作能力差	0～7	
组别		小组成员：	合计得分	

学习情境 5 农作物秸秆的循环高值利用技术

模块四 学习情境 5 课程 PPT

一、秸秆沼气高效生产技术

秸秆沼气是指以纯秸秆或粪便与秸秆混合为原料，在一定的条件下，经过厌氧消化而生成可燃性混合气体（沼气）及沼液、沼渣的过程。秸秆沼气又叫“秸秆生物天然气”，根据工程规模（池容）大小和利用方式不同，可将其分为三类：一是农村户用秸秆沼气，以农户为单元建造一口沼气池，池容大小在 8～12 m^3，沼气自产自用；二是秸秆生物气化集中供气，一般属于中小型沼气工程，池容在 50～200 m^3，以自然村为单元建设沼气发酵装置和贮气设备等，集中生产沼气，再通过管网把沼气输送到农户家中；三是大中型秸秆生物气化工程，池容一般在 300 m^3 以上，主要适用于规模化种植园或农场秸秆的集中处理，所产沼气用于集中供气或发电。

进入 21 世纪后，随着我国规模化畜禽养殖业的快速发展，分散养殖户不断减少，以家畜粪便为原料的农村户用沼气在推广过程中，受到了原料不足甚至缺乏的限制。近年来，通过大量的试验研究和生产实践，我国秸秆沼气新技术已基本成熟，并进入推广应用阶段。秸秆沼气不仅为我国秸秆综合利用开辟了一条重要途径，而且打破了农村沼气建设对畜禽养殖的依赖性，有效地解决了建设沼气无原料和已建沼气池原料紧缺的问题，改变了长期以来“用沼气必须搞养殖"的历史。农业农村部在江西、山东、江苏等 11 个省开展秸秆沼气的试点工作，北方以玉米和小麦秸秆为主要原料，南方则以稻草为主要原料。通过 3 年的试点表明，不论是户用秸秆沼气还是大中型秸秆沼气工程，成效都十分显著，调查表明，一个 8 m^3 的沼气池，一次投入秸秆 400 kg，可连续产气 6～8 个月，基本上可满足 3～4 口之家的炊事用能，完全可代替粪便作为原料生产沼气。

(一)农村户用秸秆沼气技术

1.秸秆的预处理技术

选用风干半年左右的农作物秸秆，用粉碎机或揉草机将其粉碎至 2～6 cm，向秸秆中喷入 2 倍于秸秆重量的水，边喷边搅拌，再将其浸湿 24 h 左右，使秸秆充分吸水。按每 100 kg 干秸秆加 0.5 kg 绿秸灵、1.2 kg 碳酸氢铵(或 0.5 kg 的尿素)的比例，向浸湿的秸秆中拌入绿秸灵和氮肥。边翻、边撒，将秸秆、绿秸灵和碳酸氢铵(或尿素)三者进行拌和直至均匀，最好分批拌和。如无条件获得绿秸灵，也可以用老沼液代替，用量以浸湿秸秆为宜，沼液量是秸秆重量的 2 倍。将拌匀后的秸秆堆积成宽度为 1.2～1.5 m、长度视材料及场地而定的长方体堆，高度为 0.5～1 m(按季节不同而异，夏季宜矮、春季宜高)，并在表层泼洒些水，以保持一定的湿度。用塑料布覆盖，其作用有两点：一是防止水分蒸发；二是聚集热量。塑料布在草堆边要留有空隙，堆上部要开几个小孔，以便通气、透风。一般情况下堆沤时间，夏季为 5～7 d(高温天气 3 d 即可)，春、秋季为 10～15 d。当秸秆表面上产生白色菌丝，变成黑褐色，并冒热烟(温度达 60 ℃以上)时表明已堆沤好，即可入池。

2.配料与投料

若采用纯秸秆为发酵原料，则 10 m^3 沼气池应需准备 500 kg 的干秸秆，再配备 10 kg 碳酸氢铵(或 3 kg 尿素)和 1 m^3 的接种物；若采用秸秆与粪便混合为发酵原料(以 50%秸秆＋50%粪便为最佳比例)，则 10 m^3 沼气池应准备 300 kg 干玉米秸秆＋1.68 m^3 牛粪；再配备 6 kg 碳酸氢铵(或 2 kg 尿素)和 0.5 m^3 的接种物。

将预处理好的纯秸秆原料分以下三种情况进行投料：①有天窗(人孔)的沼气池，先从天窗口趁热将秸秆一次性投入池内，再将溶于水的碳酸氢铵或尿素倒入沼气池中，同时加入接种物，补水后在浮料上用尖木棍扎孔若干；②无天窗(人孔)的沼气池，先用木棒将接种物由进料管投入池内，并加水至进料管出口低位处，再用木棒将秸秆由进料管陆续投入池内，直到全部秸秆进完为止；③也可以采用潜污泵或绞龙式抽渣机先从出料间抽出部分水，再从进料管辅之木棒将少量秸秆冲进池内，如此反复进行，直到全部秸秆进完为止，同时再加入接种物和碳酸氢铵或尿素，以调节碳氮比(C/N)。

3.运行管理

沼气池进入正常产气后，一般纯秸秆原料可以维持 4 个月的产气周期，而粪草混合原料可以维持 3 个月的产气周期。为维持沼气池的均衡产气，应根据产气量的变化定期向池内进行补料。正常运行期间补入沼气池中的秸秆原料，只需要铡短或粉碎至 6 cm 以下，再用水或沼液浸透即可入池。通常状况下，每隔 5～7 d 补料一次，每次补充干秸秆 10 kg，也可每月补一次料，每次补充干秸秆 60 kg。补料时要先出料后进料，从进料口将秸秆投入池内，必要时再用绞龙泵循环。常规水压式沼气池无搅拌装置，可通过进料口或水压间用木棍搅拌，也可以从水压间淘出料液，再从进料口倒入池中进行搅拌，每隔 5～7 d 搅拌一次，每次搅拌时间为 30 min 左右。若发生浮料结壳并严重影响产气时，应打开天窗(人孔)盖进行搅拌，无人孔沼气池可用绞龙式抽渣机循环实施搅拌。冬季到来之前，应在沼气池表面覆盖秸秆、破棉絮或塑料大棚。春、秋季节可在池外大量堆腐粪便或秸秆以保温。采用覆盖法进行保温或增温，其覆盖面积应大于沼气池的建筑面积，从沼气池壁向外延伸的长度应大于当地冻土层深度。纯秸秆原料沼气池一年必须进行一次大换料，要求在池温 15 ℃以上季节进行或结合农业生产用肥进行，低温季节不宜进行大换料。大换料时应做到：①大换料前 5～10 d 应停止进料；②要准备好足够的新料并做好预处理，待出料后立即投入池内重新进行启动；③出料时最好使用秸秆沼气池专用出料夹持器，从水压间或天窗口先将秸秆夹取出来，然后用泵或粪瓢将多余的沼液取出，但需要保留 10%～30%的稠渣作为接种物。

(二)大中型秸秆沼气工程技术

1. 秸秆的预处理

选用风干半年左右的农作物秸秆(若变黑色或发霉则不能用)，用粉碎机或揉草机将其粉碎至 2～6 cm。将 2 倍于秸秆重量的水喷洒在秸秆上面，边喷边搅拌，将其浸湿 1 d，使秸秆充分吸水。按每 100 kg 干秸秆加 0.5 kg 绿秸灵、1.2 kg 碳酸氢铵(或 0.5 kg 的尿素)的比例，向浸湿的秸秆中拌入绿秸灵和氮肥。边翻边撒，将秸秆、绿秸灵和碳酸氢铵(或尿素)三者进行拌和，直至均匀为止(一般需拌和 2 次以上，最好分批拌和)。如无法获得绿秸灵，也可以用老沼液代替，用量(约是秸秆重量的 2 倍)以浸湿秸秆为宜。将拌匀后的秸秆堆积成宽度为 3.5～5.5 m、高度为 0.5～1 m，长度视材料和场地而定的长方堆，混合成堆后再在堆上泼洒些水，以料堆地面无积水、用手捏紧有少量的水滴下为宜，保证秸秆含水率在 65%～70%。用塑料布覆盖，在草堆边要留有空隙，堆上部要开几个小孔，以便通气、透风。堆沤时间夏季为 5～7 d，春、秋季为 10～15 d。当秸秆表面上产生白色菌丝，变成黑褐色，并冒有热烟(温度达 60 ℃以上)时表明秸秆已预处理好。值得强调的是，预处理好的秸秆应堆积起来或贮存在酸化池中备用，原料贮存量应不低于 48 h 的进料量。

2. 配料与调浆搅拌

若采用纯秸秆为发酵原料、发酵浓度按 6%计算，每 100 m^3 厌氧消化器应配备 5 000 kg 的干秸秆(预处理好的)和 80 m^3 沼液或冲洗水，再配备 120 kg 碳酸氢铵(或 40 kg 尿素)，将秸秆和氮肥投入调浆池中，加水搅拌均匀即可。若采用秸秆与粪便混合原料，发酵浓度可略高一些，可按以下两种比例配料：①50%秸秆＋50%粪便(质量比)：每 100 m^3 厌氧消化器应配备 2 500 kg 干秸秆(预处理好的)和 16.5 m^3 粪便；再配备 60 kg 碳酸氢铵(或 20 kg 尿素)和 66 m^3 沼液或冲洗水。将秸秆、粪便和氮肥三者投入调浆池中，加水或沼液搅拌均匀即可。②30%秸秆＋70%粪便(质量比)：每 100 m^3 厌氧消化器应配备 1 500 kg 干秸秆(预处理好的)和 23.5 m^3 粪便；再配备 36 kg 碳酸氢铵(或 12 kg 尿素)和 60 m^3 沼液或冲洗水。将秸秆、粪便和氮肥三者投入调浆池中，加水或沼液搅拌均匀即可。

3. 工程启动调试

采用适合秸秆原料的进料泵将调浆池中的料液分批泵入厌氧消化器内，边投入原料边加入接种物，菌种量为料液总量的 10%～30%。也可提前将接种物投入厌氧消化器内，然后再分批泵入原料。接种物料不足时应采用逐步培养法进行扩大培养。在保持中温(35～45 ℃)发酵的条件下，以纯秸秆为原料的沼气工程一般在投料 5～7 d 后即开始产气；以秸秆与粪便混合原料的沼气工程，一般在投料 3～5 d 后即开始产气。当贮气柜压力表压力达到 4 kPa 以上时，可进行放气试火(一般应放 3～4 次气)，直至点燃。当接种物数量不足时，启动较慢且易发生酸化现象，可采取以下两种方法加以调节：①停止进料，待 pH 恢复到 7 左右，再以较低负荷开始进料；若 pH 降至 5.5 以下时，应加入石灰水、碳酸钠等碱性物质，边搅拌边测定沼液的 pH，直至调节到 7 左右。②排出部分发酵料液，再加入等量的接种物。

（三）秸秆沼气干发酵技术

1. 秸秆沼气干发酵效果

沼气干发酵是指以农作物秸秆、畜禽粪便等固体有机废弃物为原料（干物质浓度在 20% 以上），在无流动水的条件下，进行厌氧发酵生成沼气的工艺。秸秆干发酵技术既适用于农村户用沼气，也适用于农场秸秆大批量集中处理或以村为单元的秸秆沼气集中工程。秸秆沼气干发酵技术的主要优点是节约用水、节省管理沼气池所需的工时，池容产气率也高于湿发酵。在生产清洁燃料的同时，又可获得较多的肥料，为我国秸秆资源高效利用开辟了一条渠道。

邹元良等在生产实际中将干发酵的产气效果与常规湿发酵进行了试验对比，结果表明，在干、湿发酵原料浓度分别为 25.0% 和 6.1%，其他条件完全相同的情况下，干、湿发酵单位重量产气量和甲烷含量无明显差别，但前者的单位池容产气率是后者的 2.33 倍，一个 2 m^3 的干发酵沼气池总产气量比一个 4 m^3 的湿发酵沼气池的产气量还要高 45.85%，详见表 4-11。

表 4-11 干、湿发酵原料用量及产气率比较

发酵类型	池容 /m^3	发酵原料量/kg		清水量 /kg	发酵原料浓度 /%	总产气量 /m^3	池容产气率 /(m^3/d)	单位重量产气量 /(L/kg)
		玉米秸秆	马粪					
干发酵	2	214	275	611	25.0	59.60	0.298	216.7
湿发酵	4	152	195	2 853	6.1	40.86	0.128	209.5

注：湿发酵沼气池单位池容产气率按其池容的 80%（即 3.2 m^3）计算，要留 20%（即 0.8 m^3）作气箱。

由于沼气干发酵的池容产气率较高，因此，干发酵沼气池的体积可以缩小。与 8～10 m^3 的水压湿式沼气池相比，只要建 3～5 m^3 的干发酵沼气池即可，而且持续产气的时间在 6 个月左右。干发酵的原料和发酵后的残渣呈固体状态，进料后不需要用大量的水来压封，所以既节约水资源，又出渣方便，还可节省大量劳动力。

2. 秸秆干发酵技术研究与应用

我国是秸秆干发酵技术应用最早的国家之一，在 20 世纪 80 年代以前，我国农村户用沼气池普遍采用一次进、出料的"大换料"干法发酵工艺，但由于池型结构不合理、技术不够成熟，造成利用率低、报废率高，后来逐步被人、畜粪便沼气池所代替。

近 10 年来，随着农户分散养殖的萎缩，粪便类发酵原料的缺乏与不足，又成为制约沼气发展的"瓶颈"。把人、畜粪便沼气再改造为秸秆沼气，已成为我国农村沼气产业发展所面临的重大课题。经过众多科技人员的大力研究，我国户用秸秆沼气和大中型秸秆沼气工程技术更加先进，工艺更加实用、高效。据了解，经农业农村部的专家组评审鉴定，一致通过了江西省吉安市农村能源站所承担的"秸秆（稻草）生物气化技术示范"项目的技术鉴定，项目开发的双连体户用沼气池技术和工艺得到专家的肯定，并开始在全国试推广。秸秆沼气技术将为我国近 1 000 万口沼气池和 2 000 处沼气工程解决发酵原料不足的问题。

德国、丹麦、荷兰等发达国家的沼气工程装备目前已达到了设计的标准化、产品的系列化、生产的工业化，质量得到有效地控制。德国的 BIOFERM 公司和 BEKON 公司等厂家生产的车库型沼气发酵装备已投入实际运行，在控制、安全等方面均较完备。但所需投资巨大，适于建设年处理秸秆、有机废物等 1 万 t 以上、年产沼气 100 万 m^3 的大型沼气工程。

进入 21 世纪以来，西欧国家大力发展沼气的提纯净化、液化技术，研制生产出了膜式提纯净化设备。2018 年，德国生产的沼气膜式净化设备在全世界销售。德国 Wiesenau 混合原料热电联供工程，主要发酵原料为牛粪、青饲料、玉米秸秆，规模为 1.5 MW。德国 Rathenow 沼气工程，原料为青贮玉米及农作物、液态牛粪及猪粪等，经沼气纯化产生甲烷规模为 520 m^3/h（标准参考条件）。

二、秸秆在食用菌栽培中的循环利用技术

食用菌是能够形成大型子实体并供人们食用的真菌，其以鲜美的味道、柔软的质地、丰富的营养和药用价值而备受人们青睐。食用菌培养基料通常由碎木屑、棉籽壳和秸秆等构成。农作物秸秆中含有丰富的碳、氮、钙等矿物质营养及有机物质，加之来源丰富、成本低廉，因此很适合作为多种食用菌的培养基质。

（一）秸秆直接栽培食用菌技术

目前，国内能够用作物秸秆（包括稻草、玉米秸秆、麦秸、油菜秸秆和豆秸等）生产的食用菌品种已达 20 多种，不仅可生产出草菇、平菇、香菇和双孢菇等一般品种，还能培育出黑木耳、银耳、猴头、金针菇等品种。一般 100 kg 稻草可生产平菇 160 kg（湿菇）或黑木耳 60 kg；而 100 kg 玉米秸秆可生产银耳或金针菇 50～100 kg，或生产平菇或香菇 100～150 kg。与棉籽壳相比，玉米秸秆、玉米芯的粗蛋白、粗脂肪含量偏低，不符合平菇生长所需的最佳营养配比，在栽培拌料时需相应多加入一些麸皮、玉米粉、尿素等辅料，以补充平菇所需氮源。现以玉米秸秆为例，介绍平菇培养基料制作技术。

1. 培养基原料的配比

用玉米秸秆、玉米芯栽培平菇的配方主要有以下 5 种：①玉米芯 70%＋棉籽壳 20%＋麸皮 5%＋玉米粉 5%，每 100 kg 混合料中再另加磷肥 2 kg、尿素 0.4 kg；②玉米芯 100 kg＋玉米粉 5 kg＋麸皮 5 kg＋尿素 0.4 kg；③玉米芯 100 kg＋棉籽壳 3 kg＋麸皮 7 kg＋玉米粉 5 kg＋磷肥 0.5 kg；④玉米芯 65%＋花生壳 25%＋玉米粉 5%＋磷肥 2%＋草木灰 3%；⑤玉米秸秆 250 kg＋牛粪 150 kg＋尿素 40 kg＋磷肥 50 kg＋石膏 50 kg＋钙镁磷肥 50 kg＋石灰 30 kg。

2. 培养工艺及注意事项

将粉碎的玉米秸秆浸泡 24 h，捞起沥干，堆成宽 1.8 m、高 1.6 m、长度不限的堆，并分层均匀加入石灰、尿素、过磷酸钙。玉米秸秆疏松透气，但堆温超过 70 ℃时，培养料中心部位会发生厌氧发酵，对蘑菇菌丝生长不利。一般经过 4 d 左右堆积，料温达到 65～70 ℃时即可翻料，在翻料时应注意以下事项：①翻料时要将料抖松，以增加新鲜空气；②要迅速翻料，以防止堆内水分蒸发，发现料内有白色菌丝密布且氨味消失时，即可消毒接种。

（二）秸秆栽培食用菌循环利用技术

1. 菌糠生产沼气技术

秸秆栽培食用菌后的废渣称为菌糠或菌渣，菌糠中还含有一定量的有机物质，而且其 C/N 由原来的(60～80)∶1 降至(30～40)∶1，因此可以用作沼气发酵的原料。据试验测定，

不同秸秆类型的菌糠干物质产气率有一定的差别，据刘德江等的试验结果，干物质产气率的大小排序为：纯小麦秸秆＞棉籽壳菌渣＞稻草菌渣＞小麦秸秆菌渣，详见表4-12。

表4-12　不同秸秆菌渣的产气率

秸秆菌渣类型	纯小麦秸秆	小麦秸秆菌渣	稻草菌渣	棉籽壳菌渣
干物质产气率/(m^3/kg)	0.198	0.055	0.079	0.102

2.沼渣栽培食用菌技术

以农作物秸秆为主要原料发酵生产沼气后的残渣（沼渣）既可作农田肥料，还可用来栽培食用菌。用沼气发酵残留物栽种食用菌，能提高一级菇的产量，增加粗蛋白、可溶性糖、维生素C和全磷的含量，改善食用菌的氨基酸组成。上海市嘉定区沼气试验站的实验结果表明，与对照组相比，一级菇产量增加19%～26%。

三、秸秆青贮及氨化技术

（一）秸秆青贮技术

秸秆青贮处理法又叫自然发酵法，就是把新鲜的秸秆填入密闭的青贮窖或青贮塔内，经过微生物的发酵作用，达到长期保存且饲料青绿、多汁、营养丰富和适口性较好的目的。适于青贮的秸秆主要有玉米秸秆、高粱秸秆或甜高粱和粟类作物的秸秆。该技术较为成熟，经济实用，已在全国广泛推广应用。

1.秸秆青贮的原理

在适宜的条件下，通过给有益菌（乳酸菌等）提供有利的环境，使嗜氧微生物的活动减弱用至停止，从而达到抑制霉菌活动和杀死多种微生物、保存饲料的目的。由于在青贮过程中微生物发酵产生有用的代谢物，使青贮饲料带有芳香、酸、甜的味道，能大大提高牲畜的适口性从而增加采食量。

秸秆青贮发酵的过程大致可分为三个阶段：①预备发酵期（0.5～2 d），又称好氧发酵期，此期产生乳酸、乙酸等有机酸，从而使饲料变为酸性。②乳酸菌发酵期，又称酸化成熟期，在2～7 d内，青贮饲料内乳酸菌大量增殖，生成乳酸，同时产生二氧化碳、乙酸等成分；在8～15 d里，青贮容器内二氧化碳占相当部分，此时以乳酸菌为主，pH逐步下降到4.2以下。③稳定期（15～25 d），随着乳酸菌的大量积累，乳酸菌本身也受到了抑制，并开始逐渐死亡。到第15天前后，秸秆发酵过程基本停止，青贮料在厌氧和酸性的环境中成熟，并可长时间地保存下来，但此时还不能马上开窖饲喂，还需要10 d左右的稳定发酵期，使秸秆变得柔软，营养分布更加均匀。

2.青贮秸秆应具备的条件

①必须选择有一定糖分的秸秆作为青贮原料，一般可溶性糖分含量应为其鲜重的1%或干重的8%以上；②青贮原料含水量可保持乳酸菌正常活动，适宜的含水量为65%～75%；③青贮原料应切碎、切短使用，这不仅便于装填、取用，家畜容易采食，而且对青贮饲料的品质（pH、乳酸含量等）及干物质的消化率有比较重要的影响。

3.青贮秸秆饲料的优点

一是营养损失少，青贮时秸秆绿色不褪、叶片不烂，能保存秸秆中85%以上的养分，粗蛋白及胡萝卜素损失量也较少；二是饲料转化率高，由于秸秆经过乳酸发酵后，柔软多汁，气味酸甜清香且适口性好，所以牲畜喜欢采食并能促进消化液的分泌，对于提高饲料营养成分的消化率有良好作用；三是便于长期保存，制作方法简单，基本不受气候限制，其营养成分可保持长时间不变，而且不受风、霜、雨、雪及水、火等灾害的影响；四是祛病，实践证明，饲喂青贮饲料的牲畜，其消化系统疾病和寄生虫明显减少。

4. 秸秆青贮的方法

根据青贮设施不同，可分为地上堆贮法、窖内青贮法、水泥池青贮法和土窖青贮法。

(1)地上堆贮法。选用无毒聚乙烯塑料薄膜，制成直径 1 m、长 1.66 m 的口袋，每袋可装切短的玉米秸秆 250 kg 左右。装料前先用少量沙填实袋底两角，然后分层装压，装满后扎紧袋口堆放。此法的优点是用工少、成本低、方法简单和取食方便，适宜一家一户贮存。

(2)窖内青贮法。首先挖好圆形窖，将制好的塑料袋放入窖内，然后装料，原料装满后封口盖实。这种青贮方法的优点是塑料袋不易破碎、漏气和进水。

(3)水泥池青贮法。在地下或地面砌水泥池，将切碎的青贮原料装入池内封口。这种青贮方法的优点是池内不易进水，经久耐用，成功率高。

(4)土窖青贮法。选择地势高、土质硬、干燥朝阳的地方，而且要排水容易、地下水位低，距畜舍近、取用方便。根据青贮量多少挖一长方形或圆形土窖，在底部和周围铺一层塑料薄膜。装满青贮原料后，上面再盖塑料薄膜封土。不论是长方形窖还是圆形窖，其宽或直径不能大于深度，便于压实。此法的优点是贮量大、成本低、方法简单。

5. 青贮饲料添加剂

目前，生产上常用的青贮饲料添加剂主要有以下 8 种：

(1)氨水和尿素。这是较早用于青贮饲料的一类添加剂，适用于青贮玉米、高粱和其他禾谷类作物。用量一般为 0.3%～0.5%。

(2)甲酸。是很好的有机酸保护剂，可抑制芽孢杆菌及革兰氏阳性菌的活性，减少饲料营养损失。添加 1%～2%的甲酸所制成的青贮饲料，颜色鲜绿，香味浓。

(3)丙酸。对霉菌有较好的抑制作用，在品质较差的青贮饲料中加入 0.5%～6%的丙酸，可防止上层青贮饲料的腐败。一般每吨青贮饲料需添加 5 kg 甲酸、丙酸的混合物(甲酸：丙酸为 30：70)。

(4)稀硫酸、盐酸。加入两种酸的混合物，能迅速杀灭青贮饲料中的杂菌，降低青贮饲料的 pH，并使青贮饲料变软，有利于家畜消化吸收。方法是用 30%盐酸 92 份和 40%硫酸 8 份配制成原液，在配制时一定要注意安全。使用时将原液用水稀释 4 倍，每吨青贮饲料中加稀释液 50～60 kg。

(5)甲醛。甲醛能抑制青贮过程中各种微生物的活动，在青贮饲料中加入甲醛后，发酵过程中基本没有腐败菌，青贮饲料中氨态氮和总乳酸含量明显下降，用其饲喂家畜，消化率就较高。甲醛的一般用量为 0.7%，若同时添加甲酸和甲醛(1.5%的甲酸＋2%的甲醛)，则效果会更好。

(6)食盐。青贮原料水分含量低、质地粗硬、细胞液难以渗出，加入食盐可促进细胞液渗出，有利于乳酸菌发酵，还可以破坏某些毒素，提高饲料适口性，添加量一般为青贮原料的 0.3%～0.5%。

(7)糖蜜。在含糖量较少的青贮原料中添加糖蜜，能增加可溶性糖含量，有利于乳酸菌发酵，以减少饲料营养成分的损失，提高适口性。一般添加量为青贮原料的1%～3%。

(8)活干菌。这是近年来有些地方使用的一种新方法。添加活干菌处理秸秆可将秸秆中的木质素、纤维素等酶解，使秸秆柔软，pH下降。糖分及有机酸含量增加，从而提高消化率。用量为每吨青贮原料添加活干菌3 g。处理前，先将3 g的活干菌倒入2 kg水中充分溶解，常温下放置1～2 h复活，然后将其倒入0.8%～1%的食盐水中拌匀。

(二)秸秆氨化技术

1.秸秆氨化的效果

秸秆氨化就是在密闭的条件下，用尿素或液氨等氮肥对秸秆进行处理的方法。通常，秸秆氨化后消化率提高15%～30%及以上，含氮量增加1.5～2倍，相当于9%～10%的粗蛋白，适口性变好，采食量增加。氨化后的秸秆可作为越冬牛、羊的主要饲料，肉牛每天采食4～6 kg的氨化秸秆和3～4 kg的精料，可获得1～10 kg的日增重。在饲喂高产奶牛时要配合足够的精料，有人做过试验，高产奶牛合理搭配氨化秸秆，日产奶量可提高300 g。据中国农业大学等单位试验，氨化处理1 t农作物秸秆，可节省精饲料300 kg以上，经济效益和社会效益非常明显。

2.秸秆氨化的方法

(1)小型容器法。小型容器主要有窖、池、缸及塑料袋几种，氨化前可用铡草机将秸秆铡成细节，也可整株、整捆氨化。若用液氨，先将秸秆加水至含水率达30%左右，装入容器。留个注氨口，待注入相当于干秸秆3%的液氨后封闭；若用尿素作氮源，则先将相当于秸秆量5%～6%的尿素溶于适当的水，与秸秆混合均匀，使秸秆含水率达40%左右，然后装入容器密封。小型容器法适合于个体农户的小规模生产，也是我国最为普及的一种方法，其优点是一池多用，既可氨化，又可青贮，能够常年使用。

操作方法：先将秸秆切至2 cm左右，按每100 kg秸秆(干物质)用5 kg的尿素、40～60 kg水的比例，把尿素溶于水中搅拌，待完全融化后分数次均匀洒在秸秆上，入窖前后喷洒均可。如果在入窖前将秸秆摊开喷洒，则更为均匀。边装窖边踩实，等装满踩实后用塑料薄膜覆盖密封，再用细土等压好即可(图4-5)。

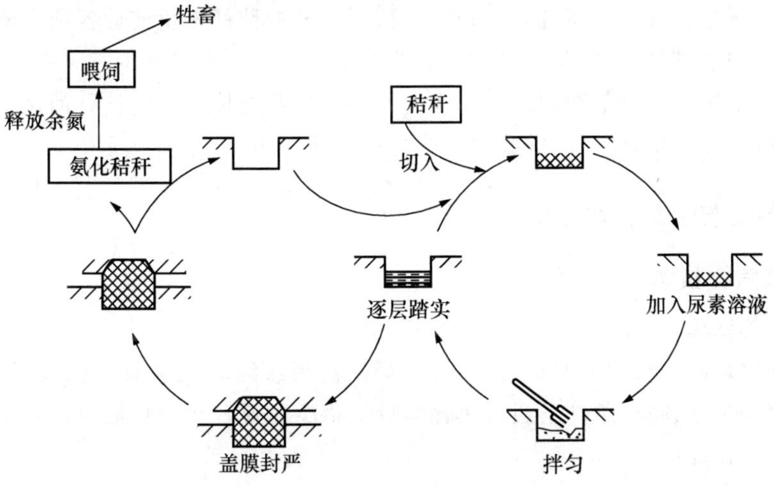

图4-5 尿素氨化秸秆流程示意图

(2)堆垛法。先在地上铺一层厚度不少于0.2 mm的聚乙烯塑料薄膜，长度依堆垛大小而定，然后在膜上堆成秸秆垛，膜的周边留出70 cm。再在垛上盖塑料薄膜，并将上下膜的边缘包卷起来，埋土密封。其他操作程序视使用的氮源不同而异，与小型容器法一样。堆垛法是我国目前应用最广泛的一种方法，其优点是方法简单，成本较低。但是所需时间长、所占地盘大，从而限制了在大中型牛场的应用。

3.影响氨化饲料质量的因素

(1)秸秆原料的品质。氨化秸秆的改进幅度与秸秆原料的品质呈负相关，即品质差的秸秆氨化后的改进幅度较大；品质好的秸秆氨化后的改进幅度较小。

(2)秸秆的含水率。实验结果表明，秸秆的含水率提高，其有机物体外消化率提高，可从52%提高到66%。山西农业大学冀一伦教授经多次实验证明，用尿素或碳酸氢铵处理秸秆，含水率以45%左右为宜。因为含水率过高，不便操作、运输，秸秆还有霉变的风险。

(3)氨的用量。试验表明，氨的经济用量在秸秆干物质质量的2.5%～3.5%范围内。用液氨、尿素、碳酸氢铵等处理秸秆时，其用量可根据各自的含氮量进行换算。

(4)压力。高压可促进氨对秸秆的作用，实验结果表明，压力在1～5 kg/cm^2范围内，提高压力对改进氨化秸秆的体外消化率呈正相关。若将秸秆压制成颗粒，可进一步提高消化率和含氮量。

(5)环境温度和氨化时间。环境温度越高，氨化所需要的时间就越短，氨化秸秆的消化率和含氮量也相应提高。不同温度下进行氨化处理所需的时间不同，详见表4-13。

表4-13 不同温度条件下饲料的氨化处理时间

环境温度/℃	≤5	5～15	15～30	≥30	≥90
处理时间	≥8周	4～8周	1～4周	≤1周	≤1 d

4.氨化饲料的质量评定方法

(1)感官评定法。氨化好的秸秆，质地柔软，颜色呈棕黄色或浅褐色，释放余氨以后气味糊香。若秸秆变成白色、灰色或发黏、结块等，说明秸秆已经霉变，不能再饲喂牲畜。

(2)化学分析法。目前，在我国应用较广泛，通过分析秸秆氨化前后各项主要指标，如干物质消化率、粗蛋白含量等，来判断秸秆质量的改进幅度。

(3)生物技术法。主要是利用反刍动物瘤胃瘘管尼龙袋技术测定秸秆消化率的方法，近年来，不仅在科研单位应用，而且已被我国一些生产企业采用。

四、秸秆气化与压缩成型技术

(一)秸秆气化技术

1.生物质气化技术概述

生物质气化是以生物质为原料，以氧气(空气、富氧或纯氧)、水蒸气或氢气等作为气化剂(或称为气化介质)，以高温条件下通过热化学反应将生物质转化为可燃气的技术。

2.生物质气化过程

在典型的生物质气化过程中，通常包含了生物质的干燥、热解、氧化反应和还原反应，这四个过程在气化炉内对应形成四个区域，但每个区域之间并没有严格界限。

干燥是指对生物质的除湿，加热至 200～300 ℃，原料中的水分首先蒸发。

热解是指生物质脱挥发分或热分解，在 500～600 ℃时，解析出焦油、CO_2、CO、CH_4、H_2 等大量气体，只剩残余的木炭；氧化反应主要是气化介质中的氧和生物质热解剩余木炭发生反应，放出大量的热，该区温度可达 1 000～2 000 ℃，主要反应为：

$$C+O_2=CO_2$$
$$2C+O_2=2CO$$
$$2CO+O_2=2CO_2$$
$$2H_2+O_2=2H_2O$$

还原反应包括在氧化还原反应中生成的二氧化碳及碳和水蒸气发生的反应，由于吸收了一部分热量，该区温度降为 700～900 ℃，主要反应为：

$$C+CO_2=2CO$$
$$C+H_2O=CO+H_2$$

在以上反应中，氧化反应和还原反应是生物气化的主要反应，而且只有氧化反应是放热反应，释放出的热量为生物质干燥、热解、还原等吸热过程提供热量。

3. 生物质气化分类

生物质气化过程的分类有多种形式，可以从不同的角度对其进行分类。根据燃气生产机理可分为热解气化和反应型气化，其中后者又可以根据气化介质的不同细分为空气气化、水蒸气气化、氧气气化、氢气以及这些气体混合物的气化。根据采用的气化设备的不同又可分为固定床气化和流化床气化。在应用领域中，一般选用空气作气化介质，可以大大降低运行成本。

4. 生物质气化设备

目前，生物质气化设备主要有固定床、流化床两种。

固定床气化炉的特点是气化介质在通过物料层时，物料相互对于气流处于静止状态。根据气化炉内气流运动的方向，固定床气化炉又分为上吸式气化炉、下吸式气化炉、横吸式气化炉和开心式气化炉。因固定床气化炉结构简单、热效率较高，所以实用性强，在生物质气化集中供气技术中一般都选用固定床式气化炉。

5. 生物质气化影响因素

气化反应是复杂的热化学过程，受很多因素的影响，除前面介绍的气化设备、气化介质外，物料特性、反应温度、升温速率、反应压力和催化剂等也是影响气化成分及热值的重要因素。

6. 生物质燃气的净化

从生物质气化炉中出来的可燃气，称为粗燃气。粗燃气含有各种各样的杂质，可分为固体和液体两种。固体杂质包括灰分和细小的炭颗粒，液体杂质包括焦油和水分。而对焦油的处理是生物质气化应用技术中一个很大的难题。

7. 生物质气化集中供气技术

生物质气化集中供气技术是指以各种秸秆固体生物质为原料，通过气化的方式转化成生物质燃气，并通过管网输送到农村用户作为炊事燃料。在农村推广生物质集中供气技术，除减少化石能源的使用、提高生物质利用效率外，其重要意义还在于提高农民生活质量和生活品位、加速农村城镇化建设，并减少由于采用秸秆直接燃烧做饭而造成的农村大气环境的污染。集中供气的基本模式为：以自然村为单元建设集中供气系统，系统规模为数十户至数百户。集中供气工程的工艺流程由燃气发生炉机组、储气柜、输气管网及用户燃气设备四部分组成，如图 4-6 所示。

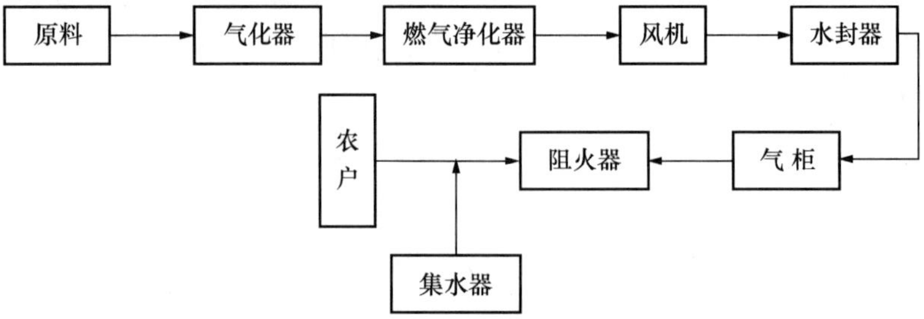

图 4-6 生物质气化集中供气工艺流程

(1)燃气发生炉机组。主要采用技术成熟的固定床气化和热解气化，燃气发生炉机组由 5 个部分组成：

①原料粉碎送料部分。原料经过粉碎达到要求后，经上料机送入气化炉。秸秆一般都很长，如果不进行粉碎处理就送入气化炉，会造成进料困难，降低工作效率。

②原料气化部分。粉碎后的秸秆原料在气化炉内进行受控燃烧和还原反应，产生燃气。秸秆燃烧后会产生气体，同时还原反应也是放热反应，燃烧时会产生大量的热。

③燃气净化系统。该系统由气体降温、水净化处理、焦油分离 3 个部分组成，净化处理后的污水进入净化池，经沉淀净化处理后，返回机组重新使用，不外排。

④气水分离部分。用风机将燃气送入储气柜，焦油送入焦油分离器。因燃烧时产生燃气的同时也会产生焦油，气水分离器能够将燃气和焦油有效地分离，是整个机组中不可或缺的一部分，也是最基本的组成部分。

⑤水封器部分。水封器的功能是防止进入气柜的燃气回流。

(2)储气柜。净化后的燃气被送入储气柜，储气柜的作用主要是储存燃气、调节用气量、保持气柜恒定压力使燃气炉供气稳定。储气柜有气袋式、全钢柜、半地下钢柜等多种结构，根据具体情况选择使用。

(3)管网。由管道组成的管网是将燃气送往用户的运输工具、分为干管、支管、用户引入管、室内管道等燃气管网，属于低压管网，管道压力不大于 400 Pa。

(4)用户燃气设备。主要是配备专用的生物质燃气灶具，便于使用。

(二)秸秆压缩成型技术

1. 秸秆压缩成型的条件

(1)原料的粒度。粒度是指颗粒的大小，用其在空间范围所占据的线性尺寸表示，是固体颗粒物料最基本的几何性质。原料的粒度是影响秸秆压缩成型的重要因素之一。粉碎是秸秆压缩成型前对物料进行的基本处理，尤其是对于尺寸较大的秸秆来说，粉碎质量的好坏直接影响成型机的性能及产品质量。一般而言，当原料粒度较大时，成型机将不能有效地工作，能耗大，产量低，而且可能会导致成型物结渣而堵塞模具。原料粒度越小，流动性越好，在相同的压力下物料变形越大，成型物结合越紧密，成型后的密度越大。但原料粒度过小，由于黏性大，流动性反而下降，成型块强度会降低。另外，对于有些成型方式，如冲压成型，要求原料有较大的尺寸或较大的纤维，原料粒度过小反而容易产生脱落。

秸秆大多尺寸较大，一般都需要进行粉碎作业，而且经常需要进行两次以上的粉碎，并在粉碎工序中插入干燥工序，以增加粉碎效果。

(2)原料的含水率。原料的含水率对秸秆的压缩成型过程及产品质量影响很大。适量的水分对木质素的软化、塑化有促进作用。如果原料太干，压缩过程中颗粒表面的碳化和龟裂有可能会引起自燃；而原料水分过高时，加热过程中产生的水蒸气不能顺利排出，会增加体积，降低机械强度，造成表面开裂，严重时产生爆鸣，中断成型。但不同的秸秆压缩成型工艺对秸秆含水量的要求存在较大的差别，其中以螺旋挤压成型工艺对秸秆含水量的要求最为严格。据张大雷等的研究，采用螺旋挤压工艺进行秸秆成型加工，适宜的秸秆含水率为6%～10%。相关研究表明，秸秆螺旋挤压成型时，最佳秸秆含水量为8%～10%。活塞冲压成型和环模滚压成型对秸秆含水量的要求较宽。

(3)成型温度。成型温度对成型过程、产品质量和产量都有一定的影响。将秸秆加热到一定温度的目的：一是使原料中的部分有机质(如木质素)软化形成黏结剂；二是使原料在成型机内压缩成型的外表面形成碳化层，使成型体在模具内滑动，而不会黏滞难以出模。另外还可以为秸秆中的分子结构变化提供能量。不同的秸秆压缩成型工艺所需温度也存在显著差异。以螺旋挤压成型为例，秸秆成型温度一般需要控制在240～260 ℃，过低的温度(＜200 ℃)传入出料筒内的热量很少，不足以使原料中木质素塑化，加大原料与出料筒之间的摩擦，造成出料筒堵塞，无法成型；过高的温度(＞280 ℃)使原料分解严重，输送过快，不能形成有效的压力，也无法成型。活塞冲压成型和环模滚压成型所要求的温度较低。

2. 秸秆固化的工艺流程

秸秆固化成型技术按生产工艺分为黏结成型、热压缩成型和压缩颗粒燃料，可制成棒状、块状、颗粒状等各种成型燃料。秸秆固化成型的工艺流程如图4-7所示。

图4-7　秸秆固化成型的工艺流程

秸秆固化成型的具体操作步骤和方法如下：

(1)干燥。大多数自然风干的秸秆含水量都可以满足秸秆压块的要求。对含水量稍高的秸秆，要根据各种成型工艺对原料的最佳水分要求进行干燥处理。干燥方式一般宜采用气流式干燥，以秸秆燃烧产生的烟道气为热源，物料在干燥管内干燥后由旋风分离器排出。

(2)粉碎。稻壳等原料的粒度较小，经筛选后可直接使用。其他秸秆原料需通过粉碎机进行粉碎处理，粉碎的粒度由成型燃料的尺寸和成型工艺决定，一般在10 mm以下。秸秆粉碎作业用得最多的是锤片式粉碎机。

(3)调湿。加入一定量的水分后，可以使原料表面覆盖薄薄的一层液体，增加黏结力，便于压缩成型。

(4)成型。利用螺旋挤压式、活塞冲压式和环模滚压式等压缩成型机械对秸秆进行压缩成型。

(5)冷却。秸秆在压缩成型时，其温度会升高，通风冷却后可以提高成型燃料的持久性。

3. 秸秆固化成型技术

根据秸秆压缩成型机工作原理的不同，可将秸秆固化成型技术划分为三大类，即螺旋挤压成型技术、活塞冲压成型技术和环模滚压成型技术。

(1)螺旋挤压成型技术。螺旋挤压成型是将已经粉碎的秸秆，通过螺旋推进器，连续不断推向锥形成型筒的前端，从而使秸秆成型。螺旋挤压机源于日本，是目前我国生产秸秆成型燃料最常采用的技术，尤其是以机制炭为最终产品的用户大都采用螺旋挤压成型机。这种成型机的部件主要包括驱动机、传动部件、进料机构、压缩螺杆、成型套筒、电加热和控制等。成型燃料的形状为棒状，长度 450 mm 左右，横截面为圆形或六角形，直径 50～70 mm。每根成型燃料重约 1 kg。单位产品电耗 70～120 kW·h/t。其产品主要用于生产机制木炭或用于工业锅炉和民用炉灶。

利用螺旋挤压成型机加工的成型秸秆，成品密度高，一般在 1.1～1.3 t/m^3 的范围内，适合再加工成为炭化燃料；热值较高，主要秸秆的成型燃料热值皆在 16 300～20 000 kJ/kg(表 4-14)。同时，由于秸秆螺旋挤压成型过程是连续进行的，所以成型的燃料质地比较均匀，外表面在挤压过程中发生炭化，容易点燃。

表 4-14 主要秸秆螺旋挤压成型燃料的性能指数

机型	性能	稻壳	麦草	玉米秆	花生壳
JX-7.5	密度/(t/m^3)	1.3	1.1	1.1	—
SZJ-80A		1.3	1.1	1.1	1.2
MD		1.2	1.1	1.2	—
JX-7.5	热值/(kJ/kg)	16 325	16 325	16 325	—
SZJ-80A		17 581	16 325	16 325	18 837
MD		19 574	18 598	18 598	19 804
JX-7.5	灰分/%	8～10	11～13	11～13	7～9
SZJ-80A		—	—	—	—
MD		9.2	10.1	8	8.7

但是，螺旋挤压成型技术目前还存在一定的缺陷，具体表现为：①能耗高，物料在螺旋挤压成型前先要经过电加温预热，某些传统设备仅挤压成型过程中的电耗就在 90 kW·h/t 以上。②主要工作中易磨损、寿命短，物料的压缩是螺杆和出料筒配合完成的，螺杆是在较高温度和压力下工作的，螺杆与物料始终处于摩擦状态，导致螺杆磨损非常快，螺杆的使用寿命成为生物质固化成型设备和技术实用价值的决定因素。③原料要求苛刻，一般要将原料的含水率控制在 6%～10%，需要配套烘干机，对有的物料进行干燥处理，增加了加工成本。

(2)活塞冲压成型技术。活塞冲压成型技术是靠活塞的往复运动实现的。活塞冲压机首先将已经粉碎的秸秆通过机械送入预压室形成预压块；当活塞向后退时，预压块进入压缩筒；当活塞向前运动时，将预压秸秆挤压成型，然后送入保型筒。在压缩过程中，由于摩擦作用秸秆会被加热，从而使秸秆中的木质素软化起黏结作用。另外，也可采用外部加热的方式对模具进行加热，增加木质素黏结作用，在压力作用下使秸秆黏结成型，成型温度为 140～200 ℃。

活塞冲压成型技术源于欧洲，与螺旋挤压成型技术相比，这种技术由于改变了成型部件与原料的作用方式，大幅度提高了成型部件的使用寿命；活塞冲压机通常不使用电加热装置，降低了单位产品能耗。该技术还有一个突出的优点就是其所允许的物料水分可高达 20%。

缺点：工作中为间断式冲击，容易出现不平衡现象，成型燃料的密度稍低，容易松散，不适宜炭化；成型模腔容易磨损，需要经常检修。

(3)环模滚压成型技术。环模滚压成型技术源于美国，是在颗粒饲料生产技术基础上发展起来的。该技术与螺旋挤压和活塞冲压成型技术的主要区别在于，其成型模具直径较小，通常小于 30 mm，并且每一个压模盘片上有很多成型孔，主要用于生产颗粒成型燃料。用环模滚压成型机生产颗粒成型燃料一般不需要外部加热，依靠物料挤压成型时产生的摩擦热，即可使物料软化和黏合。相比活塞冲压成型，环模滚压成型对原料的含水率要求更宽，一般在 10%～40%均可成型，最佳含水率为 12%～18%。根据姜洋等的研究，原料粒度和含水率对秸秆环模滚压成型有明显影响，如以玉米秸秆为原料，当粒径为 1～5 mm、含水率为 12%～18%时，生产的颗粒燃料密度最大。

颗粒成型燃料主要应用于欧、美等发达国家和地区，以壁炉取暖应用为主，在发展中国家很少应用。近年来，国内新建的秸秆固化厂大多采用环模滚压成型工艺，主要生产民用和工业锅炉用燃料，有的为秸秆发电厂提供燃料。由于模滚压成型设备对原料有较强的适应性，因此，国内一些厂家在用其生产颗粒燃料的同时也生产颗粒饲料，以提高设备的利用率。

4. 秸秆固化成型效益分析

(1)经济效益。由于各地秸秆的价格不同，成型燃料的成本也会有所不同。有些地方，如山东、河北等地，很多秸秆被废弃在田间或被焚烧掉，而有些地方的秸秆价格在 80～200 元/t 不等。据测算，一般情况下，生产 1 t 成型燃料需电费约 100 元，人工费 60～80 元，秸秆原料费用 190～210 元(每吨秸秆进厂价格按 160 元计，平均 1.2～1.3 t 秸秆可生产 1 t 固化成型燃料)，共计 350～390 元。按每吨秸秆固化成型燃料售价 450 元、一个 4 口之家平均燃用该种燃料 3.5 kg 计算，日支出燃料费 1.58 元，与用煤和天然气相比，可节约支出 0.5～1 元/d。当然，该类燃料处于试推广应用阶段，农民对其有一个认识的过程。因此，仅靠市场机制来进行调控和发展成型燃料是有困难的，需要国家的政策扶持和财力支撑，以提高秸秆固化成型燃料的经济实用性。

(2)环境效益。秸秆成型燃料属于高品位的可再生清洁能源，通过其对煤炭等化石能源的替代，可有效地减少温室气体排放，环境效益显著。计算表明，1 t 煤燃烧排放的 CO_2 量约为 2 t，而秸秆在植物生长过程中吸收了空气中的 CO_2，秸秆成型燃料燃烧时 CO_2 净排放量基本为零，NO_x 排放量仅为燃煤的 1/5，SO_2 的排放量仅为燃煤的 1/10。

(3)社会效益。据调查测算，我国每 100 亿元产值的秸秆能源工业可提供 100 多万个就业岗位。一条年产 5 000 t 的秸秆成型燃料生产线在生产环节可提供 10 多个就业岗位，还可拉动运输业、设备制造业、维修业等相关产业的发展，为农民增收和社会稳定做出贡献。

五、秸秆直接还田技术

(一)秸秆直接还田的意义

秸秆直接还田是指在农作物(玉米、小麦等)收获果实后，将其秸秆就地粉碎翻入土中(还田)的措施(图 4-8)。农作物秸秆还田既有利又有弊，但利大于弊。在杜绝了秸秆焚烧所造成的大气污染的同时还有增肥增产作用。秸秆还田能增加土壤有机质，改良土壤结构，使土壤疏松，孔隙度增加，容量减轻，促进微生物活力和作物根系的发育。秸秆还田增肥增产作用显著，一般可增产 5%～10%。

图 4-8 玉米秸秆还田机械作业

(1)秸秆还田补充了土壤养分。作物秸秆含有一定养分和纤维素、半纤维素、木质素、蛋白质和灰分元素,既有较多有机质,又有氮、磷、钾等营养元素。如果把秸秆从田间运走,那么残留在土壤中的有机物仅有10%左右,造成土壤肥力下降,只有通过施肥或秸秆还田等途径才能得以补充。

(2)秸秆还田促进了微生物活动。土壤微生物在整个农业生态系统中具有分解土壤有机质和净化土壤的重要作用。有机物的合成由植物叶绿素来完成,有机物的分解则由微生物来完成。秸秆还田给土壤微生物增添了大量能源物质,各类微生物数量和酶活性也相应增加;实行秸秆还田可增加微生物18.9%,接触酶活性可增加33%,转化酶活性可增加47%,尿酶活性可增加17%。这就加速了对有机物质的分解和矿物质养分的转化,使土壤中的氮、磷、钾等元素增加,土壤养分的有效性也有所提高。经微生物分解转化后产生的纤维素、木质素、多糖和腐殖酸等黑色胶体物,具有黏结土粒的能力,同黏土矿物形成有机与无机的复合体,促进土壤形成团粒结构,使土壤容量减轻,增加土壤中水、肥、气、热的协调能力,提高土壤保水、保肥、供肥的能力,改善土壤理化性状。

(3)秸秆还田可减少化肥使用量。农业发达的国家都很注重施肥结构,如美国农业化肥的施用量一直控制在总施肥量的1/3以内,加拿大、美国大部分玉米、小麦进行秸秆还田。作物所吸收的氮主要来自土壤中的原有氮素,来自化肥的仅占23%~24%。这说明即使施用化肥,土壤有机物对作物生长仍是最重要的。所以,秸秆还田是弥补化肥长期使用缺陷的极好办法。

(4)秸秆还田可改善农业生态环境。农村的秸秆主要采取燃烧处理,会污染空气、影响交通、使土壤表层焦化等,有时还引起火灾。另外,秸秆随意处置还会影响农业生态环境。所以秸秆还田有利于实现农业废弃物的综合利用。

(二)秸秆直接还田技术要点

(1)秸秆还田的数量。无论是秸秆覆盖还田或是翻压还田,都要考虑秸秆还田的数量。如果秸秆数量过多,不利于秸秆的腐烂和矿化,甚至影响出苗或幼苗的生长,导致作物减产。过少达不到应有的目的。一般以每亩200 kg为宜。

(2)直接耕翻秸秆时,应施加一些氮素肥料,以促进秸秆在土中腐熟,避免分解细菌与作物对氮的竞争。配合施用氮、磷肥。新鲜的秸秆施入田地时会出现微生物与作物争肥现象。秸秆在腐熟的过程中会消耗土壤中的氮素等速效养分。在秸秆还田的同时，要配合施用尿素、过磷酸钙等肥料，一般每亩施尿素 10～15 kg，过磷酸钙 10 kg，补充土壤中的速效养分。

(3)翻埋时期。一般在作物收获后立即翻耕入土，避免因秸秆被晒干而影响腐熟速度，旱地应边收边耕埋，水田应在插秧前 15 d 左右施入。

(4)施入适量石灰。新鲜秸秆在腐熟过程中会产生各种有机酸，对作物根系有毒害作用。因此，在酸性和透气性差的土壤中进行秸秆还田时，应施入适量的石灰，中和产生的有机酸。施用量以 30～40 kg/亩为宜，以防中毒和促进秸秆腐解。

(5)有病的植物秸秆带有病菌，直接还田时会传染病害，可采取高温堆制，以杀灭病菌。

(三)秸秆还田注意事项

为了避免来年不再产生秸秆还田引起出苗不好和麦苗发黄等问题，对于秸秆直接还田技术提出以下 7 点注意事项：

(1)各类秸秆收割后最好立即耕翻入土，以避免水分损失而不易腐解，在水田上更应注意。

(2)秸秆还田后，在腐解过程中会产生许多有机酸，在水田中易累积，浓度大时会造成危害。因此在水田水浆管理上应采取“干湿交替、浅水勤灌”的方法，并适时搁田，改善土壤通气性。

(3)应使用无病健壮的植物秸秆还田，防止传播病菌，加重下茬作物病害。

(4)要用足够马力的机械将秸秆切碎，长度不超过 6 cm，耕翻入土深度在 20 cm 以下，覆土要盖严、镇压保墒，既可加速秸秆分解，又不影响播种出苗。

(5)配合施用氮、磷肥。新鲜的秸秆碳、氮化大，施入田地时，会出现微生物与作物争肥现象。秸秆在腐熟的过程中，会消耗土壤中的氮素等速效养分。在秸秆还田的同时，要配合施用碳酸氢铵、过磷酸钙等肥料，补充土壤中的速效养分。

(6)翻压时间与水分管理。可边收割边耕埋，利用其收获时含水较多的性质，及时耕埋利于腐解。土壤水分状况是决定麦秸腐解速度的重要因素。在水分管理上，对土壤墒情差的，耕翻后应立即灌水；而墒情好的则应镇压保墒，促使土壤密实，以利于秸秆吸水分解。

(7)深耕或深旋耕时可选择高留茬，即留茬高度在 15～20 cm，并使秸秆均匀撒在地面，以利耕作。少免耕田块，可选择矮留茬，并将作物秸秆均匀撒在地面，这样既省力又利于出苗。

六、秸秆发电技术

(一)秸秆发电的意义

秸秆发电是指以农作物秸秆为主要燃料的一种发电方式，又分为秸秆气化发电和秸秆燃烧发电。秸秆气化发电是将秸秆在缺氧状态下燃烧，发生化学反应，生成高品质、易输送、利用效率高的气体，利用这些产生的气体再进行发电。但秸秆气化发电工艺过程复杂，难以适应大规模应用，主要用于较小规模的发电项目。秸秆直接燃烧发电是 21 世纪初期实现规模化应用唯一现实的途径。

秸秆发电是大力发展循环经济、利用可再生资源来转变经济增长方式的重要战略举措。有关数据显示，中国农作物秸秆年产量为 9 亿 t 左右，居世界之首，每年收获的秸秆用于造纸、饲料、造肥还田及收集损失的为 1.09 亿，可作为能源加以利用的秸秆总量达 3.76 亿 t。秸秆是一种很好的清洁可再生能源，每 2 t 秸秆的热值就相当于 1 t 标准煤，而且其平均含硫量只有 0.38%，而煤的平均含硫量约达 1%。在生物质的再生利用过程中，对缓解和最终解决温室效应问题将具有重要贡献。

农作物秸秆在很久以前就开始作为燃料，直至 1973 年第一次石油危机时丹麦开始研究利用秸秆作为发电燃料，在这个领域丹麦 BIOENER ApS 公司是世界领先者，第一家秸秆燃烧发电厂于 1989 年投入运行。此后，BIOENER ApS 公司在西欧设计并建造了大量的生物发电厂，其中最大的发电厂是英国的 Elyan 发电厂。新疆阿克苏地区棉花秸秆资源十分丰富，落户于阿瓦提县的新疆首家生物发电厂总投资 1.6 亿元，装机容量为 2×12.5 MW，年发电可达 1.5 亿 kW·h，每年消耗棉花秸秆约 20 万 t。

秸秆发电是秸秆能源化利用的最主要形式之一，在煤炭缺乏的地区，以农作物秸秆代替煤炭进行火力发电，具有十分重要的意义，秸秆发电产业将呈快速增长趋势。

（二）秸秆发电工艺流程

1. 燃烧发电

发电厂内建设两个独立的秸秆仓库。每个仓库都有大门，运输货车可从大门驶入，然后停在地磅上称重，秸秆同时要测试含水量。若任何一包秸秆的含水量超过 25%，则为不合格。在欧洲的发电厂中，这项测试由安装在自动起重机上的红外传感器来实现。在中国，可以手动将探测器插入每一个秸秆捆中测试水分，测量结果可以存入连接至地磅的计算机。然后使用叉车卸货，并将运输货车的空车质量输入计算机。计算机可根据前后的量差以及含水量计算出秸秆的净重。

货车卸货时，叉车将秸秆包放入预先确定的位置；在仓库的另一端，叉车将秸秆包放在进料输送机上；进料输送机有一个缓冲台，可保留秸秆 5 min；秸秆从进料台通过带密封闸门（防火）的进料输送机传送至进料系统；秸秆包被推压到两个立式螺杆上，通过螺杆的旋转扯碎秸秆，然后将秸秆传送给螺旋自动给料机，通过给料机将秸秆压入密封的进料通道，然后达到炉床。炉床为水冷式振动炉床，是专门为秸秆燃烧发电厂开发的设备。

2. 锅炉系统

锅炉采用自然循环的汽包锅炉，过热器分两级布置在烟道中，烟道尾部布置省煤器和空气预热器。由于秸秆灰中碱金属的含量相对较高，因此，烟气在高温（450 ℃以上）时具有较高的腐蚀性。此外，飞灰的熔点较低，易产生结渣的问题。如果灰分变成固体和半流体，运行中就很难清除，就会阻碍管道中从烟气至蒸汽的热量传输。严重时甚至会完全堵塞烟气通道，将烟气堵在锅炉中。由于存在这些问题，因此，专门设计了过热器系统，并在国际上的大多数秸秆发电厂中得到运用。

3. 运作系统

涡轮机和锅炉必须在启动、部分负荷和停止操作等方面保持一致，协调锅炉、汽轮机和空冷凝汽器的工作非常重要。

4. 发电装置

丹麦的所有发电厂都是海水冷却的，西班牙的 Sanguesa 发电厂是河水冷却，英国的 Elyan 发电厂装有空气冷凝器。在中国，空气冷凝器是一种很成熟的产品，可以在秸秆发电厂中采用。

5. 清洁系统

在湿法烟气净化系统之后，安装一个布袋除尘器，以便收集烟气中的飞灰。布袋除尘器的排放低于 25 mg/m^3。布袋除尘器为脉动喷射式，容器由压缩空气脉冲清洁。

(三)秸秆发电的效益分析

1. 生态效益

有利于环境的改善。长期以来，农作物秸秆基本上作为农村燃料进行炊事利用，大部分地区将秸秆进行焚烧处理。每到收获季节，大部分地区都会出现“村村点火，处处冒烟，秸秆遍地，浓烟四起”的局面，对生态环境造成极大危害。而将这些秸秆变废为宝(电能)，可以减少焚烧造成的大气污染。另外，秸秆发电是国际上发达国家普遍推行的清洁发展机制（CDM）项目，装机容量为 12 MW 机组的秸秆发电机组，年减排当量 CO_2 约 3.85 万 t，可大幅度降低全球温室气体排放，比燃煤火电清洁得多，极少有污染物(特别是 SO_2)排放。可以说，秸秆发电使传统的单向线性经济“资源—产品—污染排放”转化为“资源—产品—再生资源”的循环经济。

2. 经济效益

有利于增加农民收入。生物质发电使生物秸秆变废为宝，根据有关人员调查，我国一个百万人口的大县，可年产小麦、玉米、棉花等农作物秸秆 100 多万 t，约相当于 50 万 t 标煤。一个装机容量为 25 MW 的发电机组，年耗农作物秸秆 30 万 t 以上，若按 150 元/t 的价格计算，则当地农民年收入约 4 500 万元，再加上农作物秸秆的收、储、运作业，可给当地提供大量新的就业岗位。

3. 社会效益

改善能源结构。中国的能源结构以煤炭为主，约占 70%，燃煤严重污染环境，亟待增加清洁能源的比重，才能建成资源节约型、环境友好型的和谐社会。秸秆发电项目可避免秸秆直接燃烧对大气产生的污染，成为清洁能源的一种补充。随着在全国的推广应用，不但可以解决我国能源危机，改善能源结构，而且对污染控制、缓解环境压力、减排温室气体都具有十分重要的意义。

实训 8　以农作物秸秆为原料发酵生产沼气

一、实训准备

(1)教师提前下达实训任务，安排学生自学相关理论知识。

(2)提示学生分组准备实训材料(秸秆、氮肥、菌种等)与用具。

二、实训条件

农村户用 8～10 m^3 的沼气池一口、玉米或小麦秸秆 300～500 kg、菌种若干、尿素 3～5 kg、绿秸灵两袋、粉碎机或揉草机一台。

三、实训操作步骤

(1)秸秆的粉碎。用粉碎机或揉草机将秸秆粉碎至 2～6 cm，向秸秆中喷入两倍于秸秆重量的水，边喷边搅拌，再将其浸湿 24 h 左右，使秸秆充分吸水。

(2)配料。按每 100 kg 干秸秆加 0.5 kg 绿秸灵、1.2 kg 碳酸氢铵(或 0.5 kg 的尿素)的比例，向浸湿的秸秆中拌入绿秸灵和氮肥。

(3)拌匀。边翻、边撒将秸秆、绿秸灵和碳酸氢铵(或尿素)三者进行拌和直至均匀，最好分批拌和。如无条件获得绿秸灵，也可以用老沼液代替，用量以浸湿秸秆为宜，沼液量是秸秆重量的 2 倍。

(4)堆积。将拌匀后的秸秆堆积成宽度为1.2～1.5 m、长度视材料及场地而定的长方堆，高度为0.5～1 m(按季节不同而异，夏季宜矮、春季宜高)。并在表层泼洒些水，以保持一定的湿度。

(5)覆盖。用塑料布覆盖，塑料布在草堆边要留有空隙，堆上部要开几个小孔，以便通气、透风，堆沤时间一般情况下，夏季为5～7 d(高温天气3 d即可)，春、秋季为10～15 d。

(6)备料。10 m^3 沼气池应需备500 kg的干秸秆，再配备10 kg碳酸氢铵(或3 kg尿素)和1 m^3 的接种物。

(7)投料。先从天窗口趁热将秸秆一次性投入池内，再将溶于水的碳酸氢铵或尿素倒入沼气池中，同时加入接种物，补水后在浮料上用尖木棍扎孔若干。

(8)启动调试。产气初期，所产生的沼气通常不能点燃。因此，当池内沼气的压力达到4 kPa以上时，应进行放气、试火(一般应放3～4次)直至可点燃为止，至此启动调试基本结束。

四、考核评价

见表4-15。

表4-15 秸秆沼气生产操作考核评价

序号	评价要素	考核内容和标准	标准分值	得分
1	秸秆原料的预处理(20分)	操作规范、熟练，处理方法正确，配料计算结果准确	11～20	
		操作基本规范、熟练，处理方法基本正确，配料计算结果较为准确	6～10	
		操作不规范、熟练，处理方法不正确，配料计算结果错误	0～5	
2	原料堆积与投料(40分)	能够按照技术规程合理进行原料的堆积，发酵质量好，投料速度快	31～40	
		能基本按技术规程合理进行原料的堆积，发酵质量较好，投料速度较慢	16～30	
		不能按技术规程合理进行原料的堆积，发酵质量差，投料速度慢	0～15	
3	启动与点火(30分)	启动正常、点火成功，所产沼气中甲烷含量高	16～30	
		启动基本正常、点火较为成功，所产沼气中甲烷含量较高	9～15	
		不能正常启动、点火不成功，所产沼气中甲烷含量低	0～8	
4	团队协作(10分)	协作能力强，分工合理，具备较强的职业责任心、团队协作能力	6～10	
		协作能力一般，分工较合理，具备一定的职业责任心、团队协作能力	3～5	
		缺少协作分工意识、职业责任心，团队协作能力差	0～2	
组别		小组成员：	合计得分	

模块小结

本模块主要介绍了生态农业的五种实用技术：立体种养技术、农作物病虫害生物防治技术、测土配方施肥技术、节水灌溉与水肥一体化技术以及农作物秸秆的循环高值利用技术，每一种实用技术都是按照行动导向、典型工作任务的模式来实施，即先从理论学习开始，介绍必备的基础知识，再进行项目的实施，最后考核评价学生的学习效果及掌握程度。

学练结合

模块四
学练结合参考答案

一、名词解释

1.节水灌溉　2.喷灌　3.滴灌　4.水肥一体化　5.生物防治　6.以虫治虫　7.以菌治虫　8.以菌治菌　9.益害比　10.蜂卡　11.抗生素　12.立体种植　13.立体养殖　14.立体农业　15.间作　16.套作

二、填空

1.地膜覆盖包括________、________、________、________、________、________。

2.滴灌的特点包括________、________、________、________、________、________。

3.节水灌溉技术措施包括________、________、________、________、________、________等。

4.水肥一体化的方法有________、________、________。

5.广义的生物防治包括________、________、________、________、________等。

6.捕食性天敌有________、________、________、________，寄生性天敌有________、________、________。

7.七星瓢虫人工饲养包括________、________、________、________、________、________、________等；利用七星瓢虫治蚜，要通过________、________方式才能完成。释放瓢虫的棉田不能进行________、________等农事操作。

8.白僵菌生产工艺中，培养基的配方有________、________。白僵菌可以防治________、________、________等害虫，应在温度________、湿度________下使用。

9.生防微生物控制植物病害的机制包括________、________、________防治植物根部病害可选用________，防治植物线虫可选用________。

10.狭义的立体农业仅指立体种植，是农作物复合群体在________上的充分利用。根据不同作物的不同特性，如高秆与________、________与耐阴、早熟与________、深根与________、豆科与禾本科，利用它们在生长过程中的时空差，合理地实行科学的混种、________、________、________等配套种植，形成多种作物、多________、多时序的立体交叉种植结构。

三、判断正误

1.利用赤眼蜂防治棉铃虫，可在田间人工释放赤眼蜂幼虫。(　　)

2.生物防治法对人畜安全,不伤害作物,不污染环境,自然资源丰富,有一定的持久性。(　　)

3.美洲黏虫颗粒体病毒作为增效剂,能提高核型多角体病毒对黏虫的感染率和致死率,可以显著提高苏云金杆菌对鳞翅目害虫的毒力。(　　)

4.核型多角体病毒防棉铃虫必须在棉铃虫卵孵化高峰期使用。(　　)

5.可将赤眼蜂卵卡别在玉米茎秆上,防止赤眼蜂卵片脱落。(　　)

四、简答题

1.地膜覆盖有哪些作用?

2.节水灌溉技术是如何提高水分利用率的?

3.水肥一体化技术的作用包括哪些?

4.立体种植技术的优缺点是什么?有哪些特点?

5.合理密植与立体高效种植可以增产的原因是什么?

五、分析思考题

1.试分析天敌防治害虫的关键技术,在使用天敌时应注意哪些问题?

2.生物制剂储藏与运输有什么要求?如何提高生物杀菌剂的杀菌效果?

3.某一农户使用核型多角体病毒防治棉铃虫,发现防治效果不理想。试分析可能的原因有哪些?

4.试分析玉米地膜覆盖栽培应注意哪些问题。

5.试分析滴灌设备安装过程中需要注意哪些问题。

6.你认为测土配方施肥的关键技术有哪些?重要工作环节是什么?

模块五
以沼气为纽带的生态农业

学习目标

模块五 课程PPT

【知识目标】

1. 了解沼气生态农业及沼气生态农业工程的基本原理。

2. 熟悉沼气生态农业的产生背景及其意义，以及沼气生态农业与资源节约、环境友好型社会之间的关系。

3. 了解我国沼气生态农业发展现状及存在的问题

4. 掌握以沼气为纽带的生态农业建设模式。

5. 了解农村人居环境整治的意义及实施措施（“厕所革命”、垃圾分类等）。

6. 学会餐厨垃圾的厌氧消化处理技术。

【能力目标】

1. 能根据我国沼气生态农业建设中所存在的问题，提出发展建议与对策。

2. 能够分析出“猪—沼—果”“四位一体”等5种沼气生态农业模式的物质流动和能量循环途径，并能准确评价每一种模式的生态效益。

3. 能够根据农村村庄或居民社区的人口数量、分布特点等情况，制订出生活垃圾分类收集、储存及处理的方案。

4. 结合农村人居环境整治工作，能对现有的农村旱厕进行改造，能设计出改造的实施方案。

【素质目标】

1. 培养学生可再生能源利用的思想意识，将农业废弃物多级利用、高效率转化。

2. 教育学生树立保护农村生态环境的理念，垃圾分类从我做起、从自身做起。

3. 通过参与垃圾分类收集、农村“厕所革命”等实践活动，充分认识到生态环境整治的重要性，为实现乡村振兴奠定好生态基础。

4. 树立不怕苦累、不怕脏臭的思想意识，融入到农村、农业及广大农民中去，以实际行动助力美丽乡村建设。

模块导读

农村沼气技术是生态农业建设的核心技术，它起着连接种植业与养殖业的桥梁或纽带作用。本模块首先从沼气生态农业的基本原理入手，介绍了沼气生态农业的产生背景、意义及其重要性；其次通过分析我国沼气生态农业的发展现状及存在问题，指出了今后的发展建议与对策；最后重点阐述了“四位一体”“五配套”等5种以沼气技术为纽带的生态农业建设模式，内容包括模式的结构组成、技术原理及效益分析。结合当前的形势，将农村生态环境整治新技术纳入教材之中，主要内容有垃圾分类、餐厨垃圾厌氧消化处理及“厕所革命”等。旨在使学生充分认识沼气技术在生态农业建设中所起到的纽带作用，使学生初步具备设计沼气生态农业模式的基本素质和工作能力。

知识导图

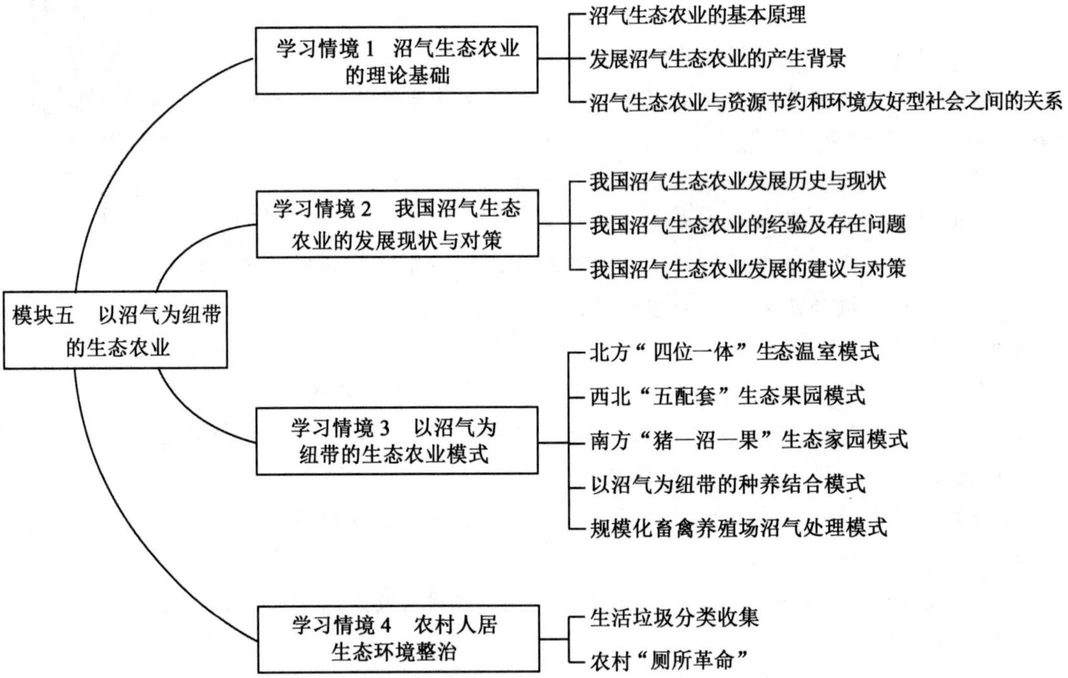

学习情境1　沼气生态农业的理论基础

一、沼气生态农业的基本原理

沼气是一种以甲烷为主的可燃性混合气体,因最初来源于沼泽地,故此得名。沼气发酵是指在密闭的容器(沼气池或发酵罐)中,各种有机物残体或废弃物在多种微生物的分解作用下,最终产生沼气的过程。也就是说,农户通过建造沼气池,利用人畜禽粪便、生活污水和农业废弃物等原料入池发酵,产生的沼气用于炊事照明,产生的沼液、沼渣用作农业生产的肥料,从而形成了农户生活—沼气发酵—生态农业的良性循环。它是从农民最基本的生产和生活单元内部,挖掘潜力,以可再生能源的科学利用为切入点,引导农民改变落后的生产、生活方式,达到增加收入,保护生态环境,实现农业可持续发展的目标。

长期以来,我国广大农村在利用沼气做炊事燃料的同时,各地依据地域资源及自然条件,探索了不同的"三沼"综合利用方式。通过农民的反复实践和科技工作者的理论研究,逐渐形成了各种沼气生态农业模式,其中最具代表性的就是北方的"四位一体"生态温室模式和南方的"猪—沼—果"种养结合模式。这两大模式的形成和发展,使沼气建设从单一的能源效益发展到以沼气为纽带,集种植业、养殖业和农副产品加工业为一体的生态农业模式,将农民的日常生活、农业生产与生态农业建设紧密结合在一起,具有多样性、系统性、集约性和可持续性的特点。把发展庭院经济和建设生态农业结合起来,实现了农业废弃物资源化、农业生产高效化、农村环境卫生清洁化。同时在促进农民致富、新农村建设、农业生产结构调整和农村经济的可持续发展等方面,都起着十分重要的作用。

农业部在2000年推行的"生态家园富民计划"就是沼气生态农业的具体体现,在全国范围内进行推广实施。国家按照各地区不同的生态环境和经济发展情况,把实施区划分为9个生态类型区:黄土高原旱作农业区、西北风沙区农牧交错带、西南诸河流石质山区、西南浅山丘陵区、新疆绿洲农业区、青藏高原区、东北平原农业区、华北平原农业区和东部沿海平原农业区。该计划从资金上大力扶持农民,从政策上引导农民按照沼气生态农业模式安排生产和生活,在技术上以建设农村户用沼气池为纽带,根据实际需要配套建设太阳能利用工程、省柴节煤工程和农村小水电工程,使土地、太阳能和生物质能得到充分的利用,形成农民家庭生产生活单元内部能流和物流的良性循环,最终实现家居温暖清洁化、庭院经济高效化和农业生产无害化的目标。

生态工程就是应用生态系统中物种共生、物质循环再生原理、结构与功能协调原理,并结合系统工程的最优化组合方法,设计分层多级利用物质的生产工艺系统。生态工程也可以简单地概括为生态系统的人工设计、施工和运行管理。生态工程的目标就是在促进物质良性循环的前提下,充分发挥资源的生产潜力,防止环境污染,达到经济效益与生态效益的同步发展。生态工程主要包括三个方面的技术:一是在不同结构的生态系统中,能量和物质的多级利用与转化;二是资源再生技术;三是自然生态系统中生物群落之间共生、互生与抗生关系的利用技术。

农业生态工程作为生态工程的一种类型,是指有效地利用农业生态系统中生物群落共生原理,系统内多种组分相互协调和促进的功能原理,以及地球化学循环的规律,实现物质和能量多层次、多途径利用与转化,从而设计与建设合理利用自然资源、保护生态系统多样性和稳定性的农业生态系统。沼气生态农业工程就是遵循生态学原理和农业生态工程的基本原理,以沼气技术为核心纽带,以农业工程建设为中心,所建立起来的社会、经济和生态三大效益相统一的农业生产体系。

二、发展沼气生态农业的产生背景

沼气生态农业是依据生态学原理,以沼气建设为纽带,将种植业、养殖业、加工业有机地结合在一起,通过优化农业资源,实现农业生态系统内能量的多级利用和物质的良性循环,从而达到高产、优质、高效、低耗的目的,是一种可持续的农业技术。

沼气生态农业是现代农业的一种类型,也是农业发展史上的一场革命。首先是农村能源的革命,我国农业人口众多,农户生活用能多年来仅限于秸秆、薪草、枯枝落叶等,能源结构比较单一。而沼气是一种可再生的清洁能源,被誉为“生物天然气”。它不仅能缓解农村能源的不足,还能改善农村的环境卫生条件,保护生态环境,实现能量循环和清洁化生产。其次是带动了农业产业化革命,不论是南方的“猪—沼—果”模式还是北方的“四位一体”模式,都是以沼气池为核心,将种植业与养殖业有机结合起来,实现物质循环及能量流动。修建一口沼气池,带动一圈猪、一园果、一垄田和一塘鱼,促进了农、林、牧、渔业的全面发展,实现了传统农业向产业化农业的转型。显然,沼气生态农业是发展现代农业、实现良性循环和加强生态环境建设的重要措施。

1.推广农村沼气是我国新农村建设的发展方向

沼气发酵技术解决了农业生产中有机污染物的无害化处理问题,“三沼”的综合利用实现了物质和能量的多层次、多功能的循环利用。推广农村沼气技术,解决了生活燃料,防止了乱砍滥伐树木,有利于封山育林、保持水土。沼肥的施用,节省了化肥和农药,改良了土壤,提高了肥力,生产出了无公害的农产品甚至绿色食品,同时美化了农村环境,推进了新农村及美丽乡村建设,加快了实现乡村振兴的进程。

2.沼气技术是促进生态农业发展的重要环节

生态农业是按照生物之间的共生互利原则所建立起来的,它强调系统内部能量的转化率和生物资源的循环利用率。沼气发酵技术为农业废弃物、污染物的无害化、资源化处理,以及系统能量的合理流动提供前提条件,沼气技术起着污染外溢截流作用,保证了系统能量的逐步积累,从而增强了系统的稳定性。沼液、沼渣的综合利用又使废物发酵的产品得到多层次合理利用,增加了系统的产业链,延长了食物链物质转化的实效。沼气技术在能量转化、物质循环、废物利用、土壤培肥四个方面都比以往的生态农业有着更新更广泛的意义。因此,沼气技术是生态农业诸多技术当中最重要、最核心的技术之一。

3.沼气生态农业符合农业可持续发展的方向

沼气工程是一项系统工程,它不仅与农业生产息息相关,还涉及工业生产。把沼气建设融入到生态和经济建设之中,农工互促、种养结合,有助于农业资源的合理利用和农业的可持续发展。一方面,沼气是一种可再生能源,保护了生态环境,一口沼气池可保护一片青山,可节省一亩地的薪柴,因此,推广沼气生态农业技术是保护山区森林植被,改善生态环境的重要手段,是惠及子孙、泽及后代的可持续发展。另一方面,沼肥是一种优质有机肥料,具有抗病杀虫和营养植物的双重作用,既能防治病虫害,提高作物产量,又可改良土壤、培肥地力,为农业的可持续发展奠定了坚实的基础。因此，沼气生态农业使本已闲置的农户庭院土地变成高效的商品生产基地，使低产田变成高产优质高效农业的保护地，使“四荒”治理同农业的可持续发展有机地结合起来。

三、沼气生态农业与资源节约和环境友好型社会之间的关系

(一)沼气生态农业是实现资源节约、发展循环农业的重要举措

我国是一个能源、资源短缺的国家，尤其是农村能源结构单一。发展农村沼气，可代替煤炭、薪柴和秸秆，既可解决农村地区能源缺少问题，也可以满足广大农民对使用优质、清洁能源的需求，实现了资源节约和节能减排。农村沼气建设是发展循环经济、促进资源循环利用、构建节约型社会的必然选择，是解决“三农”问题、发展农村经济的突破口。

1. 推广沼气生态农业模式可节约资源、促进农业增收

发展农村沼气，既可解决农牧民生活用能之急，又能带动生态养殖业和高效种植业的发展。据测算，新建一口 8 m^3 的户用沼气池，一年可为农户节支增收 2 000 元，若按全国 4 000 万口户用沼气池计算，每年可为国家节支增收 80 亿元。因此，推广沼气生态农业技术不仅提高了资源的利用效率，而且还增加了农牧民的经济收入。

2. 沼气生态农业是农民脱贫致富的重要途径

首先，建设沼气池可节约生活用能，沼气示范户每年人均消费煤比非沼气户少 70%左右，薪柴少 60%左右，秸秆少 90%左右，年人均用能少 50%以上。其次，可增加饲料来源，改变传统养殖方式，促进养殖业的增收。沼液、沼渣是优质的饲料添加剂，可加快动物体内肝糖、肌糖的积存，减少动物的发病率，提高饲料转化率，缩短出栏时间，从而增加了养殖收益。据调查，沼气户的畜禽产量比非沼气户高 2.8 倍，养殖业收入高 2.7 倍。最后，可提供优质沼肥，促进种植业发展。沼液、沼渣是优质、高效、无污染的有机肥料，可用于做基肥、追肥、种肥(浸种)和叶面肥，起到提高作物产量、改善品质的作用。据调查，沼气项目户使用化肥量比非沼气户减少 20%左右，使用农药减少 10%，粮食产量提高 38%左右，劳动力人均收入提高 1.2 倍。

(二)沼气生态农业促进循环农业发展的几种模式

1. 稻—猪—沼—稻模式

用稻谷、稻草和谷糠等养猪，猪粪入池产沼气，沼气煮饭点灯，沼肥还田种稻，添加沼液喂猪。沼液还可代替部分农药用于防治病虫害，还可浸稻种、拌种，以提高发芽率。此模式生产链条短、见效快，应用广泛，几乎每个地区都有农户采用。

2. 桑—猪—沼—果(茶)模式

用桑叶养蚕、蚕沙喂猪、猪粪进入沼气池发酵产沼气，沼气可用于蚕室加温、照明，沼肥返地施在桑树、果树、茶树上。此模式适合于山区。

3. 鸡—猪—沼—菜(鳝鱼)模式

居住在城乡接合处的农户可以采用此模式。在猪圈上建鸡笼养鸡，鸡粪落地喂猪，猪圈旁(或下面)建沼气池，沼气燃烧煮猪食，沼肥返地种菜，也可在沼气池的旁边建一口鱼塘，将沼液和沼渣投入鱼塘养鱼。

4. 鸡—猪—沼—孵鸡模式

鸡粪喂猪，猪粪入池产沼气用于孵化小鸡，沼渣饲养蚯蚓，沼液施在青饲料作物上，蚯蚓和

青饲料再用于喂鸡和猪。

5. 猪—沼—泥鳅—甲鱼—果蔬模式

猪粪用作沼气池的原料，所产沼气作生活燃料，沼气灯诱蛾喂鱼，沼肥养殖青蛙、泥鳅，再用小鱼、青蛙、泥鳅喂甲鱼，塘泥和沼渣返地种植果树和蔬菜。

6. 猪—沼—鱼模式

此模式适用于畜牧、水产养殖专业户。猪粪入池产沼气，沼气灯诱蛾喂鱼，添加沼液喂猪，鱼塘泥再返田做肥料。

7. 猪—沼—蚌模式

此模式适用于经济发达的水乡。猪粪入池产沼气，沼气灯诱蛾喂鱼，在饲料中添加沼液喂猪，沼液还可养鱼、养蚌育珠。

8. 猪—沼—菇模式

猪粪入池产沼气，沼渣培育食用菌，菌渣(糠)施于农田做肥料，添加沼液喂猪。此模式适用于经济欠发达的地区，可使农民快速致富。

以上 8 种模式有一个共同特点：以畜牧养殖业为动力，以家庭种植业为依托，以沼气池为纽带，实现物质的多级循环利用。前促养殖业的发展，后带种植业的发展，组成资源的良性循环系统。在农业生产系统中，实现了能流和物流的平衡及增值，使传统农业的单一经营模式转变成链条式经营模式，从而延长了产业链，减少了投入，提高了能量转化率和物质循环利用率，取得了较大的经济效益和生态效益。

(三)沼气生态农业是节约资源促进生态环境友好的突破口

1. 发展沼气生态农业可保护森林资源，减少水土流失

在农村推广沼气，以沼气代替薪柴和树木，将会有效缓解森林植被遭受大量砍伐的状况。云南省是植物种类多样、植被覆盖率较高的地区，全省共建成 120 万口沼气池，按每口沼气池每年节省薪柴 2～3 t 计算，则每年通过沼气利用可节约薪柴 240 万～360 万 t 薪柴，再按每亩幼林地薪柴量 4 t 计算，相当于保护了 60 万～90 万亩林地免遭砍伐。

2. 生产有机肥，降低了农药和化肥的污染

沼液中含有丰富的 B 族维生素、氨基酸和抗生素，可抗病驱虫，具有“生物农药”的作用。沼渣中富含有机质和腐殖酸，是优质的有机肥料，所以，施用沼液和沼渣可节省农药和化肥的使用量。

3. 无害化处理畜禽粪便和生活污水，防治农村面源污染

近年来，由于畜禽粪便、生活污水、化肥使用等造成的农业面源污染相当严重，治理难度较大。沼气在治理污染方面可发挥较好的作用，一方面，畜禽粪便经沼气发酵处理，减少了在堆放过程中所产生的臭气及病原菌的传播，实现了无害化处理和资源化利用；另一方面，采用污水净化沼气池处理生活污水，可以解决城镇化发展带来的水污染问题，而且与好氧生物处理技术相比，沼气净化处理技术还具有建设成本低、运行维护费用低和产生沼气能源等优点。

4. 沼气技术是新农村及美丽乡村建设的重要抓手

推进美丽乡村建设，必须以提高农民收入为根本。沼气生态农业是实现农村经济发展、农民生活宽裕的有效途径，是改善农村生态环境的重要措施。兴建一口 8 m^3 的沼气池每年可为农户增收 1 000～3 000 元，建设一座“四位一体”温室大棚，每年可增收节支 4 000～6 000 元。另外，沼气生态农业还可以促进村容整洁、实现乡风文明及产业振兴，对促进生态宜居和美丽

乡村建设具有十分重要的作用。

学习情境 2　我国沼气生态农业的发展现状与对策

一、我国沼气生态农业发展历史与现状

我国沼气池的保有量从 1973 年的 600 万口到 2010 年的 4 000 万口，增加了 6 倍，成为全世界沼气池数量最多的国家。自 2000 年国家实施“生态家园富民行动”和农村沼气国债项目以来，国家已累计投入 200 亿元用于沼气项目建设，据统计，全国约有 1.6 亿农民从沼气项目中受益。但是，2016 年以后，我国农村户用沼气池的建设速度放缓，国家转型支持发展大中型沼气工程，尤其是特大型(5 000 m^3 以上)的沼气工程，主要用于生产生物天然气，既可提纯液化后出售，又能发电上网。如中国广核集团有限公司在国内投资修建了几座特大型沼气工程，其中有 2 座就建在了新疆(昌吉及塔城各 1 座)。

沼气生态农业技术、生态家园富民行动、美丽乡村建设和“一池三改”沼气国债项目，都是以沼气池为纽带和核心，综合利用各种农业资源，优化配套高效农业技术，挖掘农业生产的内部潜力，拉动养殖业，促进种植业，形成能流和物流的良性循环，实现经济效益和生态效益的统一，生态与富民的协调发展，最终达到家居环境清洁化、庭院经济高效化、农业生产无害化的目标。

20 世纪 90 年代以来，我国大力推广多种模式的沼气生态农业技术，如南方的“猪—沼—果”“猪—沼—菜”等种养结合模式；北方的“四位一体”“五位一体”等沼气温室模式；西北地区的“五配套”模式等，都取得了显著的经济效益和一定的生态效益。

要加大农村环境整治工作力度，通过实施“厕所革命”、粪污治理，进一步改善农村人居环境。沼气池是联接种植业与养殖业的核心纽带，可无害化处理畜禽粪便及人粪尿，减少臭味及蚊蝇滋生，又能产生沼气燃料及沼肥(沼液、沼渣)。

二、我国沼气生态农业的经验及存在问题

经过多年的探索和实践，我国沼气生态农业建设走上了健康、稳定和持续发展的轨道，总结我国沼气生态农业发展的经验，可以概括为三个方面：需求拉动、技术保证和资金政策推动，三者互为依托，缺一不可。

我国目前已是沼气大国，拥有的户用沼气池和大中型沼气工程数量属世界之最，沼气生态农业建设总体上取得了一定的成就，综合效益逐步显现，并形成良好的发展势头。但尚未形成一个较大的行业，产业化规模较小，也未产生有较大影响力的沼气生态农业企业。所存在的问题概括起来主要有以下 5 个方面。

1. 沼气生态农业的发展思路不够明确

沼气生态农业是农业发展史上一个新的理念，发展沼气的主要作用就在于服务生态农业建设，而生态农业建设必须以沼气为纽带和切入点，形成一个动态的良性循环。它们是一个完整的有机统一体，不能把二者割裂开来。目前，不少地方一说生态农业就是山水林田湖草沙的综合治理，农、林、牧、副、渔的综合发展，而缺少了在实现农业良性循环中发挥重要作用的沼气建设，这显然是一个不完整、不系统的链条。一些地方虽然开展了沼气建设，但却停留在“就能

源说沼气、就沼气而沼气”的观念上，建一口沼气池仅仅是为了炊事、照明，没有开展沼液、沼渣的综合利用，更没有与生态农业建设有机结合，未能发挥出综合效益。

2. 资金投入不足

虽然国家对沼气项目建设的资金投入很大，每年投入的建设资金在 20 亿元左右，有效地推动了沼气生态农业的发展。但是国家的补助资金有限，建设一口户用沼气池，每户补助 1 500～3 000 元，农户按“四位一体”或“猪—沼—果”或“五配套”等模式开展沼气生态农业建设，共需资金 2 万～3 万元，缺口相当大。如何多方筹集资金、多渠道增加投入仍然是沼气生态农业建设中需要解决的重要问题。

3. 建设质量把关不严，后续服务跟不上

虽然国家在沼气建设方面颁布了较多标准及技术规范，但在实际建设过程中存在许多问题，不能严格按照标准及规范去建设沼气池和沼气工程，存在偷工减料、以次充好的现象，工程的质量验收不够规范。另外，普遍存在“重建设、轻管理”的问题，只注重完成建设任务，而忽视了后续的服务与管理工作，致使许多沼气池和沼气工程报废停用。据调查，目前我国沼气池的使用率及沼气工程的运行率均在 50%左右，按此计算，全国约有 2 000 万口沼气池和 1 200 处沼气工程报废或停用。

4. 沼气生态农业研究不够深入，缺少有力的技术支撑

目前，沼气专业科研人员和相应的科研成果均较少，在深度和广度上的研究还不够，而且缺少相应的技术规范和标准，使得沼气生态农业建设的科技支撑体系较弱。同时，推广技术人员的数量与国家的要求相差甚远。据统计，全国持有沼气生产工资格证书的人员仅有 20 多万人，而从事沼气的专业技术人员不足 1 万人。技术力量的不足在一定程度上也制约了沼气生态农业的发展。

5. 管理机制不健全

沼气生态农业建设是一项边缘性工作，涉及多部门多机构，管理体制、建设项目、投资渠道、补助标准、具体要求等方面都呈现出多元化，多头管理但又管而不理的现象十分严重。目前，我国在沼气生态农业建设上存在两个不完善：一是制度不够完善，没有制定出适合沼气生态农业发展的法规；二是服务体系不完善，前期建设与后续服务严重脱节。政府调控和市场拉动的功能未能充分发挥出来，致使沼气生态农业建设存在“先天不足、后劲不够”。

三、我国沼气生态农业发展的建议与对策

为进一步加快我国沼气建设，促进以沼气为纽带的生态农业技术模式的推广应用，建议从以下几个方面开展工作：

1. 加强领导，做好宣传，充分认识沼气生态农业建设的重要性

沼气生态农业是实现农业可持续发展的重要途径，功在当代，利在千秋，富民强国。同时，沼气生态农业建设又是一项系统的社会工程，需要政府、企业、科研院所和社会公众共同参与，要统一思想、凝聚人心，最大限度地吸引全体公民的兴趣和积极性，增强沼气生态农业的发展理念，切实提高全国人民建设沼气生态农业的自觉性和主动性。

2. 示范带动，经验复制

目前，我国的沼气生态农业建设还处于起始及探索阶段，普及面小，质量也不太高。我们应在总结成功经验的基础上，加大试点工作的力度，做到由点到面、以点带面，逐步推广。要突

出重点，把养殖业发达的地区和有退耕还林任务的县作为重点和难点，坚持先易后难，抓重点带一般，协调推进。坚持集中联片，以村为单位整体推进，南方积极推广“猪—沼—果(粮、菜)”模式，北方积极推广“四位一体”“五位一体”模式，西北旱塬地区推广“五配套”生态果园模式。

3. 建好政府推动、市场拉动、体制创新的沼气生态农业政策体系

要积极发挥政府在生态农业建设中所发挥的推动作用，尽可能得到政府的资金扶持和政策支持。建章立制、规范管理。制度的建立和体制的创新，决定着沼气生态农业的实施及其效应。要应用好市场的调节及拉动作用，科学运用好政府和市场“两只手”，政府应进一步发挥宏观调控职能，增强“绿色转型”和“绿色控制”的能力，比如，及早建立无公害、绿色农产品市场准入制度，完善优质农产品的优质优价政策，通过政策调控，从事沼气生态农业建设的企业和个人能有利可图，企业和个人对生态环境保护的外部效益能内部化。按照“污染者收费，利用者补偿，开发者保护，破坏者恢复”的原则，大力推进沼气生态农业建设。

4. 依靠科技进步，不断提高建设水平

沼气生态农业的发展需要以先进技术、关键技术作为支撑点。它涉及能源、建筑、种植和养殖等学科，而且沼气建设目前实行的是职业资格准入制度，我国沼气存在着严重的技术力量不足问题。因此，各级政府要尽快建立健全沼气生态农业服务体系，加强专业技术推广队伍的建设，大力开展对基层单位和广大群众的技术培训。

5. 加强沼气生态农业的法律保障，促进沼气生态农业发展的法律法规建设

应当通过立法的形式，制定适合沼气生态农业发展的法规，使之真正起到绿色导向作用。近年来，我国尽管提出了发展沼气生态农业的意见，并制定了生态环境保护及发展循环经济的总体规划，特别是近两年又把沼气技术作为现代农业建设和可持续农业发展的重要支撑，但始终未颁布与之相关的法律法规，因而建立促进沼气生态农业建设的法律法规已迫在眉睫。

学习情境 3　以沼气为纽带的生态农业模式

一、北方“四位一体”生态温室模式

(一)模式组成

以土地资源为基础，以太阳能为动力，以沼气为纽带，通过种植、养殖相结合，将沼气池、猪禽舍、厕所、日光温室四者联系在一起，组成一个封闭的系统。如图 5-1 所示。

它的主要形式是：以一个 640 m^2 塑膜日光温室为基本单元，在温室的一侧，建一个 8～10 m^3 的地下沼气池，其上建一个约 20 m^2 的猪舍和一个厕所，形成一个封闭状态下的能源生态系统。在模式的各组成要素中，沼气池起着连接养殖与种植、生产与生活用能的纽带作用，处于核心地位。畜禽舍内的粪便起着为沼气池提供发酵原料的功能，通过沼气池的发酵，产生的沼气起着为温室大棚增温及提供二氧化碳气肥的作用；产生的沼液既可用作大棚内的植物的叶面肥，又能作为生物农药用于杀虫，还可用来喂猪；产生的沼渣用做有机肥(基肥或追肥)，也可用作食用菌栽培的基质。另外，畜禽呼吸产生的废气为植物提供光合作用所需的二氧化碳，而植物的呼吸又为畜禽提供新鲜的氧气。该模式是在同一块土地上，实现产气、积肥同步，种植、养殖并举，能流、物流良性循环，庭院经济与生态农业相结合的一种高产、优质、高效的农业生产模式。详见图 5-2。

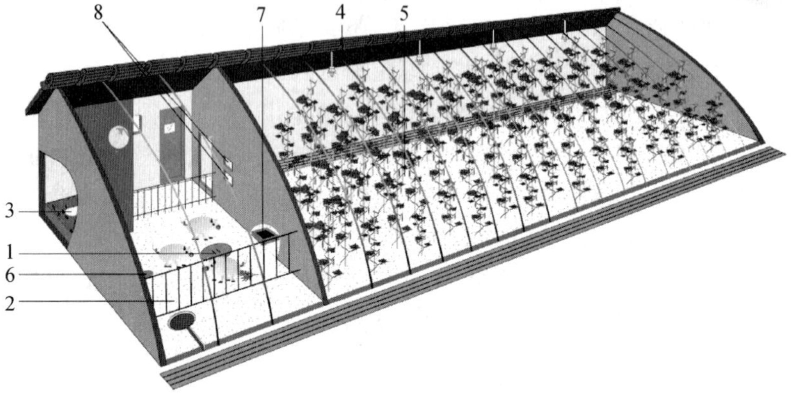

1. 沼气池　2. 猪圈　3. 厕所　4. 日光温室　5. 菜地
6. 沼气池进料口　7. 沼渣、沼液出料口　8. 通气孔

图 5-1　"四位一体"生态温室模式示意图

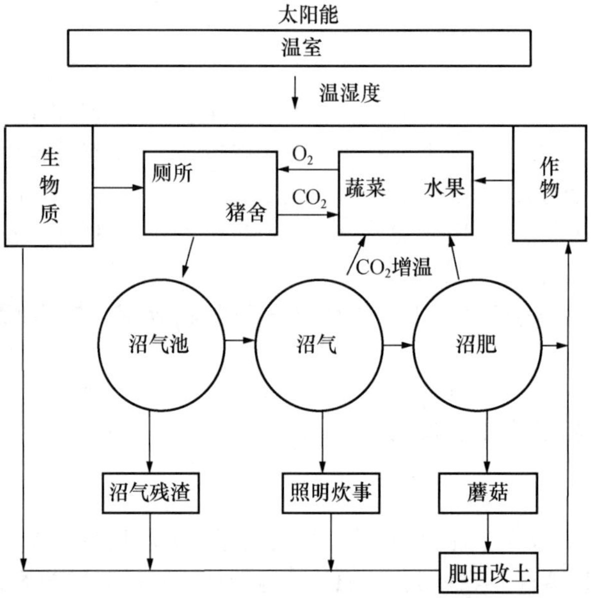

图 5-2　"四位一体"模式物质循环示意图

(二)主要技术及特点

1. 多业结合、集约经营

圈舍的温度在冬天提高了 3～5 ℃,为猪提供了适宜的生存条件,使猪的生长期从 10～12 个月下降到 5～6 个月。由于猪饲养量的增加,又为沼气池提供了充足的原料。

2. 合理利用光热资源

猪舍下的沼气池由于得到了太阳热能而增温,解决了北方地区在寒冷冬季的产气技术难题。

3. 物质循环、相互转化、多级利用

猪呼出大量的二氧化碳，使日光温室内的二氧化碳浓度提高了4～5倍，大大改善了温室内蔬菜等农作物的生长条件，蔬菜产量增加，质量明显提高，达到绿色无污染的质量标准。

4. 保护和改善自然环境与卫生条件

该模式把人、畜、禽及农作物有机联系起来，通过沼气发酵，使畜禽粪便处理达到了无害化效果。这就改变了农村粪便、垃圾随意堆放的状况，消灭了蚊蝇的滋生场地，切断了病原体的传播途径，从而大大改善了农村的卫生面貌。

5. 社会效益、生态效益和经济效益提高

该模式高度利用时间及空间资源，不受季节限制，一年四季都能生产。改变了北方地区一季有余、二季不足的局面，使冬季农闲变为农忙。该模式是以自家庭院为基础，男女老少都可从事农业生产。这种"四位一体"模式的经济效益也较高，一般每户年可养殖20头猪，种植大棚蔬菜150 m^2，冬季平均每户收入增加了4 000～5 000元。该模式在辽宁、新疆等北方地区已经累计推广21万户，取得了较显著的社会效益、生态效益和经济效益。

（三）模式能流分析与计算

"四位一体"模式的生产过程实质上是一个能量与物质的转化过程，在整个系统中，通过绿色植物（蔬菜、果树等）的光合作用，太阳能被转化成有机物的化学能并贮存于植物体内，增加人工辅助能的调控，目的在于提高能量转化效率，以增加系统的产出。

在做能流分析计算时，首先要将整个系统的结构分析清楚，明确系统、子系统的边界。系统结构及边界确定后，再分析能量输入及输出，输入能包括自然输入能（太阳能）和人工辅助能，输出能包括产品、副产品及其废弃物所含的能量。以"四位一体"系统为例，进入系统的能量主要是太阳能，其次是人工辅助能（包括生物辅助能和工业辅助能），第三是自然辅助能，系统输出的主要是各种生物能和散失到环境中的热能。

进入日光温室的太阳能主要有三个方面的去向：一是被作物群体反射掉，占总光能的10%～20%；二是漏射到地面上，被土壤吸收，约占总光能的50%；三是被作物吸收，占20%～35%。进入温室的人工辅助能包括生物辅助能和工业辅助能，前者指来自于生物有机物的能量，如生物质燃料、劳力、畜力、有机肥、饲料、种子等；工业辅助能又称化学能，包括直接工业辅助能如石油、煤、天然气、电，间接工业辅助能如化肥、农药、农膜、生长调节剂等。

"四位一体"整个大系统可分为三个子系统：种植子系统、养殖子系统和沼气子系统，这三个子系统与整个大系统的能量输入与输出情况详见图5-3。

该系统在生产过程中，共输入总能量1 109 820 MJ，输出总能量为25 630 MJ，输入与输出的比例为43∶1。在各种能量输入中，太阳能是主要的能量来源，占总能量输入的43%，辅助能输入中以有机肥为主体，占辅助能输入的59.9%。在辅助能输出中，饲养系统较高，占总能量输出的45.65%，其次为沼气发酵系统，占输出能的28.28%，再次为种植系统，占26.07%，详见图5-4。

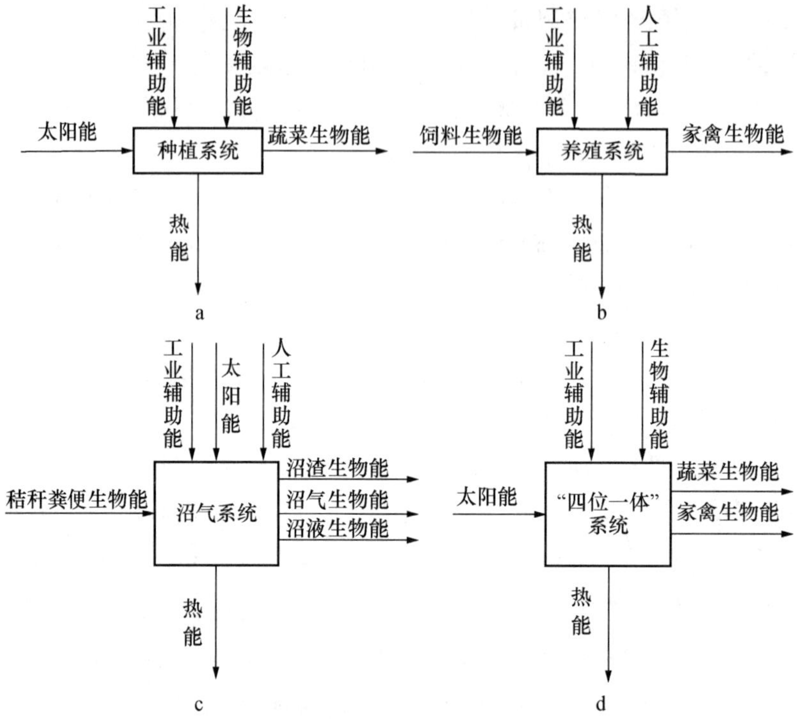

图 5-3 "四位一体"系统及子系统能量平衡

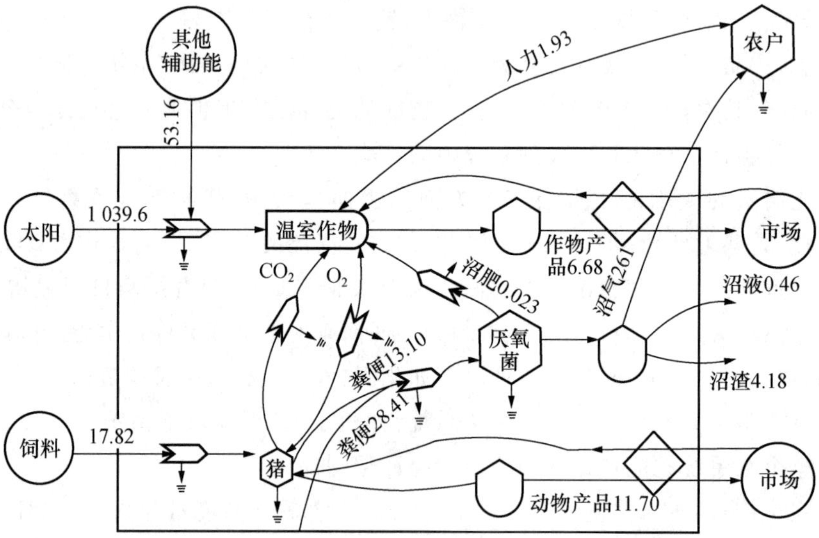

图 5-4 "四位一体"系统能流示意图(单位:10^3 MJ)

二、西北"五配套"生态果园模式

(一)模式组成

该模式是从西北丘陵旱作农业地区的实际出发,以农户土地资源为基础,以太阳能为动力，以沼气池为纽带，形成以农带牧、以牧促沼、以沼促果、果牧结合、配套发展的良性循环体系。具体形式是每户建一个沼气池、一个果园、一个暖圈、一个蓄水窖和一个看营房。实行人厕、沼气、猪圈三结合，圈下建沼气池，池上搞养殖，除养猪，圈内上层还放笼养鸡，形成鸡粪喂猪、猪粪入池产沼气的立体养殖和多种经营系统。详见图 5-5。

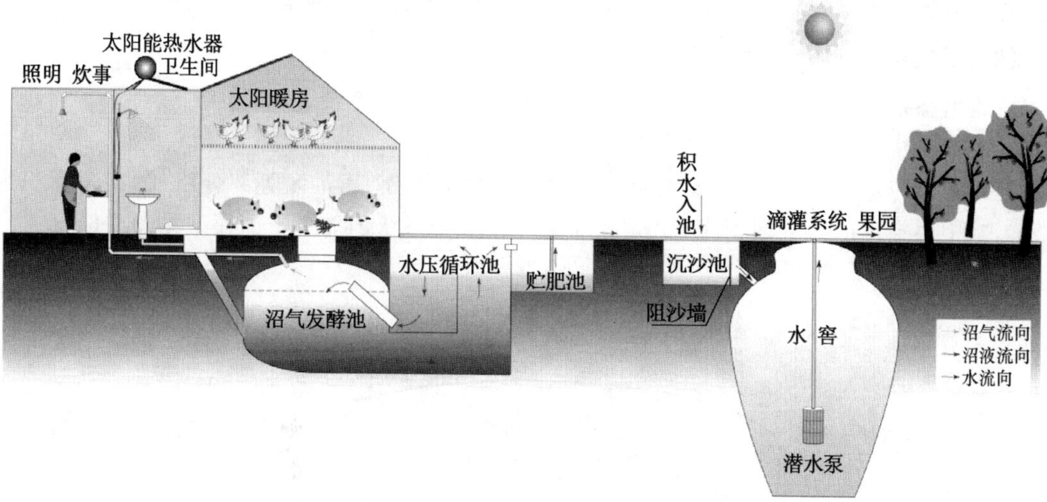

图 5-5　西北“五配套”生态果园模式示意图

该模式以 5 亩左右的成龄果园为基本生产单元，需配套一口 8～10 m^3 的新型高效沼气池，一座 12～15 m^2 的太阳能猪圈，一眼 60 m^3 的水窖及配套的集雨场，再配套一个节水滴灌系统。

（二）模式的原理及优点

从有利于农业生态系统物质及能量的转换与平衡出发，充分发挥系统内的动、植物与光、热、水、土、气等环境因素的作用，建立起生物种群互惠共生、相互促进、协调发展的能源—生态—经济良性循环系统，高效利用土地资源和劳动力资源。它的好处是“一净、二少、三增”，即净化环境，减少投资、减少病虫害，增产、增收、增效。农户每年可增收 2 000～4 000 元。

（三）模式的技术要点

1. 沼气池是生态果园的核心

沼气池起着连接养殖与种植、生活用能与生产用肥的纽带作用，在果园或农户住宅前后建一口沼气池，既可解决点灯、做饭所需燃料，又可解决人、畜粪便随意堆放所造成的病原菌污染传播。同时，沼气池所产生的沼液可用于果树叶面喷施、喂猪，沼渣可用于果园施肥。

太阳能猪圈是实现以牧促沼、以沼促果、果牧结合的前提，既解决了猪和沼气池的越冬问题，又提高了猪的生产率和沼气池的产气率。太阳能猪圈北墙内侧设 0.8～1 m 的走廊，北走廊与猪圈之间用 1 m 高的铁栅栏隔开。

2. 集水系统

集水系统是收集和贮蓄地表径流雨、雪等水资源的集水场、水窖等设施，主要用于果园滴灌、沼气池用水。每个水窖按 60 m^3 体积设计，采用拱形窖顶、圆台形窖体，以保证水窖在贮水和空置时都能保持相对稳定。水窖在每年 5—9 月收集自然降水，加上循环多次用水、再贮水，年可蓄积自然降水 120～180 m^3。

3. 滴灌系统

滴灌系统是将水窖中蓄积的雨水通过水泵增压提水，经输水管道输送、分配到滴灌管的滴头，以水滴或细小射流均匀而缓慢地滴入果树根部附近。还可采用水肥一体化技术，将沼气池产生的沼液肥随水施入果树根部，使果树根系区能经常保持适宜的水分和养分。

(四)模式能流分析及计算

模式生态系统可划分为生态型猪圈、沼气池、果园三个子系统。

1. 生态型猪舍子系统

模式采用砖木结构，主要有太阳能温室、微型地炕、猪舍、蔬菜区等部分组成，猪舍面积为 80 m^2，其中温室内的蔬菜面积为 20 m^2。生态型猪舍子系统的能量平衡模型见图 5-6。

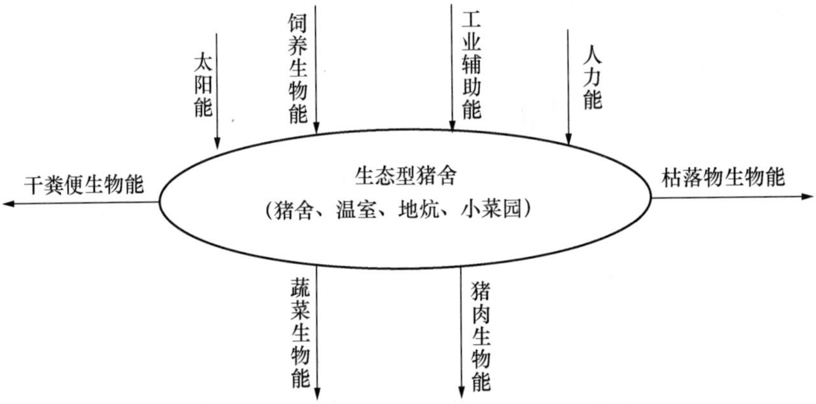

图 5-6 生态型猪舍子系统的能量平衡模型

在生态果园中的猪舍内部设微型地坑，冬季可烧枯枝落叶向猪舍内供暖，每年出栏重 100 kg 的猪 20 头左右，共需饲料 5 t，其中需玉米 2.8 t、麦皮 1.0 t、专用饲料 1.0 t、精饲料 0.2 t，即料肉比为 2.5∶1；按每头猪的年排泄量 600 kg 计算，则出栏 20 头猪的年排泄量为 12 000 kg，粪便的干物质含量按 20%计算，则年排泄干粪便量为 2 400 kg。生态型猪舍子系统的 20 m^2 蔬菜面积，年产蔬菜 250 kg 左右。生态型猪舍子系统的能量测定计算结果详见表 5-1。

表 5-1 生态型猪舍子系统的能量计算结果

项目	每年数量	能量折算系数	能流量/MJ
太阳能输入	401 760.00 MJ	1.00	401 760.00
饲料能	5 000.00 kg	11.19 MJ/kg	55 931.50
人力能	578.00 h	0.75 MJ/h	433.60
工业辅助能	30.00 kW·h	11.90 MJ/(kW·h)	357.00
枯落物生物能	200.00 kg	17.5 MJ/kg	3 500.00
干粪便生物能	2 400.00 kg	17.76 MJ/kg	42 624.00
蔬菜生物能	250.00 kg	0.88 MJ/kg	220.00
猪肉生物能	2 000.00 kg	16.87 MJ/kg	33 740.00

2. 沼气子系统

“五配套”沼气池一般建在果园南端的太阳能温室内，池容为 10 m^3。平均每户进入沼气池的干猪粪为 2 400 kg，年产沼渣（干重）1 562 kg，年产沼气 840 m^3，所产沼渣全部用于果园施肥。该子系统能量平衡模型详见图 5-7，其能量测定计算结果详见表 5-2。

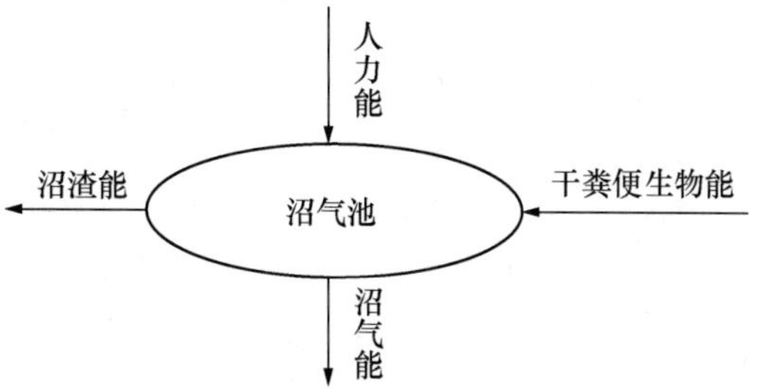

图 5-7　沼气池子系统能量平衡模型

表 5-2　沼气池子系统的能量平衡结果

项目	每年数量	能量折算系数	能流量/(MJ/年)
干粪便生物能	2 400.00 kg	17.76 MJ/kg	42 624.00
人力能	365.00 h	0.75 MJ/h	273.76
沼气能	840.00 m^3	18.10 MJ/m^3	15 204.00
沼渣能	1 562.00 kg	15.82 MJ/kg	26 134.64

3. 生态果园子系统能量平衡

依据能量转换与守恒定律，绘制其能量平衡模型，详见图 5-8。

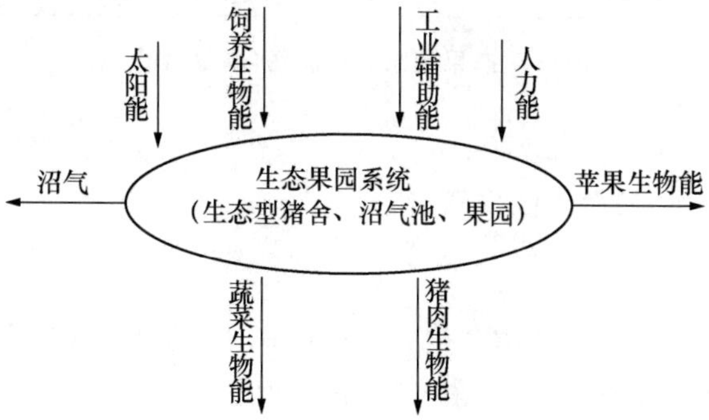

图 5-8　生态果园系统能量平衡模型

生态果园系统能量平衡情况详见表 5-3。根据上述分析测定和计算结果，绘制出生态果园系统能流图，详见图 5-9。

表 5-3 生态果园系统能量平衡结果

项目	每年数量	能量折算系数	能流量/(MJ/年)
太阳能输入	12 767 360 MJ	1.00	12 767 360
工业辅助能	230 kW·h	11.90 MJ/(kW·h)	2 737
人力能	2 038 h	0.75 MJ/h	1 528.60
饮料能	5 000.00 kg	11.19 MJ/kg	55 931.50
蔬菜生物能	250.00 kg	0.88 MJ/kg	220.00
猪肉生物能	2 000.00 kg	16.87 MJ/kg	33 740.00
苹果生物能	10 000 kg	18.98 MJ/kg	189 800
沼气能	840.00 m^3	18.10 MJ/m^3	15 204.00
果园净固定值	1 000 kg	17.84 MJ/kg	17 840

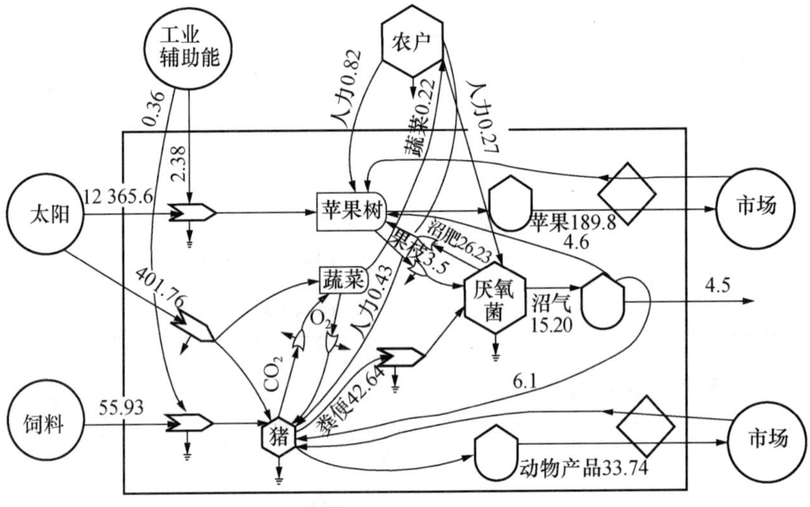

图 5-9 生态果园系统能流图(单位:10^3 MJ)

三、南方“猪—沼—果”生态家园模式

(一)模式的结构组成

此模式是我国南方地区推广的沼气生态农业模式,它是以沼气池为纽带,与现代农业技术有机结合的一种实用技术体系。“猪—沼—果”模式是一个广义的概念,其中的“猪”也可以是牛、鸡、羊等能为沼气池提供发酵原料的畜禽;“果”指能用沼液、沼渣作为肥料的农作物,如果树、蔬菜、花卉、花生、甘蔗、茶等,因此,又有“猪—沼—菜”“猪—沼—茶”等生态模式。详见图5-10。

(二)模式的原理及运行

(1)模式设计依据生态学、经济学原理,以沼气池为纽带,以太阳能为动力,以牧促沼、以沼促果、果牧结合,建立各生物种群互惠共生、食物链结构健全,能量流和物质流良性循环的生态系统(图 5-11)。

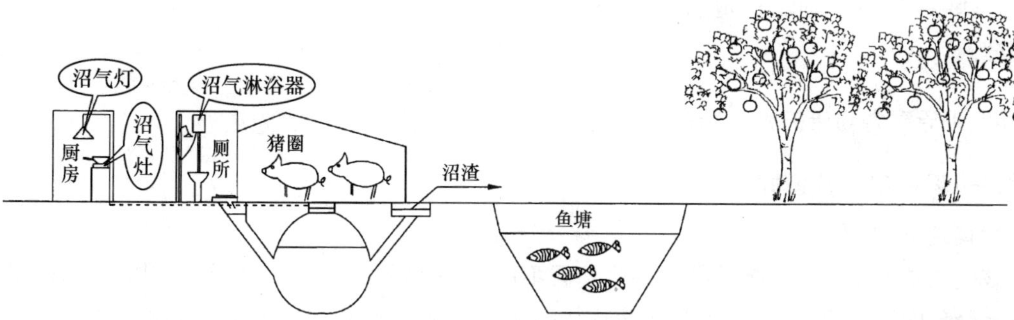

图 5-10　“猪—沼—果”模式示意图

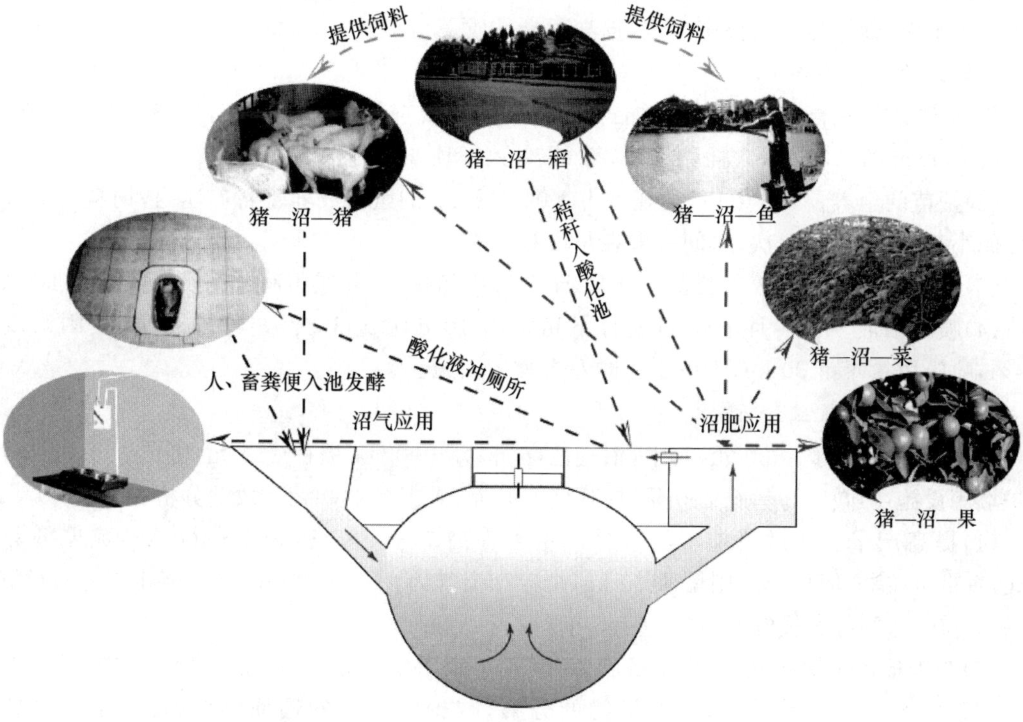

图 5-11　“猪—沼—果”模式物质能量循环示意图

(2)利用沼气的纽带作用，将养殖业、种植业有机连接进来形成的农业生态系统，实现了物质及能量在系统内的合理流动，从而最大限度地降低了农业生产对系统外物质的需求。

(三)模式的规划与设计

以一户农户为基本单元，利用房前屋后的山地、水面、庭院等场地，在平面布局上，要求猪栏必须建在果园内或果园旁边，不能离得太远，沼气池要与畜禽舍、厕所三结合，使之形成一个工程整体。主要形式是“户建一口沼气池，人均年出栏 2 头猪，人均种好一亩果”。它是用沼液加饲料喂猪，猪可提前出栏，节省饲料 20%，大大降低了饲养成本，激发了农民养猪的积极性。

果园面积、生猪养殖规模、沼气池容积要合理组合，首先要根据果园栽培的面积来确定肥料的需用量，然后确定猪的养殖头数，再根据生猪的养殖规模来确定沼气池容积的大小。一般按每户建一座 8 m^3 的沼气池、常年存栏 4 头猪并种植 2 668 m^2（4 亩）果园的规模进行组合配套。

四、以沼气为纽带的种养结合模式

（一）稻—沼—蟹模式

1. 模式概述

该模式是根据稻田养蟹的蟹稻共生期间不能施肥和治虫的要求，从延长生物链条、能量流动更趋合理的思路出发，通过生产试验总结出来的一种新的生态农业模式。该模式以大田为载体，通过稻田养蟹、沼液喷施防治病虫害技术的应用，一方面使沼液中的有机物质促进稻田中的浮游微生物快速生长，为螃蟹生长提供更多的饵料；另一方面水稻充分吸收沼液内水溶性优质有机肥料，促进稻田无公害生产，提高稻米品质。

2. 模式的技术要点

（1）插秧。选用高产抗倒伏水稻品种，于 6 月 30 日前完成插秧工作，保持株距 10 cm，行距 30 cm，每亩 18 750 穴，穴插秧 3 株，每 667 m^2 插秧 5.6 万株。

（2）蟹苗的暂养。4 月中旬，把规格为 4 000 只/kg 的蟹苗放养于暂养池内，饲料为磨碎蒸熟后的小杂鱼，日投喂 2 次，时间一般在早晨和下午。

（3）投放蟹苗。每亩放养蟹苗 400 只，于 7 月中旬投入，并在田间分别设置隔离防护墙。

（4）喷施沼液。于 7 月下旬到 8 月下旬每隔 10 d 喷施 1 次，共喷施 4 次，喷洒浓度为 100%，喷施用量每亩 30 kg，于下午 4 时左右均匀喷施。

3. 投资估算与效益分析

该模式总投资约 5 500 元，其中，沼气池（8 m^3）3 000 元，稻种 160 元，蟹苗 320 元，蟹池、防护墙等设施 1 000 元，基肥 200 元，饵料费 200 元，人工费 800 元。效益分析如下。

（1）提高产量。通过喷施沼液水稻产量可提高 7%，亩产达 350～400 kg，成蟹 6 只为 1 kg，每亩可按 360 只计算，则蟹重 60 kg，全年产沼气为 300 m^3 左右，以上合计产生的经济效益约 4 000 元，则静态投资回收期为 1.5 年左右。

（2）改善稻田土壤状况，提高土壤肥力，节省化肥用量。养蟹后，由于蟹在水中活动，改善了土壤结构和供氧状况，有利于有机物的分解，减少了土壤的还原物质，促进了水稻的正常生长。

（3）有利于抑制杂草害虫，减少农药使用量。蟹类以杂草为食，抑制杂草的作用十分显著，杂草的减少避免了其与水稻争肥争光，提高水稻的光能利用率和肥料利用率。危害水稻的主要害虫如螟虫、稻虱等也被生活在水中的螃蟹吞食，从而减少了农药的使用量。

（二）“莲—沼—鱼”模式

1. 模式概述

该模式是根据莲藕和鱼均需要水的生物学特性，通过实践所总结出来的一种集节水、节肥、节地、休闲、观光、生态为一体的生态家园新模式。以莲鱼共养为基础，通过沼肥施用和沼液喷施防病治虫技术及沼肥养鱼技术的运用，达到降低生产成本、增加产量并改善品质的目的。莲鱼共养，由于鱼群的存在，导致水质浑浊，透光性减弱，使杂草难以发芽生长，利用沼肥种植莲藕，不仅提高莲地肥力，而且还降低了莲藕病虫害。

2. 模式技术要点

(1)建好池,施足肥。莲池一般呈长方形,占地 1 亩左右。先将池周围的地面下挖 30～40 cm,将土堆在周围,压实、铲平就形成池周围 1 m 高的土墙,池挖好后再将池底压实整平,再铺上一层较厚的塑料布。莲藕生长期需肥量较大,所以,栽植前一定要施足底肥,一般每亩施入沼肥 1 500～2 000 kg,同时配合施一些土杂肥。

(2)适时栽植。莲藕的栽植时间一般应在清明前后进行,栽植以前要灌水和施肥,把池子里的土、肥踩成稀糊状,接着把藕种一条条地稍微倾斜插进去。栽植行距为 1.5 m,株距为 1.3 m,深度为 5～10 cm,每亩地的池藕下种量为 300～350 kg。

(3)沼肥养鱼。放养鱼苗应在 4 月下旬,鱼种以革胡子鲇为主,推荐罗非鱼、高背鲫等品种。每池放养 800～1 000 尾鱼苗。沼液和沼渣要轮换交替施用,做到少施、勤施,沼液每次每亩不超过 300 kg,沼渣每次每亩不超过 150 kg 为宜。

3. 模式效益分析

"莲—沼—鱼"生态模式每亩投资共计 13 900 元,其中,莲藕鱼池为 9 400 元(14 元/m^2),沼气池为 3 000 元,鱼苗为 800 元,莲藕种为 700 元。该模式的经济效益相当可观,每亩莲鱼池可产莲藕 3 500～5 000 kg,产鱼 300～400 kg,年收入可达 10 000 元左右。

(三)"牛—沼—草"模式

1. 模式的原理及内容

该模式以沼气等农村实用技术组装示范为主,通过推广高技术含量、高附加值的动植物种质以及种植养殖技术,建设生态农业,生产高效农产品。具体内容为:建设以"人工牧草/秸秆＋沼气池＋奶牛"为核心的高效农业、生态农业模式。可充分利用河流故道、滩地以及山丘坡地等,模式可由 40 户左右组合,建立一个奶农合作社,再建立一个服务站(含统一挤奶、防疫、配种等技术服务)。每个模式户的结构为:3 335 m^2(5 亩)地种植高蛋白牧草(苜蓿)、圈养殖 2 头基础母奶牛,建一个 10～12 m^3 的沼气池。牛粪可采取干粪收集工艺,用于食用菌生产,沼渣用于肥田生产牧草,粪水进入沼气池,经过厌氧发酵后所产沼气用于养殖小区照明、取暖,沼肥则施入饲草地。

2. 模式的投资与效益分析

(1)投资概算。本模式每户投资金额约 27 800 元,其中,2 头基础母牛 10 000 元;3 335 m^2(5 亩)饲草地 2 500 元;建设沼气池及牛舍费用 5 000 元;奶牛饲料费每年 10 000 元;配种及防疫消毒费用 300 元。

(2)经济效益分析。模式正常运行后,2 头基础母牛可年产鲜奶 10 t,每吨按现行市场价 2 500 元计算,则鲜奶收入为 25 000 元;同时又可年产犊牛 2 头,价值在 6 000 元左右。3 335 m^2(5 亩)牧草地每年可产草 50 t,每吨按 200 元计算,可收益 10 000 元。另外,2 头牛年产 20 m^3 左右的牛粪,每立方米牛粪按 60 元计算,可节约用肥 1 200 元,所产沼气可节约炊事照明用能 500 元。以上共计收入达到 42 700 元,扣除成本 22 800 元,则年纯收入为 19 900 元。

五、规模化畜禽养殖场沼气处理模式

(一)模式产生背景

20 世纪 90 年代以来,我国的养殖业得到快速发展,且发展呈现出向集约化、规模化和现代化方向发展的趋势。养殖规模越来越大，分布趋于集中。据统计，我国规模化养殖场的数量已占到总量的 10%，规模化奶牛场及养鸡场的养殖量分别占全国养殖总量的 43% 和 20%。集约化规模化养殖业的发展，对调节市场和改善人民生活起了很大作用。但是，由于规模化养殖污水排放量大，而且粪便污水中含有寄生虫，严重污染了环境和养殖场的卫生条件。

进入 21 世纪以来，为了控制畜禽养殖业带来的日益严重的环境污染问题，国家环保总局颁布了《畜禽养殖污染防治管理办法》，其中明确规定，畜禽养殖污染防治实行综合利用优先、资源化、无害化和减量化的原则，应采取畜禽废渣还田、生产沼气、制造有机肥料和再生饲料等方法进行综合利用。畜禽养殖场的排污量不能超过国家或地方规定的排放标准，因此，以沼气发酵技术处理规模化养殖场粪污的能源环保模式便应运而生了。

截至 2022 年，我国畜禽养殖场沼气工程的数量达到了 8 000 处，利用厌氧消化技术处理畜禽粪便，既实现了废弃物的无害化处理，又实现了能源（沼气）化利用，具有很强的能源与环保效益。

(二)模式原理及技术组成

根据生态学及生态经济学原理，以沼气发酵为核心，通过畜禽粪便的多级循环利用，达到无害化、资源化处理养殖场粪污的目的。该模式由以下 6 项技术组成。

1. 无公害饲料基地建设

根据饲料品种选择建立土壤基地，根据土壤培肥改良技术、有机肥施用技术、平衡施肥技术和高效低残留农药施用技术组装配套，达到饲料原料清洁生产的目的。

2. 饲料清洁生产技术

根据动物营养学原理，应用先进的饲料配方及制备技术，根据不同畜禽种类、长势进行饲料搭配，生产全价配合饲料和精料混合料。此外，作物秸秆通过化学（氨化）、生物（青贮）等处理，可大大提高适口性和可消化性。

3. 养殖及生物环境建设

在养殖过程中利用先进的养殖新技术和生物环境建设，达到畜禽生产的优质、无污染，通过畜舍干清粪及疫病控制技术，可使畜禽生长在优良的环境中，从而减少疾病的发生。

4. 固液分离技术和干清粪技术

采用固液分离机等设备进行固液分离，固体部分进行高温堆肥，液体部分进行沼气发酵。同时，为了减少用水量，尽可能采用干清粪技术。

5. 沼气发酵技术

利用畜禽粪便进行沼气发酵和沼肥生长，合理地循环利用物质和能量，既解决了燃料、饲料、肥料之间的矛盾，又促进了农业全面、持续的发展。

6. 有机肥和复混肥生产技术

沼气发酵后产生的沼肥通过固液分离技术，固体沼渣经过浓缩、干燥，再加入一定比例的化肥，造粒制成有机-无机复合肥。液体沼液可加工成叶面肥，也可配制成滴灌肥，进行商品化销售。

(三)规模化养殖场沼气工程技术

沼气工程包括三部分：原料的前处理、沼气发酵及净化、后处理，详见图 5-12。

1. 采用简易的物理方法对原料进行预处理

首先利用格栅、水力筛、固液分离机等设备去除粪污中较大的悬浮物（如杂草、秸秆等），再

①	粗细格栅	⑦	贮液池
②	集水沉淀池	⑧	沼肥利用或好氧处理
③	除渣池	⑨	水封罐
④	贮料池	⑩	脱硫塔
⑤	酸化升温池	⑪	储气柜
⑥	沼气发酵罐		

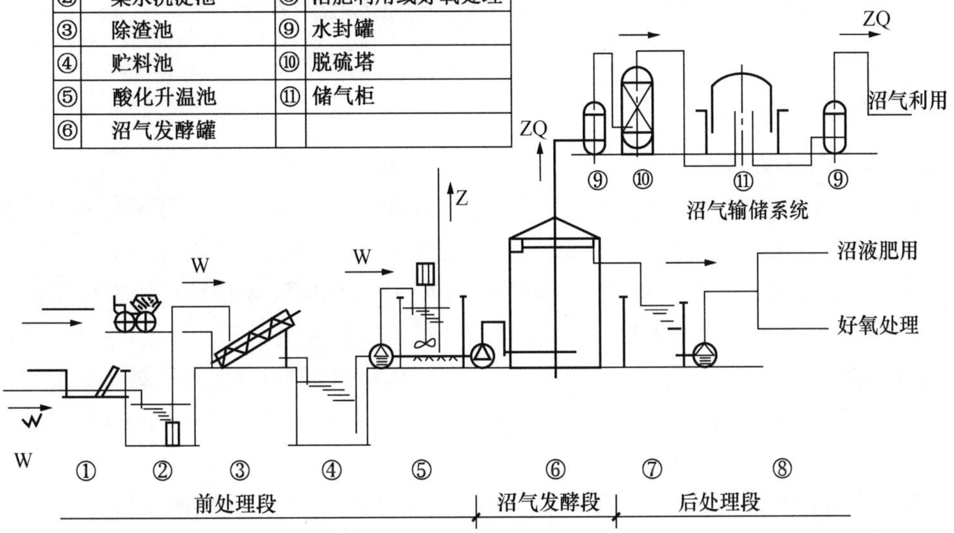

图 5-12　规模化养殖场粪污沼气处理技术工艺流程

利用沉淀池去除小石块、细沙，以确保原料在进料时不发生堵塞和缠绕。

2. 采用先进、高效和实用的厌氧发酵工艺

目前，国内较为先进的沼气工程发酵工艺有完全混合式(CSTR)、上流式污泥床(UASB)、升流式污泥床(USR)等。通过对比分析，上流式污泥床(UASB)工艺具有处理时间短、有机物去除率高、能耗低等优点，因此，应首选该工艺装置。

3. 尽量利用好沼液

它是一种富含多种维生素、氨基酸、生长素和营养元素的有机液肥，具有抗病杀虫及增产的双重作用。若能全部利用于无公害蔬菜和果园种植，则具有较高的经济效益，同时，还可省去后续的处理环节。否则，部分沼液还需要经过好氧曝气等二次处理，才能达标排放。

4. 适当利用水生植物的净化作用

为了确保养殖场污水全面达标排放，可利用水葫芦、水花生等植物吸附氨氮能力强的特性，对污水进行净化处理。

(四)模式的投资与效益分析

以一个万头猪或千头牛的规模化养殖场为例，需建设一座 1 000 m^3 的大型沼气工程，总投资概算为 250 万元。工程投产正常运行后，每年可产生沼气 21.8 万 m^3，生产沼液 1 500 m^3、沼渣 146 t。每立方米沼气按 1.5 元计算，则沼气的收益为 32.7 万元，每立方米沼液按 200 元计算，则沼液的收益为 30 万元，每吨沼渣按 500 元计算，则沼渣的收益为 7.3 万元，以上三项合计为 70 万元。可见，该沼气工程的静态投资回收期为 3 年，而沼气工程的正常使用年限为 15 年，所以，模式的经济效益十分可观。

学习情境4 农村人居生态环境整治

一、生活垃圾分类收集

1. 垃圾分类处理的意义

垃圾分类收集是指按照垃圾的组成成分不同，将可回收、不可回收、可降解、不可降解的垃圾分开存放，分别收集后再处理利用。垃圾分类处理的意义很大，主要有3方面。

(1)减少环境污染。生活垃圾中有些物质不易降解(如塑料、橡胶等)，使土地受到严重侵蚀。中国的垃圾处理多采用卫生填埋甚至简易填埋的方式，占用上万亩土地，并且严重污染环境。土壤中的废塑料会导致农作物减产；抛弃的废塑料被动物误食，导致动物死亡的事故时有发生。垃圾分类，去除垃圾中不易降解的成分，不仅能减轻对土壤的污染，还可以减少对动、植物的危害。

(2)变废为宝。中国居民每年使用塑料快餐盒达40亿个，方便面纸碗5亿～7亿个，一次性筷子数十亿双，这些占生活垃圾的8%～15%。据测算，收集1吨废塑料可回炼600 kg的柴油；回收1 500 t废纸，可免于砍伐用于生产1 200 t纸的林木；回收1 t易拉罐，熔化后能结成1 t很好的铝块，可少采20 t的铝矿。生活垃圾中有30%～40%可以回收利用，应珍惜这个“小本大利”的资源。

(3)可转化为资源、能源。垃圾中的其他物质也能转化为资源，如食品、草木和织物可以生产堆肥等有机肥料。垃圾焚烧可以发电、供热或制冷。砖瓦、灰土可以加工成建材等。如果能充分挖掘回收生活垃圾中蕴含的资源潜力，则可产生很大的经济效益。据统计，仅北京每年就可从垃圾分类中获得11亿元的经济效益。因此，进行垃圾分类收集可以减少垃圾处理量和处理设备，降低处理成本，减少土地资源的消耗，具有社会、经济、生态三方面的效益。

2020年5月1日起，首都北京开始实施《北京市生活垃圾管理条例》，在全市范围内开展具体生活垃圾的分类收集工作，走在了全国的前列。

2. 具体方法及措施

(1)树立垃圾分类的观念。广泛开展垃圾分类的宣传、教育和倡导工作，使群众树立垃圾分类的环保意识，阐明垃圾对社会生活造成的严重危害，宣传垃圾分类的重要意义，呼吁群众积极参与垃圾分类。同时教会群众垃圾分类的知识，使群众进行垃圾分类逐渐成为自觉和习惯性行为。

(2)改造或增设垃圾分类回收设施。可将一个垃圾桶分割成几个隔段或建立几个独立的分类垃圾桶。垃圾分类应逐步细化，垃圾分类搞得越细越精，越有利于回收利用。可以用不同颜色的垃圾桶分别回收玻璃、纸、塑料和金属类包装垃圾、植物垃圾、生活垃圾、电池灯泡等特殊的垃圾。垃圾桶上必须注明回收的类别和简要使用说明，指导消费者使用。垃圾桶也可以成为企业广告的载体，企业可以承担制作费用。

社区回收站可由社区物业或居委会负责管理，建立现代社区的垃圾经营和回收服务功能，使垃圾回收成为其创收的途径，贴补消费者卫生保洁费用的不足。政府可实行减免经营税的倾斜政策，来调动社区的管理积极性。新建小区更是要合理规划垃圾回收站，逐渐成为审批和验收的必备条件，强化新型社区的综合功能。

(3)改善垃圾储运形式。对一些体积大的垃圾，应该压缩后进行储运。尤应注意的是，要对环卫局的垃圾回收车进行分隔式的改造，分类装载垃圾。充分发挥原有垃圾回收渠道的作用，将可再生利用的垃圾转卖到企业。另外，建立垃圾下游产业的专门回收队伍，由厂家直接回收，实现多渠道回收，引入价格和服务的竞争机制，以此提高他们的服务质量和垃圾的回收率。

(4)居民在家中或单位等地产生垃圾时，应将垃圾按本地区的要求做到分类贮存或投放，并注意做到以下几点：

①垃圾收集。收集垃圾时，应做到密闭收集，分类收集，防止二次污染，收集后应及时清理作业现场，清洁收集容器和分类垃圾桶。非垃圾压缩车直接收集的方式，应在垃圾收集容器中内置垃圾袋，通过保洁员密闭收集。

②投放前。纸类应尽量叠放整齐，避免揉团。瓶罐类物品应尽可能将容器内产品用尽后，清理干净后投放。厨余垃圾应做到袋装、密闭投放。

③投放时。应按垃圾分类标志的提示，分别投放到指定的地点和容器中。玻璃类物品应小心轻放，以免破损。

④投放后。应注意盖好垃圾桶上盖，以免垃圾污染周围环境，滋生蚊蝇。

二、农村“厕所革命”

1.农村“厕所革命”的意义

厕所在人们生活中有着特殊的、重要的地位，厕所是衡量文明的重要标志，改善厕所卫生状况直接关系到人民的健康和环境状况。农村改厕确实是“小厕所，大民生”，堪称一场“革命”。要求各地区要因地制宜，合理选择改厕模式，整体推进“厕所革命”。同时，要求加快推进户用卫生厕所建设和改造的进度，切实改善农村人居环境卫生条件。

中共中央、国务院出台了《关于实施乡村振兴战略的意见》，要求以持续改善农村人居环境为目标，实施农村人居环境整治三年行动计划。以农村垃圾、废水治理和村容村貌提升为主攻方向，整治各种资源，强化各种举措，稳步有序地推进农村人居环境突出问题治理。坚持不懈推进农村“厕所革命”，大力开展农村户用卫生厕所建设和改造，同步实施粪污治理，加快实现农村垃圾分类收集及无害化处理，改造或新建卫生厕所，建设生态宜居新农村。

由此可见，“厕所革命”是整个农村人居环境整治六大体系中的一环，已经上升为国家战略，写入2019年政府工作报告之中。自2019年开始，随着农村人居环境整治工程的整体推进，已进一步落实这一民生工程。

2.卫生厕所的标准及种类

(1)卫生厕所的标准是“三不、二无、一处理”。

“三不”：有屋顶——天不漏雨；有围墙——人不露身；厕坑及储粪池不渗漏——地不漏粪。

“二无”：厕室保持清洁，基本上无蚊蝇，基本上无臭味。

“一处理”：粪便定期清除并进行无害化处理。

(2)我国农村使用的无害化卫生厕所主要有以下六类。

①三格化粪池式厕所：详见图5-13、图5-14。

②双瓮漏斗式厕所：在旱厕蹲坑的下面埋一个“漏斗式”的双瓮，上瓮储存尿液，下瓮储存粪便。

③三连通式沼气池厕所：将蹲便器、水冲式圈舍与地下的沼气池三者连通，蹲便器的粪尿冲入沼气池，既可以用自来水冲厕，也可以用沼液循环冲厕，后者较好，既节省水，又不会增加沼气池内液体的体积，可长期循环使用。

④粪尿分集式厕所：尿液与粪便分别收集储存，做到小便入尿桶(缸)，大便入粪池。两者分别发酵处理，尿液发酵快，粪便发酵慢。

⑤双坑交替式厕所：在一个厕所内设置2个粪坑，待一个粪坑排满后将其封存发酵，使用另一个粪坑。过一段时期后，再把发酵好的粪便挖出清空，如此交替使用。

⑥具有完整上、下水道系统及污水处理设施的水冲式厕所：类似于楼房卫生间内的坐便器(马桶)。一般在城郊或城乡结合部使用，有地下排水管网，可直接排入污水处理厂进行处理。

各地所采用的种类也不尽相同，如云南省农村使用的无害化卫生厕所主要是三格化粪池式和水冲式；新疆维吾尔自治区普遍使用的是双瓮漏斗式、三格化粪池式。

图 5-13 三格式化粪池实物图

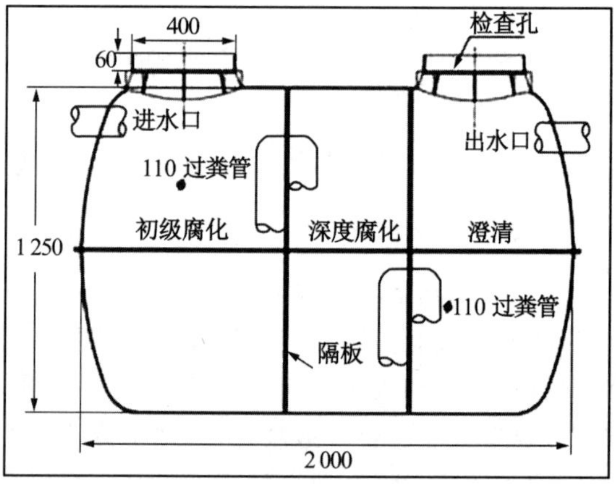

图 5-14 三格式化粪池结构图(单位：mm)

3. 农村“厕所革命”治理方案

(1)尿液与粪便分开收集与处理。①连接厕所管道汇入污水站；②污水站正常处理污水；③粪便及垃圾分类处理；④分散建污水收集池(桶)。

(2)改造现有的旱厕。按照“三防两有”的标准进行改造，即“防臭、防渗、防蚊蝇”，“厕所有屋顶、粪坑有盖板”。也可以按照“三不、二无、一处理”的标准来改造现有的旱厕。但不论哪种标准，都要做到因地制宜，同时还要考虑农户的意愿，不搞“一刀切”。

(3)新建卫生厕所、公共厕所。

(4)采用新设备、新技术处理人粪尿。

4. 相关设备生产企业案例

新疆西域牧歌农业科技有限公司，结合新疆地区的具体情况，依据生态厕所定位，即“杀灭有害病菌，阻断疫病传播”来设计农村厕所。以“解决农村面源污染，提供有机肥，改善生态环境，创造现代文明”为指针，来指导产品研发方向。通过公司科研人员十余年的粪污处理经验及三年来的专项科技攻关，针对农村生活废水及人的粪便处理，研发了两个系列的专利(专有技术)产品。目前，产品技术国内领先，特别适合在高寒地区使用。

(1)新型户用生活废水及人粪便一体化处理器。新型生活废水及人粪便一体化处理器是根据农场、农村人居生活的具体情况(人居分散、管网建设及后期处理投资较大)设计的一款专利产品。本产品具有一次性处理生活废水及人粪便的功能,生活废水处理后可用于绿化浇灌,人粪便经处理后,产生有机肥,可直接用于农田,达到无害化处理、资源化利用的目的。本产品可根据每户人数及抽排间隔,设计出不同的处理方量。目前推出的规格有:2 m^3、4 m^3、6 m^3、8 m^3、12 m^3,基本上可满足一般家庭使用。

(2)一次成型滚塑 PE 厌氧杀菌粪便处理装置。这是该公司与新疆天业节水公司共同研发、生产的产品,其特点是:强度高、无渗漏、耐腐蚀;造价较低、安装快捷;一次成型塑料 PE 厌氧杀菌池,内部有效处理空间大。目前有 4 m^3、5 m^3、10 m^3 三种规格,也可根据用户需求定制。

知识拓展

餐厨垃圾厌氧消化处理利用技术

餐厨垃圾是指居民家庭厨房及餐馆、食堂、酒店等餐饮行业所排放的剩余物,食品加工废料及不可再食用的动植物油脂和各类油水混合物,都属于餐厨垃圾,又叫厨余垃圾。据统计,我国每天排放的餐厨垃圾数量高达 8 万 t 以上。

餐厨垃圾含水量较高,其特点是高油、高盐、有机物含量高,因此具有较好的可生化降解性。经过妥善处理和加工,可转化为新的资源、能源。经过科学处理后可作为肥料、饲料,也可产生沼气用作燃料或发电,油脂部分则可用于制备生物柴油。

一、餐厨垃圾的分类

(1)植物类垃圾。主要包括蔬菜中不能被食用的根、茎、叶及花,水果中没有食用价值的果核和果皮。这种类型的厨余垃圾相比于其他垃圾,具有更高的含水量和普遍更大的体积。

(2)动物类垃圾。主要包括不能被食用的动物内脏毛皮、骨头、蛋壳等,还包括水产海鲜品的下脚料。这类厨余垃圾富含蛋白质或者骨质,不耐贮存,容易腐化发臭。

(3)剩菜剩饭。这是餐厨垃圾数量占比较多的一类。此类厨余垃圾成分较复杂,一般含有植物油、大量食盐及各种调料等。其含水量则根据不同种类而有差异,总体而言,剩菜剩饭要比动物类垃圾腐化速度慢一些。

二、我国餐厨垃圾的处理方式

目前,在国内垃圾分类收集工作尚未全面展开的情况下,全国大部分城市的厨余垃圾无法单独处理,大量的厨余垃圾都与生活垃圾进行混合处理。主要有以下几种处理方式:

(1)卫生填埋处理。厨余垃圾在无法进行单独收集的情况下,目前,国内最主要的处理方式仍为与生活垃圾混合填埋处理。

(2)粉碎直排。目前,市场上推出了针对厨余垃圾处理的家庭处理器,当使用者在下水道口安装处理器后,可以把厨余垃圾进行粉碎后直接排入下水道。

(3)用作肥料。如果把厨余垃圾进行相关的发酵无害化处理后,则可能把其变为有机肥料。

(4)用作燃料。厨余垃圾主要是由有机物大分子构成,含有 C、H、O 等元素。因此,把厨余垃圾进行厌氧发酵生成甲烷等气体(沼气),再做进一步利用,也是一个可行的方案。同时沼气池中剩下的沼渣,也可以作为农田的肥料。

(5)用作饲料。

三、餐厨垃圾厌氧消化(沼气)处理技术

厌氧消化处理又叫沼气发酵,是以餐厨垃圾为主要原料,在厌氧条件下通过各种微生物的分解作用,生成以甲烷为主的可燃性气体(沼气)(图 5-15、图 5-16)。在餐厨垃圾现有的利用方式中,以厌氧消化(沼气)处理效果最好,目前,在北京、上海、青岛等垃圾分类收集的试点城市,已经普遍使用这种方式来处理餐厨垃圾。

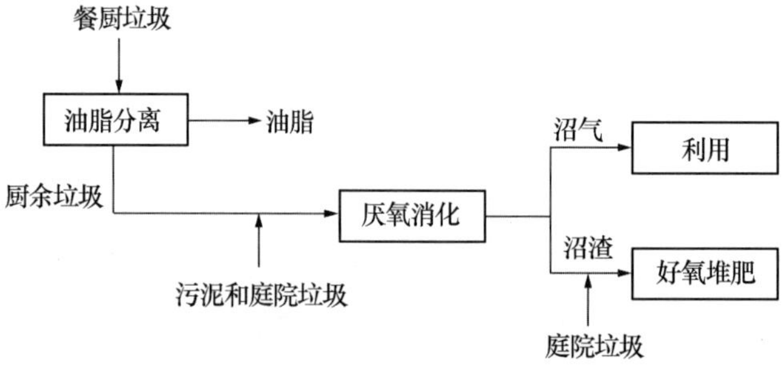

图 5-15 餐厨垃圾厌氧消化原理图

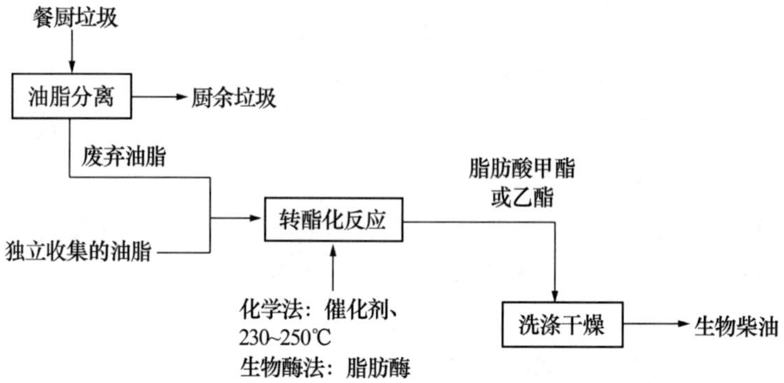

图 5-16 餐厨垃圾制取生物柴油原理图

1. 前处理

因为餐厨垃圾一般含有较多的水分和油脂,还有食盐,所以在进行厌氧消化处理之前,最好能浓缩脱水,并去除油脂和食盐。然后再用湿式粉碎机将餐厨垃圾粉碎至 1 cm 以下,这样不仅便于贮存、运输,而且有助于后续的厌氧消化处理,提高沼气的产气量。常规情况下,对料液进行加热预处理,有助于厌氧消化。另据研究报道:对餐厨垃圾进行冰冻-解冻预处理,可强化水解及发酵过程。对于纤维素含量较高的餐厨垃圾,可采取溶胞预处理方式,提高消化的能力。

2. 入池(罐)发酵

根据餐厨垃圾的重量、接种物的数量及发酵池(罐)的容积,按照 TS 浓度为 10%计算出需要加水的重量(或体积),再将垃圾、接种物和水装入发酵池或发酵罐(塔)中,封池(罐)保持严格的厌氧环境进行沼气发酵。

3. 日常运行管理

沼气池内或发酵罐内的原料要与接种物充分接触后，才能正常发酵产气。所以，必须定期搅拌，尤其是较大容积的发酵罐（塔）。在发酵罐（塔）内预先安装好电动搅拌机，一般安装 2～3 个多叶轮的搅拌机。每天定时搅拌 3～5 次，每次不少于 15 min。定期测定发酵液的酸度，保持 pH 达到 7。

北方冬季比较寒冷，必须采取保温措施以防止沼气池或发酵罐冻裂。定期的出料与加料也是运行管理的一个重要环节。中温厌氧消化的滞留期一般为 30 d 左右，当产气量明显降低时，就必须抽出发酵好的料液，再加入新的餐厨垃圾原料。最好是天天出旧料、天天加新料，出多少、就加多少。

模块小结

本模块系统介绍了沼气生态农业的概念、产生背景、发展现状及存在的问题，并针对现状及问题提出了我国沼气生态农业发展的建议及采取的对策。重点阐述了以沼气为纽带的生态农业 5 种成熟模式：南方“猪—沼—果”生态家园模式、北方“四位一体”生态温室模式、西北“五配套”生态果园模式、规模化生态养殖场沼气处理模式和以沼气为纽带的种养结合模式，针对每一种模式分别从生态学原理、结构组成、技术要点和投资与效益分析四个方面进行剖析，值得强调的是每一种模式都有较强的地域性和针对性，决不能照抄照搬。要结合当地的实际情况和现实条件，根据生态学的有关原理，因地制宜地设计出适合当地的沼气生态农业模式。针对当前的新形势，还阐述了农村生态环境整治的主要措施，如“厕所革命”、垃圾分类收集及餐厨垃圾的沼气化处理。

学练结合

一、名词解释

1. 沼气池　2. 沼气生态农业　3. “四位一体”　4. “五位一体”　5. “五配套”　6. 生态家园　7. “猪—沼—果”　8. “厕所革命”　9. 垃圾分类　10. 人居环境整治

模块五
学练结合参考答案

二、填空

1. 我国沼气的发展经历了三个历史阶段，即________、________和________。

2. 以沼气为纽带的生态农业模式主要类型有________、________、________、________和________等，它们的共同特点都是以________为核心，将________与________有机结合，通过技术组装，实现________的多级利用和________的多级循环。

3. “四位一体”沼气生态农业模式是将________、________、________和________组合在一个温室大棚中，每年产生的经济效益约________元。

4. 沼气工程是由________、________和________三部分组成，目前较为成熟的工艺流程有________、________、________、________等。

5. 西北“五配套”模式是由________、________、________、________和________五部分组成的，其核心部分是________。

6. 卫生厕所“三不、二无、一处理”是指________、________、________，________、________，________。

7. 目前，我国农村使用的无害化卫生厕所主要有________、________、________、________、________、________共六类。

8. 垃圾分类的原则是________、________、________、________、________。

9. 餐厨垃圾处理常用的4种方法是________、________、________、________，其中最好的处理方式是________。

三、判断正误

1. 沼气生态农业实质上就是建有沼气池、施用沼肥的农业。（　　）

2. 生态农业建设的核心和纽带就是沼气池和沼气工程，因此，没有沼气技术的农业就不是真正的生态农业。（　　）

3. 我国的沼气生态农业底子薄、起步较晚，但发展速度很快。（　　）

4. 沼气技术在发展循环经济和建设环境友好型社会中起着十分重要的作用。（　　）

5. 沼气工程是一个能源与环保工程，同时也是一个系统工程。（　　）

6. 沼气池是我国新农村建设和美丽乡村建设的切入点，是改善农村环境卫生和村容村貌、提高农民收入的重要抓手。（　　）

7. 沼气生态农业是实现资源节约、发展循环农业的重要举措。（　　）

8. 沼气生态农业是现代农业的一种技术类型，是实现农业可持续发展、农民脱贫致富的有效途径。（　　）

9. 不论哪一种生态农业建设模式，都离不开沼气池和沼气工程。（　　）

10. 沼气是一种可再生的清洁能源，取之不尽、用之不竭，又叫作“生物天然气”。（　　）

四、分析思考题

1. 试分析我国沼气生态农业的产生背景及发展历程。

2. “四位一体”模式的生态学原理是什么？试分析该模式运行的能流和物流。

3. 我国沼气生态农业有哪些特点？比较成熟的模式有哪些？

4. 针对我国沼气生态农业存在的问题，你认为应如何更好地发展？提出自己的见解。

5. 结合你家乡当地的实际条件，试设计出一种沼气生态农业模式。

6. 试分析目前我国垃圾分类存在的问题及今后发展设想。

7. 论述农村“厕所革命”对人居环境整治及生态保护的作用及意义。

8. 厌氧消化（沼气发酵）处理餐厨垃圾的关键技术有哪些？

推荐阅读

1. 中国为什么要进行“厕所革命”？

2. 以沼气为纽带推动乡村生态治理。

模块五　推荐阅读

模块六

国内外生态农业建设的典型案例

学习目标

【知识目标】

1. 了解国外生态农业建设的典型案例。
2. 熟悉每一种典型案例的生态建设主要做法，了解其效益分析。
3. 掌握留民营村、胜利油田生态农场等生态农业建设的成功经验。

模块六　课程PPT

【能力目标】

1. 能准确指出每一个典型案例在生态农业建设中所存在的不足，提出改进的建议。
2. 能够分析各种生态农业模式的物质流动和能量循环途径，并能准确评价每一个案例的生态效益。

【素质目标】

1. 通过介绍国内生态农业建设的成功典型案例，教育学生要热爱我们伟大的祖国，树立爱国意识及家国情怀。
2. 培养学生分析比较的能力。
3. 培养学生农业生态环境保护意识，增强对农业农村工作的责任感、使命感。

模块导读

近年来，国内生态农业发展较快，涌现出了一大批建设成功的生态村、生态农场。本模块选择我国生态农业建设中比较典型的5个案例：北京大兴区留民营村、山东胜利油田生态农场、辽宁大洼西安生态养殖场、珠江三角洲的人工基塘系统、湖南郴州“稻＋鱼”生态综合种养技术，针对每一个案例分别从生态农业建设概况、主要做法及经验、生态农业建设的效益分析三个方面进行阐述，旨在培养学生掌握其成功经验，为指导本地区的生态农业建设提供借鉴。为放眼世界，了解国外生态农业建设的案例，又分别介绍了美国、日本以及欧洲各国在生态农业建设中涌现的成功典型，以进一步拓宽同学们的知识面。

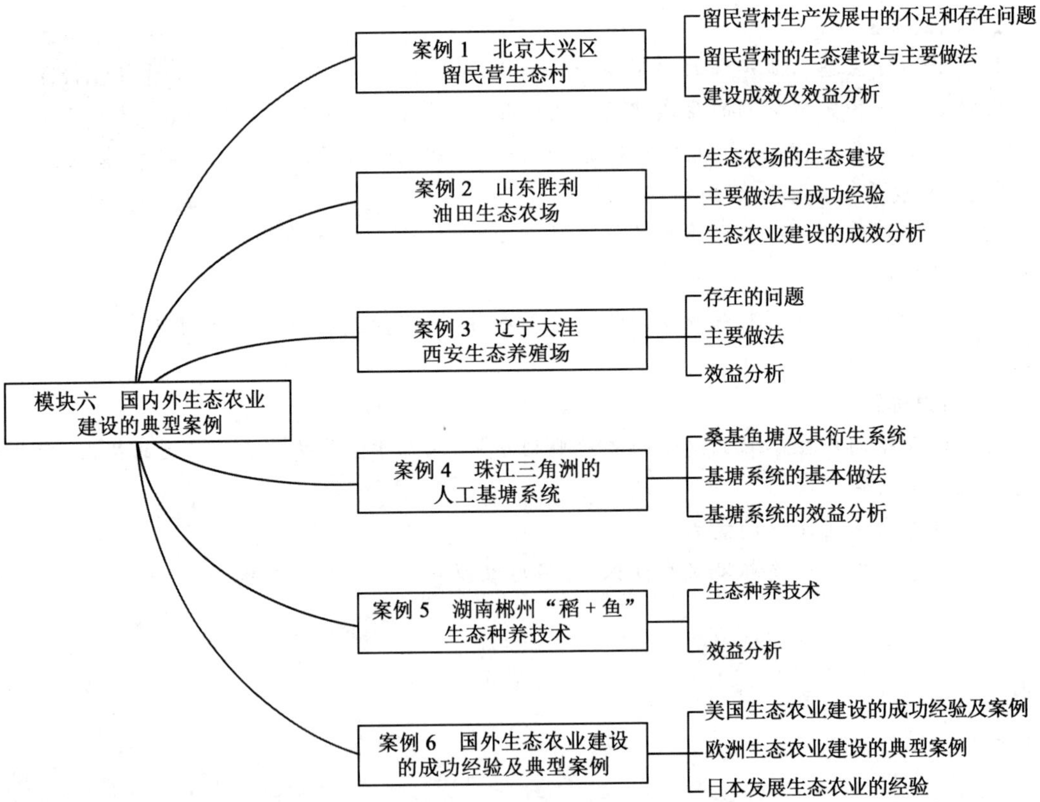

案例1　北京大兴区留民营生态村

一、留民营村生产发展中的不足和存在问题

留民营村位于京郊东南大兴区张子营镇，距北京市区约20 km。过去，留民营村的生产结构单一，生产系统结构单一，土壤中氮、磷养分比例失调，化肥使用量过大，劳动力利用不充分，作为生态平衡核心的林业十分薄弱，特别是乔灌结合不好，未能做到对自然资源的充分利用。必须在生态经济学理论的指导下，调整生产结构，走农、林、牧、副、渔多种经营、全面发展的道路，使各业之间相互促进，做到既能保持生态平衡，又加速经济发展。

二、留民营村的生态建设与主要做法

留民营村的生态建设与主要做法主要包括三个方面。

（一）产业结构的调整与建设

重点是改变村里原有单一的生产结构，努力提高畜牧业的比重，开展多种经营。国外生态农场的研究表明，在生态农业建设中，着力发展牧业具有重要的意义。首先，从生态角度看，人类对于初级生产者绿色植物所固定的太阳能的直接利用是极小的，如高产农田的光能利用率为2.6%，草地仅0.1%～0.5%。动物则能把人类不能直接利用的绝大部分植物化学能贮存于体内。由于动物的这一特殊功能，大大提高了人类能够直接利用的生物量。其次，畜牧的排泄物，又可以作为肥料还田，促进种植业的发展。从经济上看，这种生产结构的变化，能把价值极低的牧草、秸秆转化为价值极高的蛋、肉、皮、毛，能把畜禽的排泄物作为有机肥，提高土壤肥力，转化为有经济价值的产品。

在具体的调整、建设中，要遵循以下几条原则：

1.因地制宜，发挥优势

充分利用留民营村自然优势（水源丰富）和技术经济优势（劳动力丰富，种植业经验丰富，科学种田有一定基础）。在保持生产优质大米的基础上，利用种植优势，重点发展饲养业和以农副产品加工为主的工副业，保证生产建设的健康、正常发展。

2.正确处理生态效益和经济效益的关系

只是经济效益而使环境和生态破坏的事，坚决不做。例如，工副业的发展，坚持以为农业生产服务、以农副产品加工为主，不搞重污染或城市工业争原料、争市场的产品生产。乡镇企业的发展，必须按生态农业建设的原则来进行，要服从于整个生产结构调整的计划与安排。

3.注重可持续发展

既考虑到村里的长远发展，又考虑到当前的利益，尽可能要当年受益，使农民的收入逐年提高。

根据上述原则和村里的经济状况，在5年间，先后完成了下列工程项目的建设。

(1)饲养业。奶牛场一座，存栏数80头；蛋鸡厂一座，年产蛋41.5万kg；肉鸡厂一座，年初栏肉鸡30万只；瘦肉型猪场，专用于出售子猪，存栏数250头；鸭场一座，年出栏10万只；种兔场一座，存栏数500只；鱼塘四口，有效水面4 hm^2；发展了原有的肉牛场，由60头增加至98头。

(2)工副业。建设小型饲料加工场 3 座,8 h 加工能力为 20 t;建设面粉厂 1 座;饮料厂 1 座;日加工黄豆 100 kg;冰棍加工厂 1 座;蛋加工厂 1 座,主要生产松花蛋;成立了机修厂和汽车修配厂。

此外,还建设 1 000 m^2 的蘑菇房 1 座、菌种培养室 2 间;大力发展了蔬菜生产,建有蔬菜大棚 40 个,菜地总面积达 15 hm^2。村里原有的养猪场和羊圈也进行了规划改造。

由于上述工程项目的建设与原有项目的改造,初步改变了原有以种植业为主的单一生产结构和简单的生态循环关系,形成了多种物质循环利用、重复利用的立体网络结构(图 6-1)。

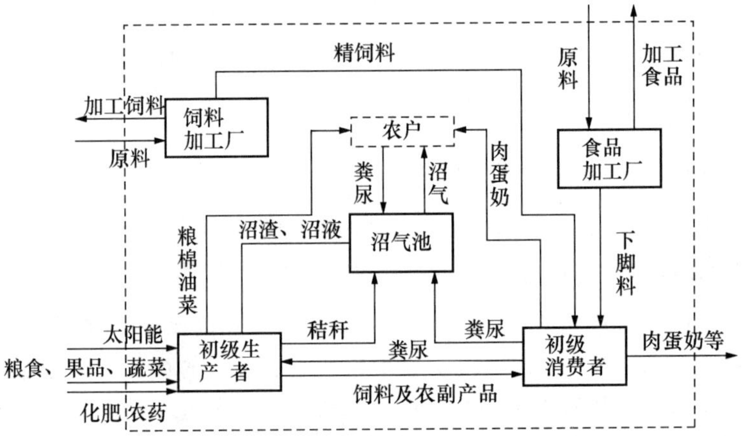

图 6-1 留民营村农业生态工程系统结构简图

例如,种植业—饲养业—林业,种植业为饲养业提供饲料粮、秸秆,为林业提供资金;饲养业又为种植业和林业提供有机肥料;而林业又为饲养业提供了部分饲料。种植业—饲养业—沼气—渔业,种植业为饲养业提供饲料,饲养业、种植业为沼气提供原料;沼渣、水又是鱼的好饲料。饲养业—饲料加工及豆制品厂—种植业—沼气—渔业,种植业为饲料加工及豆制品厂提供原料,加工业产生的豆渣又是饲养业的好饲料;饲养业产生的粪便又是沼气发酵的原料,又是种植业的肥料;沼渣、沼液既是养鱼的饲料又是种植业的肥料,鱼塘的塘泥也是好肥料。在以上举例中,我们可以找出系统内能流、物流的多重循环关系,而所有这些又都形成一个以沼气生产为核心的大循环。

这种发展模式的优点:有利于第一性生产的植物资源的充分利用,提高了系统内废物再循环利用率,增加了系统的经济效益;系统结构的多样化,所容纳的生物种类就越多,彼此创造相互有利的条件,因而系统具有更高的生产效能和更大的抗逆变能力,增强了系统的稳定性。

(二)农业有机肥料综合利用

1. 家庭规模型

户用沼气池在留民营村有一定的基础,在生态农业建设过程中,充分利用了这一有利条件,在此基础上进一步完善了庭院沼气的综合利用规模。详见图 6-2。

近年来,留民营村又投入高额资金建成了大中型沼气工程,发酵罐规模在 2 000 m^3,日产气量在 1 000 m^3 左右,主要用于集中供气,并向周边邻村农户提供清洁燃料。为解决沼气工程冬季的保温与增温难题,利用太阳能集热工程给发酵罐加热,以提高产气率。

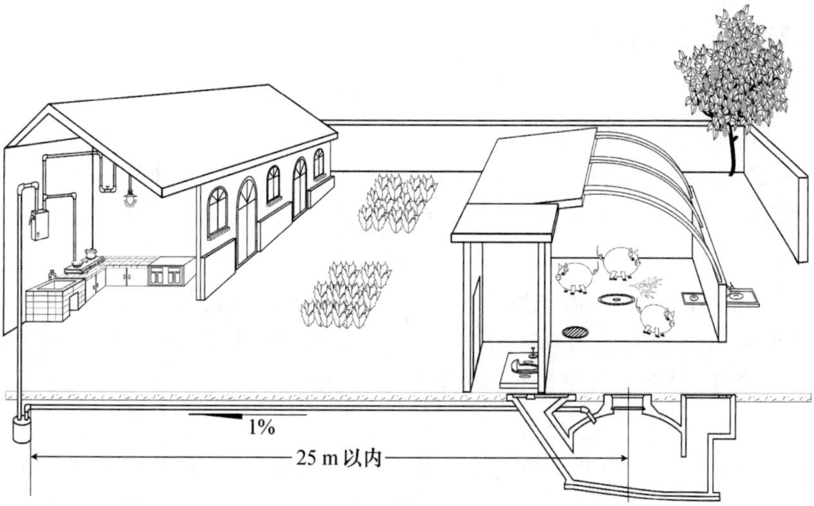

图 6-2　庭院沼气“一池三改”模式

2. 系统综合型

这一模式是建立在全村农、林、牧、副、渔多种经营的基础上的，通过这一综合利用模式，将全村各行各业有机地串联起来，形成了一个相互促进的良性循环系统(图 6-3)。有机肥料综合循环利用产生了良好的结果，提高了生物能的利用率，减少了系统对外部开放能源的需要，促进了系统内粮食、饲养业生产的发展，增长了经济效益；降低了污染，净化了环境，改善了生态状况。

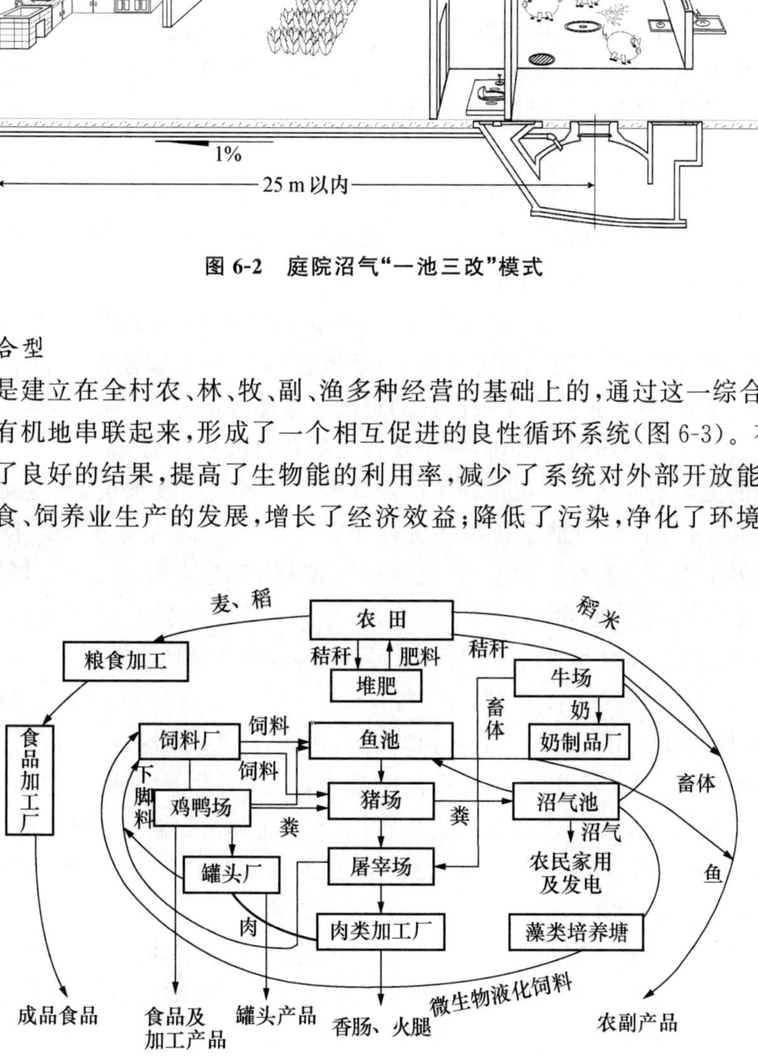

图 6-3　留民营村农业生态工程各子系统之间的能流、物流示意图

(三)新能源建设

生态农业最基本的特点之一就是尽可能地做到自给自足，其中也包括能源的自给。能源主要通过两个方面解决：努力提高太阳能的利用率、提高生物能的利用率。留民营村的太阳能利用主要是太阳灶、太阳能热水器和太阳能采暖房。太阳能和生物能利用相互补充，表现出在时空分布上不同的多层次和多形式利用，形成了一个新能源利用网络。

三、建设成效及效益分析

1.经济效益分析

建设初期,1988 年全村工农总产值 1 140 万元,比建设前 1982 年的 69 万元增长 16 倍,6 年平均增长率达到 60%。通过生态农业建设,生产结构的调整,种植业比重有了很大的下降,工副业和饲养业的比重有了较大的上升,反映了生产结构正在向合理、稳定的方向发展。

2.生态效益

表现在由于饲养业的发展,沼气的推广,产生了大量优质有机肥,化肥施用不断减少。秸秆还田率由原来的 10%提高到 85%,污染病菌在发酵过程中被杀死,无传染病发生,植树造林,绿化,美化的建设,如今的留民营村遍地鲜花,环境优美。

3.社会效益

很明显地解决了农村劳力就业问题,有力地促进村镇建设;向北京提供了大量的农副产品,丰富了首都农产品市场;培养、锻炼了一支农民科技骨干。

4.在可持续发展的道路上阔步前进

留民营村生态农业建设进一步完善发展,农业生产结构进一步调整,生产条件有了明显的改善,畜牧业的大发展使其经营机制更加灵活,植树造林、绿色田园建设,大型高温发酵沼气池工程竣工并投入运转,乡镇企业有了突破性的进展。集体经济实力的壮大,群众收入水平的提高,农民住房、公共福利设施等的改善,一个现代化的新村已初具规模。

留民营村的生态农业建设不仅得到了国内外专家学者的高度评价,也得到很多国际组织的充分肯定,1987 年留民营村被联合国环境规划署评为“全球环境保护 500 佳”之一,并命名留民营村为世界生态农业新村。目前,留民营村已成为我国生态农业第一村,每年都有来自世界各地的专家学者前来参观、考察。

2015 年以来,随着旅游业的快速发展,留民营村顺应时代潮流,转型发展乡村生态旅游产业。据统计,2020 年全村现有农户 260 户,共有市级民俗旅游接待户 26 户。村民吃上了旅游饭,挣上了乡村旅游钱。留民营生态景区由“五区、两园、一中心”组成,即高科技农业示范区、无公害畜牧养殖区、环保工业开发区、民俗旅游观光区、沼气太阳能综合利用区,生态庄园、农业公园和美食会议娱乐中心。已建设成集生态观光、民俗旅游、休闲、娱乐、采摘、会议、农副产品销售、农家美食为一体,具有乡村田园气息的农业旅游示范村。留民营村开展生态农业观光已有 20 年的历史,吸引了世界 138 个国家和地区的游客。

鉴于留民营村的出色表现及业绩,2019 年留民营村被评为“北京最美丽的乡村”“全国绿色村庄”“国家 AAA 级景区”“全国创建精神文明先进单位”“全球造林绿化千佳村”“全国首批农业旅游示范点”“北京市爱国主义教育基地”“北京市民俗旅游村”。

案例 2　山东胜利油田生态农场

一、生态农场的生态建设

胜利油田生态农场地处黄河三角洲南侧、莱州湾西岸渤海滨海平原,位于山东省东营市东南部六户镇境内,东经 118°30′～118°39′,北纬 37°17′～37°27′。东距黄海 20 km,西距东营市

18 km，是山东省打渔张村引黄灌区四干和五干下游的主要农垦区。胜利油田开发建设后，农场被胜利油田接管，成为胜利油田下属的专门从事农副业生产的二级单位。1998 年，油田为保障农副产品的供应，稳定职工队伍，促进油田的建设发展，保证生活需要，决定加强农副产品基地建设，发展生态农业，建设生态农场。

全场土地总面积 216 216 hm^2，其中粮田面积 820 hm^2。总人口 5 207 人，劳动力 2 632 人。农场下属 12 个三级单位和 40 余个四级单位。从系统的角度看，胜利油田生态农场作为生态农业系统，由 7 个子系统组成，即种植业（包括蔬菜）子系统、林果业子系统、养殖业子系统、工业子系统、副业子系统、沼气子系统、人口子系统。其中种植、林果、养殖、工业、副业子系统又由若干个亚子系统组成。整个建设历时 8 年，取得了显著的经济、环境和社会效益，成为黄河三角洲中低产田改造、发展农业生产的典范。作为迄今为止我国最大的一项农业生态工程，为我国生态农业的发展，特别是大型农场的生态农业建设积累了宝贵的经验，同时为开发黄河三角洲、矿区（油田）的生态恢复探索了道路。因此，胜利油田生态农场的建设研究，不仅具有重要的实际意义，而且具有深远的社会意义和历史意义。

二、主要做法与成功经验

胜利油田生态农场的生态建设主要包括以下几个部分。

（一）调整产业结构，强化经济建设

胜利油田生态农场在建设过程中，根据市场经济的特点，在坚持为油田服务、保障油田供给的前提下，对生产结构进行了大幅度的调整（图 6-4）。

(1)针对种植业。降低复种指数，逐步由一年二熟制改变为二年三熟制，做到用地养地结合；充分利用有机肥源，合理使用化肥，努力提高经济效益，使种植业真正成为各业发展的基础。

(2)针对蔬菜生产。则通过新技术的运用，提高复种指数，同时加强基础设施建设，改善品种布局，发展无公害蔬菜生产，扩大保护地栽培。

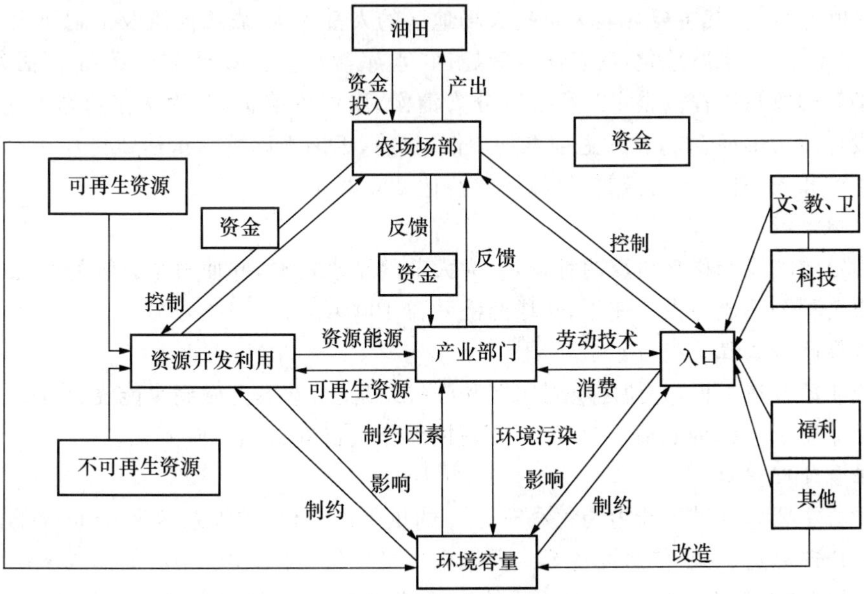

图 6-4　胜利油田生态农场结构

(3)针对畜牧业。大力发展草食动物牛、羊生产,同时充分利用水体资源,发展水产养殖,进一步加强管理,充分体现畜牧业对种植业的支持作用和对工副业发展的促进作用,使畜牧业成为农业发展的中心环节。

(4)针对林果业。以充分发挥生态效益、改善农业生态环境为主,充分发挥林业对农业的保障作用。不断扩大经济林面积,提高经济效益,提高森林覆盖率,完善防护林体系。同时大搞"四旁"植树,开展家属区、家庭庭院的绿化美化建设。

(5)针对工副业。重点发展了以农副产品加工为主的生态型加工业,巩固并稳步发展以经济效益为目的为油田和农场建设服务的一般工副业,使工副业从不同角度进入系统的良性循环网络,充分发挥工副业对农业发展的支持作用。

通过产业结构的调整与建设,胜利油田生态农场的生产面貌和产业结构发生了很大变化,经济效益显著提高,产业结构日益合理,生态环境得到很大的改善。

(二)农业生态工程建设

生态农场所处的特殊地理位置和独特的生态环境以及多年来形成的生产模式,对农场生产和经济的进一步发展有较强的制约作用,主要表现为:水资源严重缺乏;水利工程老化;种植业生产的粮食由于气候的影响有时不能及时处理,形成浪费;养殖业均衡生产差,综合效益低;生产的良性循环由于产业结构的影响尚未形成。

根据上述情况,生态农场在建设期间,大力开展了农业生态工程建设,主要建设工程有:

1. 防洪排涝封闭区及强排站建设

整个建设分为四个封闭区。每个封闭区内,沟渠互相贯通,形成一个完整的网络,同时在适当位置建设强排站,四个封闭区的总控制面积约 20 km^2,总排涝能力达 16 542 m^3/h。封闭区和强排站的建成,每年减少旱涝灾害损失 300 万元。

2. 水库增容工程

农场现有大小水库总面积 310 hm^2,库容约 320 万 m^3,其中王岗水库面积为 53 hm^2,蓄水量约为 130 万 m^3。其主要功能为负担农场地区的人畜饮水、农田灌溉及工副业生产。但多年来,由于水土流失,水质恶化,库容减少等原因,水库蓄水量已减至 100 万 m^3。必须对王岗水库开展彻底的改造工程。整个工程步骤分为清淤、水泥库墙护砌、库边植树造林。完工后,库容量比设计能力提高 1/3,比改造前增加 1 倍,目前,王岗水库蓄水量达 200 万 m^3,基本满足了工农业生产和人、畜饮水的需要,年经济效益达 200 万元。

3. 农田喷灌工程

分为定位喷灌和移动喷灌两种形式,大大节约了水资源,并使整个系统的生态工程日趋完善。喷灌工程的建成与投入使用,年增经济效益 100 万元。

4. 斗渠改造工程

实施斗渠改造工程,并使之与封闭区和强排站配套,基本上做到旱能浇、涝能排,使农场的灌水周期缩短了 4 d,为农业丰收创造了条件,年增经济效益达 100 万元。

5. 粮食处理中心

该中心主要包括烘干能力为每小时 25 t 的烘干机一台,贮粮总量为 3 960 t 的 9 个筒仓以及相应的初选复选机械、传送设备等。操作全部机械化、自动化。中心的建成不仅减轻了体力劳动,每年节省劳动力 5 000 多个,大大提高了劳动生产率,同时每年避免了总产量 10% 的粮食损失(约 50 万元)。

6. 工厂化种猪场

猪场包括 12 个车间，其中配种怀孕车间 2 座、分娩车间 1 座、保育车间 1 座、育成车间 4 座、育肥车间 4 座，总面积达 6 644 m^2。

建成后的种猪场大大提高了劳动生产率，降低了饲料消耗，缩短了饲养周期，提高了出栏率和商品率，目前，猪场年产商品猪 10 340 头，平均每头母猪提供商品猪 17 头。育肥猪的日增重量由 650 g 提高到 720 g 以上，每头育肥猪的饲养成本下降 80 多元。猪场年纯利润达 50 万元。

7. 植树造林，建设绿色工程

生态农业建设以来，全场春、秋两季大力植树造林，连年不断，七年来累计植树造林 360 hm^2（包括经济林、林带和片林）。全场的林木覆盖率由原来的 6.2%提高到现在的 16.6%。使全场的生态环境得到很大的改善。

农业生态工程建设，不仅带来了显著的经济效益，同时产生巨大的环境效益，一个良性循环的生态系统正在逐步形成。

(三)沼气工程建设

胜利油田是我国重要的石油生产基地。在这里实施沼气工程建设具有特殊重要意义。它不仅是生态农业建设的中心环节，使不完整的传统农业循环转变为完整的良性生态循环，极大地改善了农业生产环境，使资源的利用更加充分合理，同时可以节省大量的原油和天然气资源，为化工生产提供更多的原料，其意义是深远而广泛的。

胜利油田生态农场沼气工程工艺流程如图 6-5 所示。

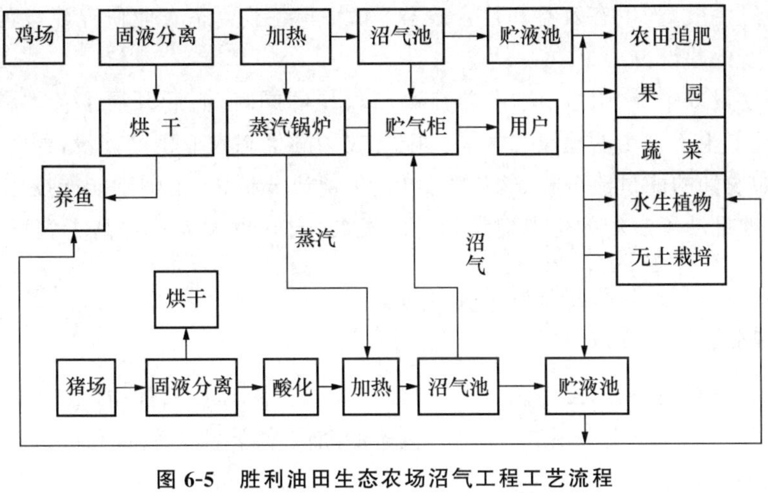

图 6-5　胜利油田生态农场沼气工程工艺流程

该沼气工程具有以下几个特点：

1. 紧密结合农场生产实际，设计工艺先进

(1)该沼气工程有 2 套套筒折流式发酵装置(2 个发酵池)：一个发酵池体积为 600 m^3，用于处理来自工厂化种猪场的猪粪尿；另一个发酵池体积为 200 m^3，用于处理来自养鸡场的鸡粪。2 套装置既可同时运行，也可单独运行，这是当前国内外沼气生产中所不多见的。

(2)设计安装了发酵原料的前处理装置，除去猪粪尿中的猪毛等杂物，保证设备的正常运转。

(3)由于猪场和鸡场的工艺一定，清粪时间固定，因此本工程设计了2个贮液池(池容均为200 m^3)不仅保证了在短时间内把粪清完，同时还有效地保证了猪粪两步发酵的要求。

(4)在两条工艺系统中，各增设一个加热池，池容分别为15 m^3 和30 m^3。加热装置为蒸汽喷射加热器，既可以加热，同时又在加热过程中起搅拌作用，保证料液浓度均匀和反应的顺利进行。

2. 沼气工程和有机复合肥料厂紧密结合

猪粪原料经前处理装置滤出的固形物进入有机复合肥厂生产高效有机肥料。不仅提高了工程的经济效益，同时有效地解决了不能进入沼气池的固体废物所产生的污染问题。

3. 效益显著

正常运转情况下，该工程年产沼气255 500 m^3，沼液32 850 m^3，有机复合肥876 t，蛋白饲料493 t，年直接经济效益达85.03万元，年节省排污费8.21万元，累计年经济效益为93.24万元。初始投资为152.50万元，年运行成本40.85万元，投资回收期为2.8年。远低于电力(5～6年)、煤炭(7～9年)等能源建设的投资回收期。

(四)高新技术的引进、研究与推广应用

从一定角度上讲，生态农业技术，特别是建设技术是一种组装集成技术。生态农场(生态农业系统)在建设过程中，一方面要发挥自身的技术优势，充分利用本地区特有的传统技术；另一方面要根据经济发展的需要和条件的可能，不断引进高新技术，并通过研究、消化、吸收，为我所用。根据这一原则，胜利油田生态农场在建设过程中，紧密结合生产实际，广泛引进并吸收高新技术成果，并在此基础上开展了多学科的研究和技术推广工作，取得了一系列的成果，获得了很好的经济效益、生态效益和社会效益，大大丰富了生态农业研究建设的内容，有力地促进了生态农场的建设。

生态农场建设以来，在引进、应用、推广高新科技的同时，先后开展了各类科研试验50余项，有力地促进了生态农场的建设与发展。配合农场的生态农业生产建设，同时开展了一系列的理论研究，如农场的能量流分析、物质流分析、价值流分析、人工辅助能产投比分析等。这些研究不仅有效地推动了农场的生态建设和经济发展，同时也大大地提高了农场的科学研究水平和知名度。

三、生态农业建设的成效分析

经过8年的努力，胜利油田生态农场已初步建设成一个高产、优质、低耗的农业生产系统和高效、稳定、合理的农业生态系统，取得了显著的经济效益、生态效益和社会效益。

(一)经济效益分析

1. 生产总值大幅度增长

生态农场建设前，全场年生产总值仅为1 029万元，建设后达2.54亿元，比原来增长了23倍。

2. 劳动生产率显著提高

农场单位劳动力产值由原来的0.28万元，增长到目前的8.14万元，增长了29倍。

3. 人均收入大为提高

农场职工的年人均收入比开展生态农场建设之前增长了4.21倍。

4.产业结构日益合理

在全场生产总值中,种植业产值由 26.91%下降至 15.36%,畜牧养殖业由 30.56%下降至 24.22%(产值由 410 万元增长至 6 150 万元),工副业由 42.52%上升至 60.42%。

(二)生态效益分析

1.光能利用率显著提高

种植业的光能利用率由建设前的 0.57%提高至建设后的 0.63% ,主要农作物小麦生产的光能利用率由 0.46%提高至 0.67%。

2.饲料报酬率大幅度提高

畜牧养殖业的饲料报酬率由原来的 15.8%提高到目前的 29.0%,增长近 1 倍,也远高于全国的平均水平(15%~20%)。

3.森林覆盖率显著提高

生态农场建设以来,累计植树造林 360 hm^2,使全场的森林覆盖率由建设前的 6.2%提高到建设后的 16.6%,大大改善了农场的生态环境。

此外,全场农业生产的人工辅助能产投比、氮素及磷素产投比等生态学指标,均较生态农场建设前有了较大提高。农场的环境卫生状况也有了很大的改善。

(三)社会效益分析

(1)农场生产的发展,为油田提供了大量的农副产品,安定了职工生活,稳定了职工队伍,促进了油田生产的发展。

(2)生态农场建设,特别是生态环境建设,为矿区(油田)的生态恢复和保护,可持续发展开辟了新路。

(3)开创了能源基地不搞能源农业而通过农业生态工程建设发展农、副业生产的生态农业之路。

(4)为黄河三角洲的开发,特别是黄淮海地区中低产田的改造提供了经验。

(5)生态农场建设、培养了一批科技骨干,有力地促进了农场科技进步。

案例 3 辽宁大洼西安生态养殖场

西安生态养殖试验场位于大辽河右岸,辽河三角洲内大洼区东南 20 km,为滨海冲积盐碱地平原产稻区,水资源丰富,自然条件优越。1984 年 8 月由辽宁环保局确定该场为省生态农业示范基地,在原种猪场的基础上,运用生态学原理,进行了集农、林、牧、副、渔、果于一体的生态养殖试验。明确提出该养殖场的任务:遵循生态学规律,结合传统农业的特点,充分利用太阳能,加快物质、能量转化,保护农业生态环境,促进农村经济持续稳定的增长。为东北地区乃至全国的生态养殖业做出示范,为全面推进生态农业建设提供经验。

自 2016 年以来,养殖场紧跟时代潮流,调整产业结构,大力发展观光农业、示范园区。目前,养殖场占地面积 4 000 亩,建筑面积 7.2 万 m^2,下设猪场、鸭场、工厂化农业示范区、精品大米区、精品大米加工厂、鱼蟹养殖区、两个产品专营店等,年生猪饲养量 4.3 万头,水生饲料放养面积 80 亩,栽植各种果树近 3 万株,水稻种植面积 500 亩,养鱼水面 70 亩。兴建农业示范区,形成了生态养殖场、工厂化农业示范区、养鸭场 3 个游览分区,现已建成高标准蔬菜日光温室15栋，春棚6栋，温室内种植的均是名、优、稀、特蔬菜，可进行采摘农业和观赏农业两种观光游览。2018年被评为国家AA级景区。

一、存在的问题

养殖场有猪舍17栋，饲养母猪200头，每年产仔3 000～3 500头，育肥猪1 000～1 500头。还种植了3.33 hm^2 水面的水生饲料水葫芦和细绿萍，猪场四周养鱼和河蚌、河蚌育珍珠。但由于经营管理不善，精、粗饲料结构不合理，再加之猪场受自身排放的粪尿污染影响，使猪的产仔率低，病猪比例大，致使连年亏损。

通过调查分析发现，该养殖场林、牧、渔生态结构不甚合理，存在问题不少，主要是：①猪场排放300万kg的猪粪尿，随同冲洗猪舍的废水一同排出，没有得到合理的利用；②初级生产规模不够，土地资源利用率不高；③物质、能量没有进行多层、分级利用。

根据该场存在的问题，决定以提高环境效益、经济效益以及物质的转化效率和人工辅助能的投放效果等为目标、把净化有机废水与生产水生饲料、沼气能源的开发与初级生产等有机结合在一起，对该场的农、林、牧、渔生态结构进行了系统的设计和规划。具体要求如下：

(1)不断提高能量和物质的产投比。大力发展水生饲料的放养，不断减少人工辅助能的投入，使产出逐年提高。

(2)增加食物链。变原来的只养殖猪和河蚌育珍珠的单一经营为多种经营，增加鸡、鱼、蟹、貂等的饲养与生产。

(3)开发新能源。修建沼气池和太阳能房。

(4)猪场污水采用生物工程技术进行三段净化四步利用，实现无污染排放。

(5)开展立体生态结构的研究。

二、主要做法

(一)系统结构的设计和确定

进行立体生态结构的研究，不断提高能量和物质的产投比，努力提高太阳能转化为生物能的效率和氮气资源转化为蛋白质的效率，大力发展水稻生产和水生饲料的放养，不断减少人工辅助能的投入，使产出逐年提高。增加食物链，促进物质在系统内部的循环利用和多次重复利用，开发新能源，建沼气池和太阳能房。用生物工程实现无污染的工艺流程。西安生态养殖场的系统结构共有四部分组成，即初级生产者系统、次级生产者、水生生态系统和有机污水净化系统。

(1)初级生产者系统。初级生产的主体部分是水稻和水生饲料。

(2)次级生产者系统。主要由猪场和鸡、貂等畜禽饲料为主，其中猪是核心生物因子。

(3)水生生态系统。主要是鱼塘，还有稻—鱼，葫—鱼—萍—鱼的共生生态系统。该场鱼塘分两部分；其一是防疫沟，实行两层利用，上层养鱼，下层放河蚌；其二是实行三层利用，按生活习性搭配不同种鱼，使上、中、下水层都得到充分利用。

(二)污水的三段净化、四步利用

有机污水的净化、利用系统，这是西安生态养殖场最大的特点之一。猪圈的污水通过猪舍两侧的排水沟顺次排到水葫芦池、细绿萍地、鱼蚌混养塘、水稻田，逐步完成三段净化、四步利用。

在 5—10 月的清水冲圈期间，污水首先进入水葫芦池，开始第一阶段净化；7 d 后将污水从水葫芦池引至细绿萍地，进行第二段净化，净化时间也是 7 d，经过两段净化后的水中会繁殖出大量的浮游生物，这是鱼的天然饵料。第二段净化后的污水又继续引至鱼蚌混养塘进行第三段净化，时间视池塘水量和水浊度而定。当肉眼观察浮游生物极少，池塘水过多时可以排出。此时，污水已经变成了清水。有机废水经过三段净化的同时也完成了三步利用(即水葫芦、细绿萍及鱼蚌养殖)。再将鱼塘排放的清水引至水稻田做灌溉用水，就实现了第四步利用(图 6-6)。

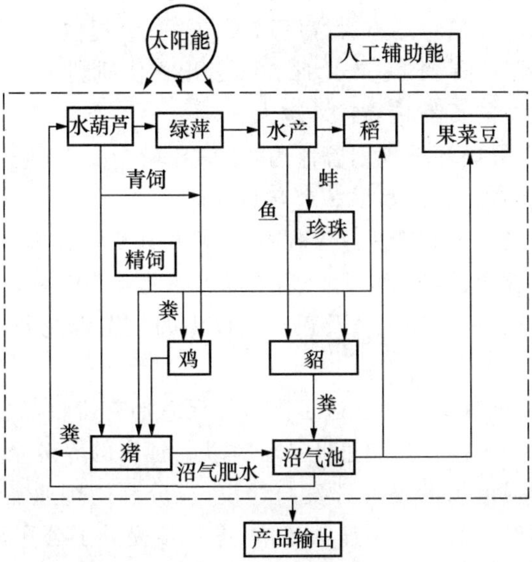

图 6-6　西安生态养殖实验场系统结构示意图

试验的重点是建立一个以畜牧业、水产养殖业为基础，以猪粪尿、水资源为条件，以太阳能为动力，以水生饲料生产增加食物链环节为核心，综合发展种植业、养殖业的生产体系。做到物质能量进行分级吸收和多层次转化重复利用，使物质在转化中再生、增值，实现多功能，系统中无废弃物，既保护了环境，又造福了人民。

三、效益分析

西安生态养殖场经过 4 年的生态建设，取得了显著的经济、生态与社会效益。

(一)经济效益

全场的总产值、人均产值、人均收入，均比建场前有大幅度提高。建设前年总产值仅有 76 万元，建设后达到了 130 万元，是原来的 1.7 倍。养殖场职工人均收入提高了 1.5 倍。在总产值中，养猪业产值提高最大，由原来的 60.8 万元提高到 104 万元。渔业产值达到 5 万元，貂貉产值从无到有，达 13 万元，养殖场的各项经营均创较高产值。

(二)生态环境效益

1. 物质和能量的转化效率大大提高

初级生产的产量，水稻由建设前的 7.35 t/hm^2 提高到建设后的 8.49 t/hm^2。水葫芦的光能利用率达 3.1%；细绿萍达到 4.43%。次级生产猪的饲养，原来每生产 1 kg 猪肉需精饲料

4.5 kg，现在只需要3.7 kg。

2.环境景观大为改善

场内绿树成荫，花草遍地，空气清新，成了花园式的养殖场。猪舍、鱼塘、水生植物塘错落有致，将整个养殖场编织得井井有条。过去那种“虫蛆到处游、苍蝇嗡嗡叫、猪粪到处有、污浊臭气逼人走”的景象一去不复返了。

（三）社会效益

通过几年的生态农业试点建设，西安生态养殖实验场在有机水稻、水生饲料、生猪、貂貉、果、鱼、珍珠、蟹的生产量和商品量均有大幅度增长。为社会提供了丰富的农产品，为市场提供瘦肉型商品猪5 800头，商品肉215 t，产珍珠50 kg，出售优质貂皮1 500张。随着养殖场规模的不断扩大，对国家和社会的贡献将会越来越大。

西安生态养殖场被联合国环境规划署评为“全球环境500佳”之一，并授予“金球奖”。之后又获得了有机猪、有机猪肉、有机水稻3个产品认证。

目前，西安生态养殖场已改制变为辽宁振兴生态集团发展股份有限公司。它是一家以生态养殖、生态种植为主的综合性经营企业。整个场区占地1 500余亩，下设有机猪场、有机水稻种植区、高效农业示范区、饲料加工厂及正在建设中的生态观光园，被国家环保总局批准为国家有机食品生产基地。

辽宁振兴生态集团发展有限公司通过了国家环保总局有机食品发展中心（OFDC）的有机水稻和有机猪的认证，成为国内首家通过此认证并获得证书的养殖企业。

近年来，公司着力加强市场网络的开发与建设，充分利用企业品牌优势和国内各供货网络，通过各大城市的肉品经销商及大型连锁超市，进一步提升了公司形象及产品市场占有率。目前，公司已开辟了10余个国内销售市场。而公司生产的有机食品正以其质量可靠、安全营养健康生态等特点被家庭、饭店、宾馆、学校、机关、企业等广泛采用。在辽宁盘锦市逐步建成了良性循环的生态经济系统，建成了万亩稻田养蟹、万亩无公害蔬菜等十大生态示范区，初步建成了太平农场生态示范园区、高升高新技术园区、大荒东晟园区等8个生态示范园区，推动了农业集约化、产业化发展的进程。

案例4　珠江三角洲的人工基塘系统

一、桑基鱼塘及其衍生系统

基塘系统作为一种种养结合、通过水陆交互作用而具有多种生态经济功能的湿地生态系统，是珠江三角洲农民600多年前就开始使用的传统低洼地利用方式，盛行于华南、华中和华东，其中以珠江三角洲和太湖流域最为完善。

桑基鱼塘曾经是广东最具地方特色的传统产业之一。基塘系统是珠江三角洲分布较广的一类生态系统，是水网地区重要的农业生态系统模式和生态景观类型，通过挖塘抬基改造不良的生态条件，形成水陆交互作用明显的基塘系统，进行立体种养，使农业生态系统的物质能量得到较充分的利用，形成生态经济良性循环，具有良好的边缘效应，被认为是中国传统农业的典范。而且基塘系统还是一类重要的湿地，是城市生态平衡的重要均衡器，是旅游休闲的好场所。随着城市化和工业化的不断推进，在利益的驱动下，位于三角洲、河口和沿海经济发达地区的传统基塘系统受到严重冲击，成为盲目开发和环境污染的受害者，而基塘系统自身由于种养分离、过度集约化养殖和疏于管理，也成为重要的污染源和区域环境污染的帮凶。目前，珠江三角洲基塘系统的环境问题日趋严重，萎缩和退化现象十分突出。在以水面为主的低洼的湿地水网地区，过去以水产养殖业为主，可实行基塘式水陆结合生态工程。它是当地农民长期与低洼水淹作斗争所建立的高效能的能量和物质转换系统，盛行于珠江三角洲和太湖流域。由于当地地势低洼，常受水淹，农民把一些多灾的低洼田挖成鱼塘，挖出的土将周围地基垫高称为"基"，在基上种植桑、果、稻、蔗等，称为桑基鱼塘、果基鱼塘、稻基鱼塘和蔗基鱼塘等。

基塘系统一般由 2 个或 3 个亚系统构成，基面亚系统和鱼塘亚系统是两个基本的亚系统。前者是陆地系统，主要组成是生产者；后者是淡水系统，既有生产者，也有消费者；第三个亚系统是联系系统，一般为第一级消费者，起着联系基面亚系统和鱼塘亚系统的作用，系统的分解者则存在于每一个亚系统中。桑基鱼塘是广东省珠江三角洲地区，为充分利用土地而创造的一种挖深鱼塘，垫高基田，塘基植桑，塘内养鱼的高效人工生态系统，是一种桑、蚕、鱼、泥互为依存促进的生态良性循环模式。

桑基鱼塘是池中养鱼、池埂种桑的一种综合养鱼方式。从种桑开始，通过养蚕而结束于养鱼的生产循环，构成了桑、蚕、鱼三者之间密切的关系，形成池埂种桑、桑叶养蚕、蚕茧缫丝、蚕沙、蚕蛹、缫丝废水养鱼、鱼粪等泥肥肥桑的比较完整的能量流系统。在这个系统里，蚕丝为中间产品，不再进入物质循环。鲜鱼才是终级产品，提供人们食用。系统中任何一个生产环节的好坏，也必将影响到其他生产环节。珠江三角洲有句渔谚说"桑茂、蚕壮、鱼肥大，塘肥、基好、蚕茧多"，充分说明了桑基鱼塘生产过程中各环节之间的联系。

桑基鱼塘的发展既促进了种桑、养蚕及养鱼事业的发展，又带动了蚕丝等加工工业的前进，逐渐发展成一种完整的、科学化的人工生态系统(图 6-7)。

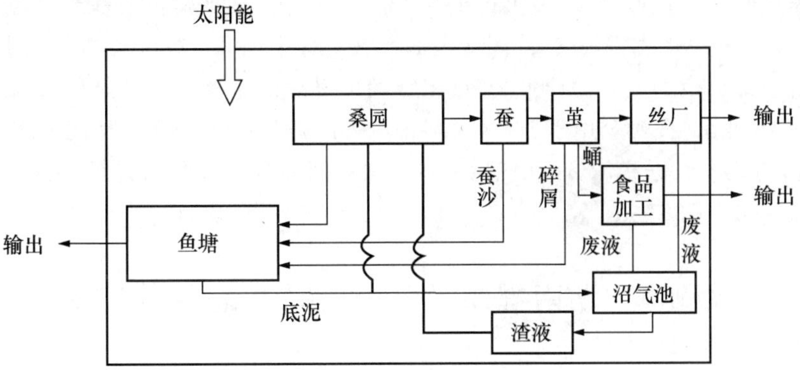

图 6-7　桑基鱼塘模式示意图

二、基塘系统的基本做法

基面宽度以 6～10 m 较好，过窄，种植面积小且耕作不方便；过宽则塘泥供应困难。基面高度以高于鱼塘平常水面 0.5～1 m 为好；小于 0.5 m 对作物生长不利，如遇暴雨鱼塘水位上升，作物受淹，造成减产或绝收；如高于 1 m 以上，作物易受旱，同时基高则坡陡，水土易流失。鱼塘的形状以长宽比为 6∶4 的长方形较好，东西向能接受较多的阳光，有利于提高水温。鱼塘面积以 0.3～0.4 hm^2 较好，不宜超过 0.7 hm^2；太小养鱼不多，受基面遮阴比例大，而且受风作用面积小，塘水波动小，不利于水中溶氧、增氧；过大供应饵料和捕捞不方便，而且风浪大易冲毁塘基。鱼塘深度以 2.5～3 m 为宜；太浅则水量不足，影响放养量也不利于分层混养，且夏季易增温，冬季易降温影响鱼的正常生长；太深，则下层水温低，光照不足，溶氧不足，对鱼类生长也不利。基塘面积比例与综合效益有密切关系。从土地利用、物质循环、经济效益、生态效益等多方面综合分析，基塘面积比例以 4∶6 左右为宜。

三、基塘系统的效益分析

1.基塘系统的生态效益

(1)物质循环具有较强的封闭性，除产品输出外，部分营养物质基本回到系统中参加再循环，很少丢失。

(2)鱼塘是比较节约能源的生态系统，这是由于浮游植物光合效率高，且鱼类是凉血动物，呼吸消耗少，能量转化效率高。

(3)农畜渔结合的基塘系统，营养结构复杂而且协调，系统稳定性强。

(4)低塘高基降低了地下水位，为作物种植提供了条件。

2.经济效益分析

珠江三角洲由于气候条件的原因，每亩桑树产桑叶 2 400～2 500 kg，每年可养蚕 8 次。每 100 kg 桑叶平均生产 8 kg 蚕茧。则每亩桑树产蚕茧 160～200 kg，每 100 kg 蚕茧又可产 11.2～14.0 kg 蚕丝，蚕丝已作为商品输出。继续参加物质循环的废弃物或副产品就是可用于养鱼的蚕沙、缫丝废水以及蚕蛹。

蚕沙不仅仅是蚕的排泄物，还包括蚕的蜕皮及残剩桑叶。蚕沙施进鱼池，既能起肥料作用，又有作为鱼饲料的直接价值。大致每 8 kg 蚕沙可养出 1 kg 鲜鱼，珠江三角洲可获 1 200～1 250 kg。单用蚕沙养鱼，珠江流域可产 150～156.25 kg。两地每亩桑基产量各不相同，但蚕茧缫丝，所排放出的废水大都在 2 500 kg 左右。按此系数计算，每亩桑基所产生出的缫丝废水都可以养出 12.5 kg 鲜鱼。每 100 kg 蚕茧缫丝可得蚕蛹 80 kg，蚕蛹养鱼系数为 2。珠江流域可获 128～140 kg。蚕蛹全用于养鱼，太湖每亩可产鲜鱼 32～48 kg，珠江可产 64～70 kg。

把上面所得几个数据相加，珠江三角洲每亩桑基所能提供养鱼的饵料、肥料基础共可生产鲜鱼总量为 1 276～1 387 kg。

案例 5　湖南郴州“稻 ＋ 鱼”生态种养技术

苏仙区地处湖南省南部、郴州市中部，湘江支流耒水上游，位于东经 112°53′55″～113°16′20″，北纬 25°30′21″～26°03′29″，东西跨 37.4 km，南北长 61.0 km。北与永兴县接壤，东与资兴市相连，南与宜章县交界，西与北湖区、桂阳县为邻。郴州大道、厦蓉高速横穿东西，京广铁路、京广高铁、京珠高速公路、107 国道纵贯南北。全区 2017 年总人口 38.49 万人(户籍人口)，常住人口 43.35 万人，其中，城镇人口 29.62 万人，乡村人口 13.73 万人，城镇化率 68.33%。

全区行政区划面积 1 339.91 km^2。2017 年，全区批准建设用地 43.7 hm^2，建设占用耕地 20.2 hm^2，补充耕地 17.9 hm^2。年末耕地面积 1.47 万 hm^2，其中基本农田面积 1.27 万 hm^2。实施省以上土地综合整治项目 2 个，建设规模为 423.21 hm^2。

稻田养鱼是一种淡水鱼类饲养方式，但长期以来只见于某些偏僻山区，技术水平和产量都低。自20世纪80年代起，稻田养鱼技术上的广泛研究和生产上的深入实践，使其种养技术形成了较为完整的理论体系及系列操作规程，为农民稻田养鱼奠定了理论基础和技术保证。近年来，湖南省郴州市苏仙区深入推进养殖业供给侧结构性改革，把“稻 ＋ 鱼”生态种养模式作为特色产业发展(图 6-8)。苏仙区良田镇莱岭村海拔 850 m，地处五岭山系，水资源丰富，梯田层层叠叠，山高林密，昼夜温差大，山上常年云遮雾绕，空气清新，适合稻田养鱼，村民有在稻田中养殖鲫鱼和鲤鱼的习惯。2016—2017 年苏仙区农业技术推广站联合苏仙区莱岭优质稻禾花鱼合作社在良田镇莱岭村实施“水稻＋鱼”生态种养项目，2016 年种养面积 950 亩，总产值 365.75 万元，纯收入 219.45 万元；2017 年种养面积 980 亩，项目总产值 421.4 万元，纯收入 252.84 万元，经济效益、生态效益、社会效益显著。

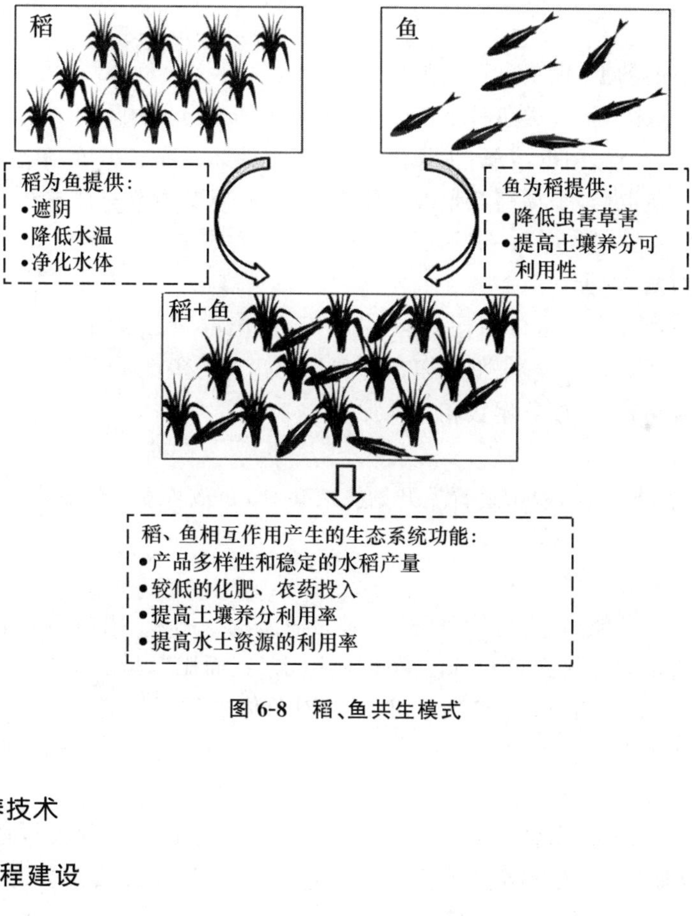

图 6-8 稻、鱼共生模式

一、生态种养技术

(一)田间工程建设

1. 田块选择

选择水质清洁、水源充足、排灌方便、保水保肥性能好、不受旱涝影响的田块。

2. 开挖鱼沟、鱼凼

水稻生长期必须干湿兼顾，稻田浅灌和晒田，为解决稻鱼用水矛盾，必须在插秧前开挖鱼沟、鱼凼(坑)，增加稻田容水量，以利于鱼类生长及水稻施肥、洒药。

鱼沟深为 50 cm 左右，宽为 40～50 cm 为宜，鱼沟要与鱼凼相连，根据稻田形状和大小，确定开挖鱼沟的条数和排列形式，一般可呈“十”“井”“田”字形，开厢挖沟时，应依水流或东西向开挖鱼沟，并在稻田周边挖防洪沟，每条沟要直，以利于排洪，有利稻田通风透光，增加稻谷产量。鱼凼可开挖在田角或田中央，深度为1～1.5 m，面积占稻田面积的5%～8%为宜，形状可为长方形、正方形或圆形。沟坑所占面积不超过田块总面积的20%。

3.加高加固田埂

结合开挖鱼沟、鱼凼，将田埂加高至50～70 cm，加宽至40～50 cm，并捶打结实，确保不会发生渗漏或塌陷。

4.进、出水口设置拦鱼设施

养鱼稻田进、出水口应开设在稻田对应角，与鱼沟、鱼凼互通，并设置拦鱼栅，可用竹篾或尼龙网等制作。

(二)鱼种投放

1.养鱼种类

稻田饲养成鱼的种类，以草食性鱼类草鱼和杂食性鱼类鲤鱼、鲫鱼为主，滤食性鱼类鲢鱼为辅，实行多种鱼混养。该鱼类鱼种来源方便，能适应和充分利用稻田中的饵料生物资源，并能适应浅水生活，耐高温、耐低溶氧；生长快，能在短时期饲养成食用鱼，鱼类性情温和，不易逃逸。稻田实行多种鱼混养，是提高产量的主要措施之一，但要确定一种主养鱼类和几种搭配放养鱼类。菜岭村主养的鲤鱼占60%，鲢鱼、鲫鱼占40%左右。

2.鱼种规格与放养量

稻田养成鱼应放养大规格鱼种，全长16 cm以上、尾重50 g以上；鲤鱼、鲫鱼规格可以适当小一些。鱼种的放养量，一般根据稻田条件和计划达到的鱼产量而定，每亩投放10 kg左右为宜。如果鱼种规格稍小，放养尾数相应增加。

3.投放鱼种时间

一般在栽秧后7～15 d，秧苗返青后开始投放鱼种，亩放养量150～200尾，体格健壮无病无伤鱼种。

4.放养鱼种的准备工作

鱼种放养前要对鱼溜、鱼沟进行整理，并对鱼溜采用生石灰、漂白粉或进行药物消毒。鱼溜消毒后灌水并每亩田施放粪肥60 kg左右，使田水"爽而肥"，呈黄绿色或黄褐色，做到鱼种肥水下田，下田就有适口的饵料。鱼种下田前，要对鱼体进行药物消毒，杀死鱼体表及鳃上的细菌和寄生虫。鱼种下田前可用浓度为3%～5%的食盐水浸泡3～5 min进行鱼体消毒。

5.放养鱼种的注意事项

稻田养鱼饲养周期短，鱼种放养时间越早越有利鱼的生长。鱼种放养时要特别注意水的温差，就是运鱼容器中的水温与稻田水温的高低差，相差不能超过5 ℃。忽视水的温差，常造成大量鱼种死亡。切忌将鱼种放入浑浊水或泥浆水中，以免造成鱼种死亡，从而降低成活率。投苗种应选晴天上午或傍晚进行，回避高温烈日天气。

(三)饲养管理

1.人工投饵

稻田水浅，天然饵料有限，为提高稻田养鱼的产量，必须补充人工饵料，如菜籽油枯、糠麸或配合饲料等。在一些基本不投饵的地方，建议在田角堆沤腐熟的农家肥，有条件的可以用尼龙袋装着堆沤，可以培育大量的浮游生物供鱼类食用。投喂人工饵料时应坚持做到"定时、定位、定质、定量"，少量多次勤喂饵，使鱼种养成在"鱼溜"中集中的习惯。

2. 用水管理

水稻生长分蘖期，为加快水稻生根分蘖，在保证禾花鱼生存生长的前提下，以保持浅水为主，水位保持 3～5 cm；水稻生长中后期，逐渐加高水位，水位保持在 15 cm 左右，保障水稻、禾花鱼生长需求。大规模鱼种放养在鱼溜中，水温渐高，要注意加注新水、常换水，并搭建遮阳棚。

3. 日常管理

稻田养鱼的日常管理主要是防漏和防溢逃鱼。早、晚要多巡视，发现问题及时处理。检查拦鱼栅是否安全以及田水深浅、有无大风大雨的天气变化等，注意清除堵塞网栅的杂物，以利于排注水畅通。稻田中田鼠和黄鳝都会在田埂上打洞，造成漏水逃鱼，应仔细检查并及时堵塞。做好敌害防治，如水害鼠、水蛇等。每 10 亩安装一台杀虫灯，诱杀水稻害虫，为禾花鱼提供优质天然饵料，减少农药使用。

4. 田间施肥管理

为解决降水施肥时对鱼类造成伤害，可采用分段间隔施肥法，即一块稻田分两部分施肥，中间相隔 2 d 左右。以有机肥为主，化肥为辅；重施基肥，轻施追肥。放鱼后一般不施追肥。

5. 田间施药管理

水稻治虫选用高效、低毒、低残留、广谱性的农药，禁用对鱼类有毒的农药。采用喷雾的方法，药应尽量喷在禾苗上，选择晴天施药，切忌下雨前施药，用药后要及时换水。

6. 病害防控

除鱼溜消毒、鱼种消毒外，还要做好食物消毒和药物防病。常见病害为赤皮病、烂鳃病、肠炎病等，对草鱼、鲤鱼危害特别大，以防为主，要做到无病先防，有病早治。

7. 收捕时间方式

以销售和预售定收捕时间，确定收捕数量。将达到食用鱼规格的成鱼，捕出食用或出售，以降低鱼溜中鱼的密度，有利于鱼类的安全生长。

（四）后期管理

1. 产品销售

多举并进，促销赢效益。一是节会促销。8 月底举办莱岭禾花鱼米文化美食节，招引客商、市民到现场观看禾花鱼、生态稻，当天销售新鲜禾花鱼近 3 000 kg，订购生态米 2 000 kg。二是创建全域旅游示范村促销。全村举办家庭式农家乐 10 个，吸引大批游客到村里旅游观光，品尝禾花鱼，购买农产品。三是创品牌促销。成立了郴州市苏仙区莱岭优质稻禾花鱼专业合作社，注册了禾花鱼、生态米商标，创建知名品牌。四是订单包销。与郴州有缘千里公司签订了产品销售合同，由公司包销。

2. 错开收捕时间

为避免成鱼集中上市，造成滞销，需错开收捕时间。如深水田、冬水田、宽沟田、回形沟田，收稻之后还要继续养鱼，则先收稻穗，留下部分稻秆肥水养鱼。成鱼也可在冬季起捕，套养的鱼种可放在“鱼溜”中越冬，冬闲田和低洼田仍可继续蓄水养鱼。

3. 产品深加工

苏仙区素有制作烟熏鱼的习俗，鲜鱼熏制后具有特殊的烟熏风味，改善色泽，延长保藏期。既丰富了合作社和公司的产品销售类型，提高销售量，也增加了农户的经济效益，提升其养鱼积极性。

二、效益分析

(一)经济效益显著

1. 产值增幅大

2016年“稻＋鱼”生态综合种养950亩，产稻谷47.50万kg，产值152万元，产禾花鱼23.75万kg，产值213.75万元，项目总产值365.75万元，总产值比上年增加228万元，增幅165.5%；2017年“稻＋鱼”生态综合种养面积980亩，产稻谷490.0万kg，产值156.8万元，产禾花鱼29.4万kg，产值264.6万元，项目总产值421.4万元，总产值比上年增加55.65万元，增幅15.21%，比2015年增加产值283.65万元，增幅达205.91%。

2. 农民增收多

菜岭村583户，1 868人，仅“稻＋鱼”生态综合种养收入，2016年户均收入6.27万元，比2015年的2.36万元，增加3.91万元，人均收入1 957元，比上年增加1 230元，增长169.19%；2017年户均收入7.23万元，比2015年增加4.87万元，人均收入2 258元，比2015年增加1 528元，增长210.18%。全村通过“稻＋鱼”生态种养技术，实现了稻鱼双收，2016年脱贫173户524人，2017年脱贫32户76人，2020年底全村贫困人口实现脱贫。

3. 比较效益好

菜岭村原来常年进行水稻单一种植，2015年水稻总产值145万元，亩产稻谷480 kg，亩产值1 392元，亩均纯收入620元。2016年亩产稻谷495 kg，亩产值1 584元，亩产禾花鱼25 kg，产值2 250元，合计亩产值3 834元，亩均纯收入为2 300元，比2015年增加1 680元，增幅为270%；2017年亩产稻谷501 kg，亩产值1 603元，亩产禾花鱼30 kg，产值2 700元，合计亩产值4 303元，亩均纯收入为3 531元，比2015年增加2 911元，增幅为469%。

(二)综合效益明显

1. 节水节地

在山区(特别是水源条件不好的)和水田少、山塘少的地方，发展和推广“稻＋鱼”生态种养模式尤为必要。

2. 省工省肥(药)

“稻＋鱼”生态综合种养比纯种水稻的田块，少施化肥(或不施)，不喷(或少喷)农药，节省管水、施肥、杀虫等成本和人员工资。据了解，每亩减少人工工资和农药及肥料成本300余元。

3. 生态环保

不施农药、少(或不)施肥(化肥)，减少水稻种植区的环境污染，也能减少水源污染，而且养鱼又能净化水质，对种养区域环境保护十分有利。

4. 优质高效

“稻＋鱼”生态种养模式生产的稻谷，无污染(或少污染)，产品安全性高，质量可靠，卖价高，有人称为生态稻、有机米。“禾花鱼米”深受消费者青睐，产品畅销，卖价高，均价10元/kg，高的达16元/kg。比单一稻田的稻谷卖价至少高出20%，而且禾花鱼鲜品质量上乘，供不应求，卖价最低90元/kg，高的达120元/kg。

稻田养鱼应以水稻为主，兼顾养鱼。这一指导思想是根据稻鱼共生理论，利用人工新建的稻鱼共生关系，将原有的稻田生态向更加有利的方向转化，达到水稻增产鱼丰收的目的。

"稻＋鱼"模式切实可行，可以大力推广。"稻＋鱼"生态种养模式，可有效利用稻田生态条件发展水产养殖业，在不与种植业争地的基础上增加水产品。具有节水、节地、节肥、除害、除虫、疏松土壤，提高稻田蓄水灌溉和抗旱能力等多重作用，是一项生态农业生产技术。"水稻＋鱼"生态种养模式，可助推农民增产增收，助力乡村振兴，促进农村经济快速发展，在丘陵山区可大力推广。

案例 6　国外生态农业建设的成功经验及典型案例

一、美国生态农业建设的成功经验及案例

（一）生态农业建设的成功经验

1. 完善的法律体系是生态农业规范发展的前提

美国的生态农业发展有一套较完善的法律、法规体系作为保障。早在 1990 年，美国颁布的《污染预防法》中就对生态农业做出明确规定，通过立法形式选择研究和教育途径来建立一种可持续的、有利可图的与保护资源的农业生产体系。为了实施低投入发展模式，以法规形式制定了农药、化肥等的投放量标准。规定对生产、使用农药、化肥造成环境污染者，采用投资课税的方式征收农药税和化学肥料税。美国的一般农产品种植必须遵循 7 项法律、法规，即《种子法》《物种保护法》《肥料使用法》《自然资源保护法》《土地资源保护法》《植物保护法》《垃圾处理法》《水资源管理条例》。为了确保生态农产品质量，在相关法律、法规的基础上，美国还制定了配套的农产品质量安全认证标准。规定有机农作物在认证前必须停止使用禁用物 3 年。在执行有机栽培时必须符合有机计划，申请发照的农民必须向认证机构递交有机农作物生产计划，农民要记录所有栽培过程并保持 5 年。

2. 有力的财政扶持是生态农业持续壮大的基础

美国政府对发展生态农业的财政扶持力度很大，主要体现在 3 个方面：

（1）对生产的扶持。截至 2022 年，美国已有 3 万多个生态农场，这些生态农场成为美国生态农业财政扶持的主要对象。从 20 世纪 90 年代起美国开始了农业"绿色补贴"的试点，设置一些强制性的条件，要求受补贴农民必须检查自身环保行为，定期调查其农场所属区域的野生资源、森林、植被情况，检验土壤、水、空气，并根据农民的环保实施质量，由政府决定是否补贴以及补贴额度，对表现出色的农民除提供"绿色补贴"外还暂行减免农业所得税。在生态农作制度改革过程中，为了引导农场采用休闲方式降低生产成本与保持水土，美国政府制定了休种补贴政策，对占全美耕地 24％的易发生水土流失土地实行 10～15 年的休耕，休耕还林还草的农户获得政府的补助金。据美国农业部估算，联邦政府除保留原有的 666 亿美元农业补贴外，还将新增 519 亿美元农业补贴。新增的补贴额中，将有 171 亿美元用于农业生态环境保护计划。同时，通过实施土地休耕、水土保持、湿地保护、草地保育、野生生物栖息地保护、环境质量激励等方面的生态保护补贴计划，以现金补贴和技术援助的方式，把这些资金分发到农民手中或用于农民自愿参加的各种生态保护补贴项目，使农民直接受益。2008 年以来美国通过一系列立法，使得农业补贴政策愈加完善。

（2）对生态农业基础设施建设进行扶持。美国农业灌溉工程的科研设计等技术方面的费用全部由联邦政府支付，灌溉工程建设费用联邦政府资助 50％，其余由地方政府或由政府提

供担保的优惠贷款支付。美国政府每年还向农场主提供数亿美元的资助，协助发展农业灌溉。

(3)对农业科研与市场营销的扶持。启动专项基金用于生态农业的科技研究与推广、营销宣传、职业培训、信息服务，例如，为了把农药投入对农业生态环境的影响降到最低，加利福尼亚州农业厅对农产品农药残留分析给予大量的资金支持，并逐年增加检测项目和分析样本。

3.雄厚的科技实力是生态农业迅速发展的后盾

美国拥有完善的生态农业科研与应用推广体系。早在1988年就提出了“低投入持续农业计划”(USA)，1990年又提出“高效持续农业计划”(HESA)，最早探索一种以环境保护为主攻目标、依靠科学技术进步的农业生产体系，并在美国东北部、中北部、南部和西部地区3万多个农场试行；在20世纪90年代后期，美国堪萨斯土地研究院就尝试研究无须每年栽种的常年生小麦和玉米种植技术；此后又开展了作物轮作、休闲轮种、作物残茬覆盖少免耕法、作物病虫害综合防治、水保耕作、农业可更新资源利用(覆盖物、厩肥)、转基因品种开发、网络化技术等一系列技术试验与推广研究，一大批农业科学家参与了生态农业技术的试验研究活动；1990年后，农业试验研究部门已研究开发出利用“3S”技术的精准农业机械，其上装有计算机控制系统、产量检控器、激光测定技术等先进技术设备，并在明尼苏达州农场进行了精确农业技术试验。用GPS指导施肥的作物产量比传统平衡施肥作物产量提高30%左右，试验成功后小麦、玉米、大豆等作物的生产管理都开始应用精确农业技术。20世纪90年代中期，精准农业在美国的发展相当迅速，到2009年，安装有产量监测器的收获机的数量增长到35 000台。美国农业研究局的一个农业系统竞争力与可持续性全国性研究项目(涉及15个州)代表了发达国家在生态农作制度研究领域的最新方向。由于美国的农业信息化程度较高。在生态农业技术推广、农业检测等领域进展很快。

2018年以来，美国大力发展智慧农业，将物联网、大数据等信息技术广泛应用于农作物的栽培管理及有机农产品的生产，取得了显著的效果。

(二)美国生态农业建设的典型案例

位于新泽西州的嘉新农场离纽约140 km，濒临大西洋，自然地理条件较好，地势比较平坦，土质较为疏松。农场主查里斯·黄20世纪50年代毕业于中国台湾一家农业大学，后移居美国，现经营土地2 300亩，大田主要种植玉米、大豆和绿肥，实行轮作、休耕制和秸秆还田，缓坡地重视涵养水源，防止水土流失。

农场有两个现代化温室和两个一般的温室。雇用8个生产工人，一般农活都是机械化操作。现代化温室占地超900 m^2，全为钢架结构，农业专用薄膜覆盖，室内电子控制喷雾用水，根据栽培植物生长周期和空气湿度自动将经过稀释的高浓度、成比例肥水和有机杀虫剂喷成雾状。温室内有两个大水箱，压力很大，以保证全温室所有喷雾装置的运行。冬季用暖气调节温度，夏季用电扇、排气扇通风。种植的花卉、蔬菜主要供应临近的城市。温室内每平方米营业额高达11美元，一季仅温室内种植作物营业额就高达10万美元，一年种植两季，4个温室每年纯利润20余万美元。大田一年种植一季，采用休耕作业，整地、播种、施肥均为机械化。

农场的空闲地全部种草绿化，并适时修整美化。农业现代化水平的提高，促进了各个农场专业化商品性生产的发展。美国一些农场主，他们种的小麦和自己生产的水果全部卖给公司商人，自己再去市场购买面包、水果罐头；自己养的猪和鸡，从来不自己宰杀食用，长到规定的标准后出售给专业公司，自己再到商店去买猪、鸡肉，专业化分工非常明显。

二、欧洲生态农业建设的典型案例

(一)德国 ZEGG 生态村建设

1. 生态村的概念

生态村的产生和发展并不是政策引导的结果，而是在特定的国家和地区，在特定的社会背景和经济发展阶段，以一种自觉的形式出现的。因此，生态村的产生和发展也被称为生态村运动。生态村运动的出现是在 20 世纪下半叶西方工业化完成和经济出现衰退的背景下，伴随着公社生活方式的兴起，和绿色环境与和平运动而产生的。它以自发组织为社区的形式蓬勃开展，主要体现为合作居住生态村等“理念社区”，从丹麦、荷兰等北欧国家开始，并在 20 世纪末期逐渐蔓延至欧美发达国家。美国学者 Robert Gilman 最早提出了生态村的概念，生态村是具有人性化尺度和完备功能的居住地，在这里人类活动以无害的方式与自然环境相结合，它支持人类健康地发展，并且能够成功地延续到无限的未来。生态村运动本质上是一场深刻的社会文化和环境运动，同时体现了有着相似价值观的人们对于理想生活方式的新追求。

2. 德国生态村的特征

德国生态村是发达国家生态村建设发展的主要力量。20 世纪 80—90 年代，德国一些思想活跃、富于创造力和实践精神的民众在民间团体的支持下，大力发展城郊生态村。成功的案例有 ZEGG 生态村、Sieben Linden 生态村、Lebensgarten 生态村等。其不仅仅体现了技术层面的生态理念，而且体现了社会经济与环境的整体可持续性。

德国生态村的发展围绕着核心价值观而展开。环境生态经济共享社会和谐是德国生态村发展的核心价值观。在生态层面，“永续耕种”的思想是生态村建设发展的技术策略，他们修复地理环境，应用生态适宜技术，使用再生能源，降低生态足迹；在社会层面，生态村成员相互尊重，自我管理，公平协作，共产共享。社区定期举行集会，以民主决策的方式决定工作的开展和社区发展方向，并且以公开的形式解决社区中的种种矛盾；在经济层面，生态村反对建立在过度生产和消费上的全球化经济，同时发展多样可持续的小规模本地经济。简单生活的思想已经被广泛认同，并成为共同信念。

ZEGG 生态村是伴随着欧洲发达国家生态村运动发展起来的，同时也是德国城郊生态村的典型代表。生态村创建于 1991 年，位于德国的东北部，距离首都柏林西南大约 80 km 的勃兰登堡州 Belzig 市城郊的林地中。直到 20 世纪 80 年代，ZEGG 所在的地区还是前东德的一处军事基地。如今，曾经的军事领地成为了和平与生态的实验田，来自不同领域不同文化的人们在这里和谐地生活。ZEGG 生态村占地 15 hm^2，有约 40 个固定房屋，长期居住着 80 位居民，同时也有众多的短期来访者。近 20 年来，ZEGG 生态村的社区成员对原有的房屋设施进行了生态改造，并建设了供热系统废水净化池种植园公共厨房和游泳池等公共设施。ZEGG 生态村是全球生态村社网络欧洲区域（GEN-Europe）的联络中心，曾获得 2004 年 Agenda 21 奖和 2005 年 GEN-Europe 的 Ecovillage Excellence 奖等。

“平等共享、永续耕种、简单生活”构成了 ZEGG 生态村的核心价值观，也是社区团结发展的凝聚力。ZEGG 从创立开始也担负着反对战争和暴力，消除意识形态矛盾和文化偏见的责任，并试图重建一种和谐多样的文化。因此，正如 ZEGG 这一缩写所指，对于生态文化的研究与实践是生态村成员们的共同志愿。社区积极开展对外交流，与相似的社区学习讨论，并举办各种主题的实践活动，研究并推广 ZEGG 的价值观生态技术和生活方式。

3. 分区设计方法

在德国无论南部还是北部，在一个独立区域中，最高的位置都是森林，林缘下方是农田，低洼处是草地和牧场。全国统计，大体比例是森林占 34%、农田 34%、草地占 32%，农林草的合理布局不仅形成了优美的地理景观，而且巧妙合理地利用了水土资源。高地的森林发挥水源涵养作用，林地渗流的土壤水滋润了下方的农田，而草地承接过剩的水分，既可用又可排。这种合理布局一方面与当地气候有关；另一方面源于对森林生态作用的正确认识。在德国，营林的首要目的是生态效益和改善环境。

永续耕种思想的核心策略是生态分区设计。分区设计是按照土地用途和生态功能而划分的连续的不同区域，进而进行设计建设。它以土地资源利用的适宜性为基础，结合居民生活劳作需要，确定生态结构和功能相近的区域。这样可以协调各部分功能之间的矛盾，优化各区域的连续性和整体性，使社区布局和功能更符合生态学的原则。ZEGG 生态村的发展遵循了永续耕种思想的分区设计理念，从住房过渡到自然环境，包括了住宅、公共设施、农业活动、再生能源系统、废水处理设施、自然林地等区域，详见图 6-9。

1. 屋顶花园　2. 自家花园　3. 鱼塘　4. 农作物　5. 园圃　6. 家禽　7. 牲畜
8. 农田　9. 水存储　10. 燃料作物　11. 畜牧　12. 生态环境

图 6-9　生态分区示意图

4. 农业种植与食物

种植园是 ZEGG 生态村永续耕种分区设计的重要组成部分。农作物种植作为有机种植实验，也是社区居民食物的来源。社区在 0.75 hm^2 的土地上种植了新鲜的蔬菜和水果，可以满足整个社区成员的需要，也可以为会议参与者和客人提供食物。社区鼓励素食主义，不主动提供肉类饮食。同时，杜绝使用除草剂、杀虫剂和化肥。成员们自给自足，剩余的蔬菜重新回归土地成为了肥料。这样的循环加强了社区成员与赖以生存的土地的紧密联系，让人们认识到对自然的依赖。

5. 资源与能源使用

ZEGG 生态村的资源和能源使用主要依赖于该地区的林地以及太阳能，社区供热通过一个木屑燃烧供热站提供，木材全部取自社区所在的林地，周围林木可以吸收燃烧产生的 CO_2，并转化成氧气。燃烧的原料还可以来自于生物废水净化系统中生长的植物和当地其他生物能。通过这种可再生能源的使用，CO_2 循环达到平衡，供热系统每年可以产出 875 kW 的热能。同时，通过使用热恢复系统和能量-技术优化方案，排放污染量和环境负荷只相当于传统煤的 20%，木屑燃烧后的灰烬没有污染，并且可以成为花园的养料。ZEGG 改造了保温墙体和门窗，进行了屋顶和外立面绿化，每年的供热需求减少了 100～130 kW。为了实现热水供应，ZEGG 在房屋上装载了太阳能设施，社区采用峰值负载控制技术对电能需求进行调节，将用电成本节省到原来的 90%，社区还建立了一个 60 kW 的小型木屑加热系统在夏天供给热水。

（二）法国的生态农庄

法国是欧洲第一农业生产大国，其农业产值占欧盟农业总产值的 22%，农产品出口长期位居欧洲首位。近年来，随着环保理念越发深入人心，对生态农产品的市场需求快速增长，法国农业逐步走上了生态发展之路。然而，由于从传统农业向生态农业转变，技术上要求高，生产成本增加，承担的风险大，法国生态农业发展状况一度与其农业大国的地位不相称。

目前，法国生态作物种植面积约为 100 万 hm^2，从事生态农业的单位或农户达 2.5 万个，其规模虽还不算大，但发展前景被普遍看好。

消费者对安全食品的需求催生了生态农业的大发展。法国生态农业促进署的调查显示，82%的法国消费者购买过并愿意继续购买生态食品，76%的被调查者认为生态农业是解决环境问题和保障人类健康的有效途径。正因为如此，虽然近年来法国生态农产品每年以 10%的速度增长，但仍不能满足市场需要。

从发达国家设立农产品绿色贸易壁垒的现实来看，大力发展生态农业势在必行。20 世纪 90 年代以来，包括法国在内的一些发达国家用绿色壁垒限制农产品的进口。绿色壁垒也称生态壁垒，指有关国家通过制定、颁布和实施严格的环保法规和苛刻的环保标准，使国外非生态农产品难以进入。生态农业能够有效地控制和提高农产品品质，并可应对国家间加设的绿色壁垒，所以法国更加重视生态农业的发展。欧盟共同农业政策有专门条款要求欧盟成员国发展生态农业。法国也于 20 世纪 90 年代制订并实施了生态农业发展计划。

为进一步鼓励生态农业和农产品加工业的发展，法国政府于 2010 年再次颁布了“生态农业 2018 年规划”，旨在提高生态农业产量，同时将生态农业面积扩大 3 倍，力争达到占可耕地面积的 6%。这一规划提出的主要措施包括：第一，设立 1 500 万欧元的基金，用于支持生态农业结构调整，形成产品生产、收购、加工、销售的渠道；第二，对从非生态农业向生态农业转变的农户提供免税等优惠待遇；第三，加强对生产部门的技术支持和对相关人员的知识培训；第四，在制定农业法规时，充分考虑生态农业的特性和要求，从政策层面上放宽限制；第五，在生态农产品消费方面，政府加强引导，目标是到 2018 年年底，使生态农产品的消费比重超过 40%。

2020 年以来，法国的生态农场快速发展，同时将生态观光旅游、体验式农业生产及农产品采摘等项目融入农场经营中，经济效益显著提高。截至 2022 年，法国已有生态农庄 35 864 个。

三、日本发展生态农业的经验

1. 颁布鼓励发展生态农业的政策、法规

在日本，生态农业概念的提出始于 20 世纪 70 年代，而生态农业发展经历了强调农产品（加工品）质量安全、农业生态环境质量保全，到实现可持续发展的过程。在日本生态农业的发展过程中，政府颁布很多政策、法规，并不断进行完善。如 1992 年 6 月 10 日，日本政府在颁布的《新的食品、农业、农村政策的方向》中提出发展环境保护型农业，并把它作为农业政策的新目标。其基本内容是农业不仅应稳定地提供农产品，还应与环境相协调，为保护国土做贡献。日本将环境保护型农业定义为灵活运用农业所具有的物质循环机能，注意与生产相协调，通过精心耕作，合理使用化肥、农药等减轻环境负荷的可持续农业。此后，日本政府相继颁布了四部与生态农业相关的法律,即《食物、农业、农村基本法》《可持续农业法》《堆肥品质管理法》《食品废弃物循环利用法》。其中,1999 年 7 月 12 日颁布的《食物、农业、农村基本法》,是在对实施的《农业基本法》进行评估后,制定的具有新理念的政策法规,该法规的核心在于实现农业可持续发展与农村振兴,确保食物的稳定供给,发挥农业、农村的多种功能,它是 21 世纪日本发展生态农业的基本方针。

截至 2019 年,日本国生态农业的面积达到了全国总农业生产面积的 1/10。面对困境国内农业资源匮乏这一现实问题,政府发起了"一村一品"运动,"一村一品"起源于日本,是日本农民自发的农业产业化模式。目的是立足本地资源优势,发展具有地方特色的主导产品和主导产业,提高农民收入,振兴农村经济。日本国大部分县在倡导和推广"一村一品"运动后,农民收入持续增长,农村面貌不断得到改善,成为生态农业开发的成功典范。

2. 对生态农业的发展提供财政支持

为鼓励农民进行生态农业投资,政府通过在全国以鼓励发展"环保型农户"为载体,从贷款、税收等方面对农民给予支持。对拥有 0.3 km^2 以上的耕地,年收入 50 万日元以上的农户,经本人申请,并附环保型农业生产实施方案,报农林水产县行政主管部门审查后,再报农林水产省审定,将合格的申请者确定为环保型农户,对这些农户银行可提供额度不等的无息贷款,贷款时间最长可达 12 年。在购置农业基本建设设施上,政府或农业协会可提供 50% 的资金扶持,第一年在税收上可减免 7%~30%,以后的 2~3 年内还可酌情减免税收。

3. 积极开展高新技术的研究和推广

高新农业技术是发展生态农业的关键。因此,日本一直注重生态农业技术的研究。政府和有关部门对有一定规模和技术水平高、经营效益好的环保型农户,可将其作为农民技术培训基地、有机食品的示范基地、生态农业观光旅游基地,以发挥其为社会服务的功能。与此同时,全国还有不少大学与研究机构专门对生态农业进行技术支持。如日本的很多大学都有生态农业研究机构,这些机构的特点是研究人员不多,但研究的成果非常有价值,并不断把国际上生态农业的先进技术结合本国国情进行开发并推广。

4. 发展生态农业的多样化模式

在日本政府与社会各界的支持下,日本发展生态农业的形式多种多样。

(1)再生利用型,即通过充分利用土地的有机资源,对农业废弃物进行再生利用,减轻环境负荷。如将家畜粪便经堆放发酵后就地还田作为肥料使用,将污水经处理后得到的再生水用于农业灌溉等,这都是充分利用农业再生资源的措施。

(2)有机农业型,即在生产中不采用通过基因工程获得的生物及其产物,不使用化学合成的农药、化肥、生长调节剂、饲料添加剂等物质,而遵循自然规律和生态学原理,协调种植业和养殖业的平衡,采用一系列可持续发展的农业技术,维持农业生产过程的持续稳定。其主要措施有:选用抗性作物品种,利用秸秆还田、施用绿肥和动物粪便等措施培肥土壤,保持养分循环;采取物理和生物的措施防治病虫草害;采用合理的耕种措施保护环境,防止水土流失,保持生产体系及周围环境的基因多样性。

(3)稻作—畜产—水产"三位一体"型,即在水田种植稻米、养鸭、养鱼和繁殖固氮蓝藻的同时,形成稻作、畜产和水产的水田生态循环可持续发展模式。这种模式的做法是在种植水稻的早期开始养鸭,禾苗长大后,田中出现的昆虫、杂草等为鸭提供饲料,鸭的粪便作禾苗的肥料,又可为水田中的红线虫、蚯蚓、水蚤及浮游生物提供食物来源,同时又给鱼等提供饵料,从而实现生态循环。这种生态农业技术已在日本农村推广和普及，该技术所产生的综合效益亦被众多水稻种植农户所认可。

(4)畜禽—稻作—沼气型，即农民在养鸭、牛等家畜过程中，将动物的粪便作为生产沼气的原料。同时，农作物的秸秆经过加工用来作家养畜禽的饲料，或作为沼气的原料，沼气又可为大棚作物提供热源等。这样，经过能量转换实现生态的均衡，并且生产的农作物比较绿色，又能实现经济效益。

知识拓展

“戴庄经验”的主要内涵

江苏省句容市天王镇戴庄村在村“两委”的带领下，秉持绿色发展理念，坚持生态农业发展方向，经过17年坚持不懈努力，探索了一条“产出高效、产品安全、资源节约、环境友好”的现代农业发展路径，形成了“戴庄经验”。该经验对新时代中国特色社会主义建设，促进现代农业发展、建设生态农业都具有重要的示范意义。

(一)坚持生态立业，推广高效生态农业新技术

戴庄村坚持统筹山水林田湖草和生物多样性保护理念，立足丘陵地区自然禀赋，以优质、高效、生态为目标，以田园生态系统构建和生态技术创新为重点，推动农业高质量发展。因地制宜确定绿色产业布局，在低山陡岗以保护修复为主，发展多种类生态林，构建自然林业生态系统；在缓岗坡地建设经济林果＋草＋畜禽的农业生态系统；在岗坡塝田与山下冲田，发展稻(菜)＋草＋畜禽(渔)有机农业生产系统，构建了一个13 km^2 小流域的山水林田湖草生态系统。积极探索高效生态农业技术路径，示范推广“稻鸭共作”“稻肥轮作”“发酵床养殖”“林(果)—草—禽(畜)”等生态种养技术及立体套种模式，引进适应当地的有益动物、植物、微生物种类，推动农业投入品减量增效，推广绿色防控技术模式，有效提升了农业的质量效益。

(二)推进农业生态系统建设

按照生态系统整体性、系统性及内在规律，合理确定种养规模，建设完善生物缓冲带、防护林网、灌溉渠系等田间基础设施，积极推广土壤改良剂、有机肥、微生物菌剂、生物农药等新技术新产品，修复田间生物群落和生态链，保持农业生态系统内生物的繁衍和进化，维持系统内的物质能量流动与生态稳定，打造种养结合、生态循环、环境优美的田园生态系统。加强对野生动植物资源的保护，通过建立原生境保护区等方式，着力改善珍稀濒危动植物生存环境。切实控制外来入侵生物，采取化学、物理、生物等措施，防止扩散和蔓延。

(三)推进化肥农药减量增效

大力推广测土配方施肥、有机肥替代化肥、机械化施肥、水肥一体化、智能配肥等高效施肥技术和模式，推进农机农艺融合、有机无机肥结合、基肥追肥统筹，提高科学施肥水平。推进农作物病虫害监测预警规范化、智能化，开展病虫绿色防控示范区建设，鼓励发展专业化统防统治服务组织，推广高效低毒低残留农药和高效植保机械，农药使用量持续下降

(四)推进畜牧业绿色发展

按照“种养结合、畜地平衡”原则，进一步优化畜禽养殖区域布局。开展生态健康养殖和畜

禽养殖标准化示范创建行动,推广生态健康养殖技术,支持发展种养循环、林下养殖等复合经营新模式。推动畜禽规模养殖场改造升级,配套建设养殖废弃物无害化处理和综合利用设施。以肥料化和能源化为主要利用方向,推进畜禽养殖废弃物综合利用。完善畜禽养殖废弃物收集处理利用体系,鼓励在养殖集中区建立废弃物处理中心,探索建立受益者付费、第三方处理的市场化运行机制。

(五)推进农田废弃物综合利用

强化农作物秸秆综合利用,按照"因地制宜、农用优先、就地就近、政府引导、市场运作"要求,加强农机农艺配套,提高秸秆机械化还田质量,不断完善秸秆收储利用体系,培育壮大多种形式的秸秆离田利用主体,发展高附加值的秸秆利用产业。

(六)推进农产品产地环境保护

加强受污染耕地利用管控,组织开展全国耕地污染详查,摸清耕地污染现状,明确耕地土壤污染防治重点区域。制定农田污染控制标准,建立监测体系,依法禁止未经处理达标的工业和城镇污染物进入农田、养殖水域等农业区域。

模块小结

本模块选择了国内生态农业建设比较典型的5个案例:北京大兴区留民营生态村(生态第一村)、山东省胜利油田生态农场、辽宁大洼西安生态养殖场、珠江三角洲的人工基塘系统、湖南郴州"稻+鱼"生态种养技术,重点介绍了每一个案例的主要做法和成功经验,以及生态农业建设所取得的成效,包括经济效益分析、生态效益分析和社会效益分析。又以美国、欧洲和日本为例,介绍了国外发展生态农业的经验以及建设生态农业的做法,旨在为我国生态农业建设发展提供借鉴和指导。

学练结合

一、名词解释

1.生态效益　2.社会效益　3."五位一体"　4.生态村　5.生态养殖　6.桑基鱼塘

模块六
学练结合参考答案

二、填空

1.我国生态农业通过20年的发展,涌现出了一批成功典型案例,比较有名的是________、________、________、________、________等。

2.三段净化四步利用技术是指________、________、________、________、________、________、________。

3.珠江三角洲的人工基塘系统通过发展已演变成多种模式,如________、________、________、________和________等。

4.北京市大兴区留民营村的生态农业建设,主要包括________、________、________、________。其中最核心的建设内容是________。

5.延安宝塔区生态农业建设的主要经验有________、________、________、________。

三、判断正误

1. 生态农业建设的核心技术就是沼气发酵与新能源利用。(　　)

2. 生态农场与生态村建设在本质上没有区别,只是规模大小不同而已。(　　)

3. 我国的生态农业主要以村为建设单元,而国外的生态农业则以生态农场为建设单元。(　　)

4. 南方的桑基鱼塘模式所存在的不足是缺乏沼气池。(　　)

5. 国外的生态农业建设起步早、规模大,而我国的生态农业建设起步晚。(　　)

四、分析思考题

1. 试分析北京市大兴区留民营村开展生态农业建设的生态效益与经济效益。

2. 山东胜利油田生态农场建设的主要做法及经验有哪些?

3. 试分析珠江三角洲的人工基塘系统的生态学原理。

4. 结合本模块所学的知识,谈谈你所在家乡的生态村或生态农场的建设情况。

推荐阅读

1. 生态产业,为农业农村发展注入活力。

2. 基于乡村景观特征的重庆都市休闲农业园环境景观设计策略研究。

模块六　推荐阅读

参 考 文 献

[1] 黄国勤. 美国农业生态学发展综述[J]. 生态学报,2013,4(21):23-25.

[2] 王敦清. 国外生态农业发展的经验及启示[M]. 北京:中国农业出版社,2010.

[3] 张蔚. 德国生态村可持续实践 ZEGG 生态村建设[J]. 工业建筑,2010,10(40):4-8.

[4] 吴晓丽. 发展生态农业 促进农业可持续发展[J]. 农产品加工,2007,2(91):25-27.

[5] 李金才. 我国生态农业现状、存在问题及发展对策初探[J]. 农业科技管理,2006,6(25):35-38.

[6] 卞有生,金冬霞,邵迎晖. 国内外生态农业对比——理论与实践[M]. 北京:中国环境科学出版社,2000.

[7] 章力建,王庆锁,侯向阳. 中国西部生态农业发展方略[M]. 北京:气象出版社,2004.

[8] 穆天民. 保护地设施学[M]. 北京:中国林业出版社,2004.

[9] 王昌荣. 节水灌溉技术[M]. 天津:天津大学出版社,2013.

[10] 李纯. 农业生态[M]. 北京:化学工业出版社,2009.

[11] 蓬崑生. 实用生态农业技术[M]. 北京:中国农业出版社,2002.

[12] 曹林奎. 农业生态学原理[M]. 上海:上海交通大学出版社,2011.

[13] 张季中. 农业生态与环境保护[M]. 北京:中国农业科学技术出版社,2007.

[14] 方静. 农业生态环境保护及其技术体系[M]. 北京:中国农业科学技术出版社,2012.

[15] 于广建. 蔬菜栽培[M]. 北京:中国农业科学技术出版社,2009.

[16] 张海文. 现阶段国内节水灌溉技术及问题分析[J]. 山西农业科学,2008, 36(1):16-18.

[17] 张发,张学文. 设施农业节水灌溉技术探讨[J]. 地下水,2008, 30(6):129-130.

[18] 卞有生. 中国农业生态工程的主要技术类型[J]. 中国工程科学,1999, 1(2):83-86.

[19] 秦怀斌,李道亮,郭理. 农业物联网的发展及关键技术应用进展[J]. 农机化研究,2014,59(4):246-252.

[20] 赵丽. 浅议物联网在农业领域的应用及关键技术要求[J]. 电信科学,2011,11A:71-73.

[21] 张凌云,薛飞. 物联网技术在农业中的应用[J]. 广东农业科学,2011,16:146-149.

[22] 张宇,张可辉,严小青. 农业物联网架构、应用及社会经济效益[J]. 农机化研究,2014,10:1-5.

[23] 漆海霞,林圳鑫,兰玉彬. 大数据在精准农业上的应用[J]. 中国农业科技导报,2019,21(1):1-10.

[24] 岳宇君,岳雪峰,仲云云. 农业物联网体系架构及关键技术研究进展[J]. 中国农业科技导报,2019,21(4): 79-87.

[25] 张浩然,李中良,邹腾飞,等. 农业大数据综述[J]. 计算机科学,2014,41(11A):387-392.

[26] 王一鹤,杨飞,王卷乐. 农业大数据研究与应用进展[J]. 中国农业信息,2018,30(4):48-57.

[27] 陈桂芬,李静,陈航. 大数据时代人工智能技术在农业领域的研究进展[J]. 吉林农业大学

学报,2018,40(4):502-510.
[28] 蒋丽丽,姜大庆,于翔. 物联网技术在我国农业领域的应用研究综述[J]. 信息通信,2016,7:86-88.
[29] 朱会霞,王福林,索瑞霞. 物联网在中国现代农业中的应用[J]. 中国农学通,2011,27(2):310-314.
[30] 李金. 基于物联网的农田灌溉系统设计[D]. 淮南:安徽理工大学,2017.
[31] 岳雪峰. 基于物联网架构的智慧农业及其关键技术研究[D]. 上海:上海应用技术大学,2018.
[32] 李康智. 能灌溉与植物养护系统的设计与实现[D]. 成都:西南石油大学,2016.
[33] 刘俊科. 农机物联网系统的设计与实现[D]. 曲阜:曲阜师范大学,2019.
[34] 杨小琪. 基于物联网智慧农业平台建设大数据的研究[D]. 曲阜:曲阜师范大学,2017.
[35] 张洲. 基于物联网的智慧农业系统设计及实现[D]. 成都:电子科技大学,2019.
[36] 戴珍蕤. 促进我国智慧农业发展的对策研究[D]. 舟山:浙江海洋大学,2018.
[37] 王飞,李雪涛,雷晓英. 苏仙区"稻+鱼"生态综合种养技术及应用效益分析[J]. 中国农业推广,2018,34(10):33-35.
[38] 尹跃辉. 衡东县"稻田综合种养技术推广模式"的探讨[J]. 渔业致富指南,2018(8):27-29.
[39] 解振兴. 丘陵山区稻鱼综合种养技术规程[J]. 福建稻麦科技,2020,38(1):14-16.
[39] 王松良,考德威尔. 农业生态学[M]. 2 版. 北京:科学出版社,2023.